"十三五"职业教育系列教材

电子产品安装与调试综合实训教程（第二版）

主　编　王永红　刘　慧
副主编　张永仁
编　写　吕　达　张惠丽
　　　　马越超
主　审　尹　明　王文贵

中国电力出版社
CHINA ELECTRIC POWER PRESS

内容提要

本书为“十三五”职业教育系列教材。

本书共分19个训练项目、6个综合实训项目和8个附录。训练项目包括元器件认识与测试，集成稳压电源电路接线与测试，三极管的识别与测试，电子仪器仪表的使用，共发射极放大电路的接线与调试，射随器电路的接线与调试，功率放大电路的接线与调试，差动放大电路的接线与调试，集成运放电路接线与功能测试，报警器电路装接与调试，RC振荡电路的接线与调试，逻辑笔电路功能测试，三人多数表决电路设计、接线与调试，边沿JK、D触发器功能测试，三人抢答器接线与调试，74LS138、74LS42译码器功能测试，CD4511七段译码器功能测试与74LS138译码器应用，集成计数器设计、装接与调试，电子门铃电路接线与调试等。综合实训项目包括串联型稳压电源装接与调试、功率放大器装接与调试、自动循环彩灯控制电路装接与调试、手机万能充电器的组装与调试、声光控延时开关的组装与调试、晶体管收音机的组装与调试等。附录包括面包板的使用，电子产品焊接工艺，二极管、稳压管、三极管型号，逻辑代数的基本公式和常用公式，TTL集成电路功能、型号对照表，CMOS集成电路功能、型号对照表，常见集成电路引脚图，常用元器件型号含义及标称值等。为了使学习者快速且有效地掌握核心知识和技能，本书采用“线上线下”结合的教学模式，配有丰富的微课视频资源。教材内容设计突出了编写思路的创新性、实用性和针对性，为学生实操、实训提供了重要的学习指导依据。

本书适用于高职高专电气自动化、机电一体化、电力系统自动化等专业的学生使用，还可作为其他在职人员参考用书。

图书在版编目（CIP）数据

电子产品安装与调试综合实训教程/王永红，刘慧主编．—2版．—北京：中国电力出版社，2019.9 (2025.1重印)

“十三五”职业教育规划教材

ISBN 978-7-5198-4359-5

Ⅰ．①电…　Ⅱ．①王…　②刘…　Ⅲ．①电子产品－安装　高等职业教育－教材　②电子产品－调试方法－高等职业教育－教材　Ⅳ．①TN60

中国版本图书馆CIP数据核字（2020）第028397号

出版发行：中国电力出版社

地　　址：北京市东城区北京站西街19号（邮政编码100005）

网　　址：http://www.cepp.sgcc.com.cn

责任编辑：冯宁宁（010-63412537）

责任校对：黄　蓓　常燕昆

装帧设计：赵姗姗

责任印制：钱兴根

印　　刷：固安县铭成印刷有限公司

版　　次：2014年3月第一版　　2020年2月第二版

印　　次：2025年1月北京第十二次印刷

开　　本：787毫米×1092毫米　16开本

印　　张：16.75

字　　数：333千字

定　　价：45.00元

前　言

本书为“十三五”职业教育规划教材，是《电子产品安装与调试（第二版）》的配套综合实训教材，以培养电子设备安装与调试、电子产品的组装等岗位能力为目标，以学生为主体，与企业合作编写的项目化实训教材。遵循高职教育改革的主导思想，以电子小型产品的设计、组装与调试等任务为教材编写出发点，引出要学习的知识点和技能点，将知识与职业能力培养融合一体，设计了利用学校实训设备可操作、可实施的训练项目与综合实训项目，同时，为了配合课程的“教、学、做”一体化教学改革需要，编写了电子产品安装与调试综合实训教材。

教材内容设计突出了编写思路的创新性、实用性和针对性，按照先简单项目、再复杂项目、最后到综合项目的原则进行排序。训练载体选择是按照先电子技术综合实训装置接线与调试项目，再到面包板插接项目，最后到电子产品组装与焊接项目。对学生的能力培养是逐渐过渡到接近职业岗位工作任务，并将任务单、计划单、评价单等设计在相应的项目中，不仅培养学生电子电路装接与调试、故障排查、电子产品组装等职业岗位能力，还培养了学生的任务计划、实施与评价等能力。

创新性——以项目引导，学做一体，注重综合能力的培养。

实用性——训练、实训项目与理论教学相结合，理实一体教学实施，注重基本专业技能与职业岗位能力的合理衔接，知识学习与实操的相互渗透，符合当前高职改革的实用性。

针对性——理论支撑实操项目，理论够用为度，以能力培养为主线，选择的训练、实训项目适用在学校实训设备上开展教学，并能达到岗位技能的培养目标，充分体现了高职教学改革的针对性。

本书共分 19 个训练项目、6 个综合实训项目和 8 个附录。训练项目包括元器件认识与测试，集成稳压电源电路接线与测试，三极管的识别与测试，电子仪器仪表的使用，共发射极放大电路的接线与调试，射随器电路的接线与调试，功率放大电路的接线与调试，差动放大电路的接线与调试，集成运放电路接线与功能测试，报警器电路装接与调试，RC 振荡电路的接线与调试，逻辑笔电路功能测试，三人多数表决电路设计、接线与调试，边沿 JK、D 触发器功能测试，三人抢答器接线与调试，74LS138、74LS42 译码器功能测试，CD4511 七段译码器功能测试与 74LS138 译码器应用，集成计数器设计、装接与调试，电子门铃电路接线与调试等。综合实训项目包括串联型稳压电源装接与调试，功率放大器装接与调试，自动循环彩灯控制电路装接与调试，手机万能充电器的组装与调试，声光控延时开关的组装与调试，晶体管收音机的组装与调试等。附录包括面包板的使用，电子产品焊接工艺，二极管、稳压管、三极管型号，逻辑代数的基本公式和常用公式，TTL 集成电路功能、型号对照表，CMOS 集成电路功能、型号对照表，常见集成电路引脚图，常用元器件型号含义及标称值等。教材内容可根据专业要求和教学时数进行取舍。此外，本书配有丰富的微课视频资源。

本书由包头职业技术学院王永红、刘慧担任主编，张永仁担任副主编，吕达、张惠丽、马越超编写。训练项目五～十三、训练项目十七、十八及前言由王永红编写；综合实训项目三～六和附录 D～H 由张永仁编写；训练项目一～四和综合实训项目一、二由刘慧编写；训练项目十四～十六、训练项目十九和附录 A～C 由吕达编写。王永红负责全书的统稿工作。本书数字资源项目一至项目七由刘慧编写，综合实训由刘慧编写。3D 动画演示及项目八由马越超编写。张惠丽参与视频内容设计及策划。

内蒙古科技大学教授尹明和内蒙古第一机械制造集团高级工程师王文贵担任本书的主审，他们对本书提出了许多宝贵意见。同时，本书在编写过程中引用、借鉴了相关专家的教材、著作，在此一并致谢。

限于编者水平及时间仓促，书中难免有疏漏之处，希望使用本教材的师生和读者批评指正。

编　者

2019 年 10月

目　录

附　　录

总码

第一部分　训　练　项　目

训练项目一　元器件认识与测试

一、项目描述

（1）根据给定的不同类型的二极管、三极管、发光二极管、稳压管、色环电阻与其他电阻、电解电容、普通电容等器件进行实物识别。

（2）正确用万用表测试上述器件，并正确判断二极管、稳压管的电极、材料类型与器件的好坏。

（3）熟识上述晶体管器件型号，根据给定器件型号，能读懂器件型号的含义，并熟练地查阅晶体管手册。

（4）根据给定实物，准确判断出电阻、普通电容、电解电容、发光二极管；能读出色环电阻的阻值；能测试；能识别出普通电容与电解电容；能识别发光二极管极性。

二、教学目标

（1）具有万用表正确使用与测试能力。

（2）利用晶体管手册能够选型。

（3）具有电子元器件的识别、判断与测试能力。

（4）具有色环电阻的估算能力。

三、训练设备

万用表；各种类型二极管、稳压管、电阻、电容等元器件；晶体管手册、电子产品安装与调试教材等。训练中使用的各种元器件如图 1-1-1 所示，万用表如图 1-1-2 所示。

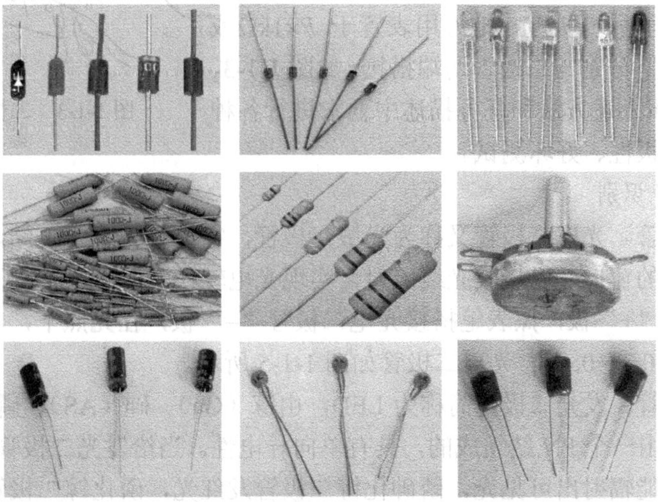

图 1-1-1　训练中用的各种元器件

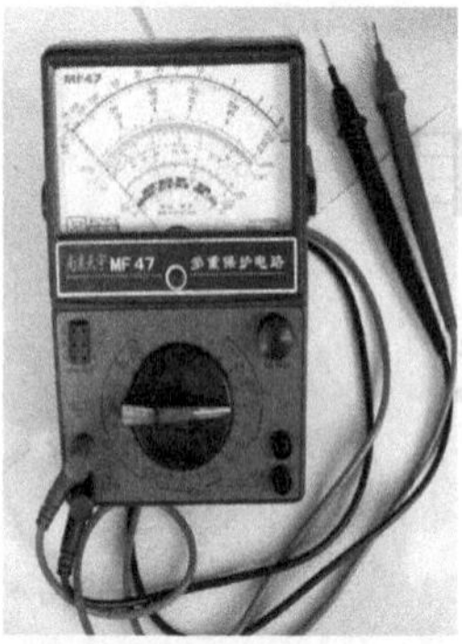

图 1-1-2　万用表

四、教学实施

教学采用理实一体组织实施，教、学、做一体，学生分小组，各小组领取一套元器件及万用表，同时展开学习与动手实践教学过程。

五、学习与实操内容

1. 判别二极管极性与好坏

（1）通过二极管管壳上的符号标志来识别。有的二极管的极性用符号"⊣▷⊢"印在外壳上，箭头指向的一端为负极；还有的二极管用灰色色环来标识，靠近色环的一端是负极。

（2）用指针式万用表的欧姆挡，量程选择为 $R\times100\Omega$或 $R\times1k\Omega$ 挡位。

测试前，先把万用表的转换开关拨到欧姆挡的 $R\times100\Omega$或 $R\times1k\Omega$（一般不用 $R\times1\Omega$挡，因为电流太大；而 $R\times10k\Omega$挡的电压太高，管子有被击穿的危险），再将红、黑两根表笔短接，进行欧姆调零。

把万用表的黑表笔（表内电池正极）搭触二极管的正极，红表笔（表内电池负极）搭触二极管的负极，若表针停在标度盘的中间附件位置，这时的阻值就是二极管的正向电阻，通常小功率锗二极管的正向电阻值为 300～500Ω，硅管为 1kΩ或者更大些。若正向电阻接近无穷大值，说明二极管管芯断路。

再将万用表的红表笔搭触二极管的正极，黑表笔搭触二极管的负极，若表针指在无穷大位置或接近无穷大位置（锗管的反向电阻为几十千欧，硅管为 500kΩ以上），这时的阻值就是二极管的反向电阻，反向电阻越大越好，说明二极管是合格的。

如果测得正、反向电阻均为无穷大，则说明二极管管芯内部断路，二极管失去单向导电性，没有使用价值了；若正向电阻为 0 值，说明管芯短路损坏；短路和断路的管子都不能使用。

（3）实操。取一只二极管，把万用表置于 $R\times1k\Omega$或 $R\times100\Omega$挡，将两表笔分别与二极管两端搭接，如图 1-1-3、图 1-1-4 所示，按照上述方法和任务描述中要求进行各种二极管、稳压管的极性、好坏测试。

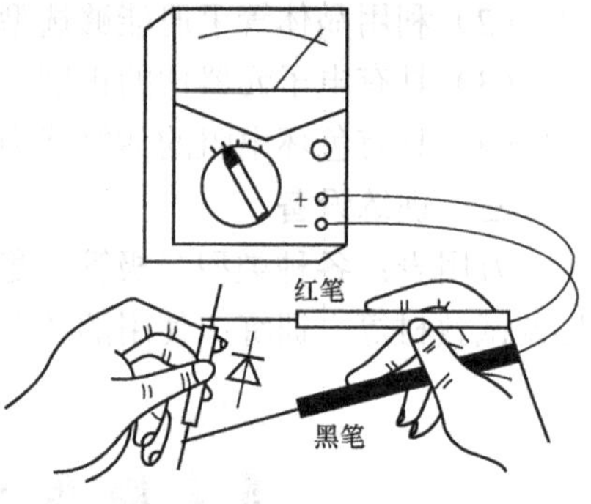

图 1-1-3　二极管测试搭接图

2. 其他二极管识别

（1）光电二极管。光电二极管又称为光敏二极管，它也有一个 PN 结，在光电二极管的外壳上有一个透明的窗口，以接收光线照射，实现光电转换。用万用表电压 1V 挡，用红表笔搭接光电二极管"+"极，黑表笔搭接光电二极管"−"极，在光照下，其电压与光照强度成比例，一般可达 0.2～0.4V。光电二极管如图 1-1-5 所示。

（2）发光二极管。发光二极管简称为 LED，由镓（Ga）、砷（AS）、磷（P）的化合物制成的二极管，它是由一个 PN 结组成的，具有单向导电性。当给发光二极管加上正向电压时，电子与空穴复合时能辐射出可见光，磷砷化镓二极管发红光，磷化镓二极管发绿光，碳化硅二极管发黄光。

发光二极管正、负极可从引脚长短来识别，长脚为正极，短脚为负极。

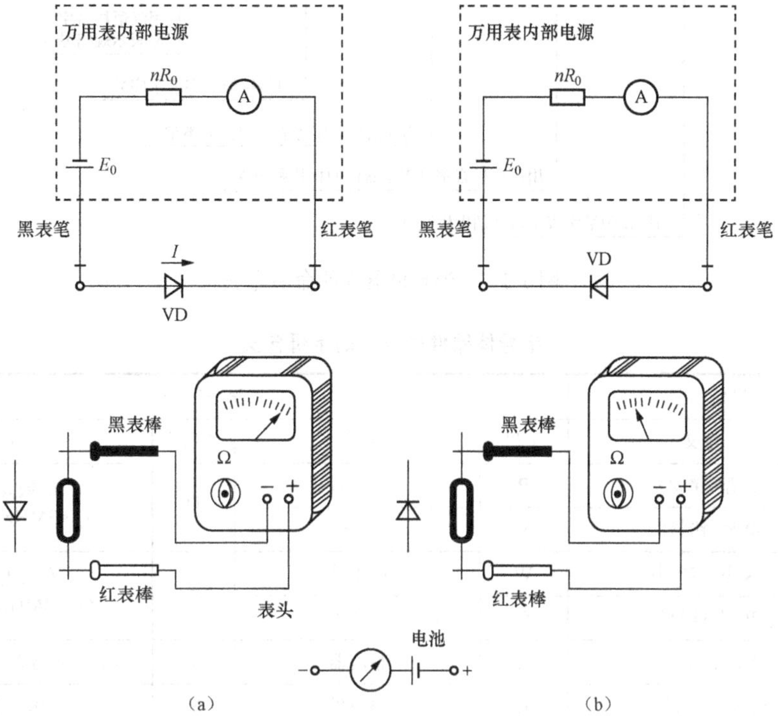

如何测量二极管

图 1-1-4　二极管测试图

（a）二极管正向测试图；（b）二极管反向测试图

发光二极管还可分为普通单色、高亮度、变色、闪烁、红外发光二极管；按发光颜色可分成红色、橙色、绿色、蓝光；按其封装外形可分为圆形、方形、矩形、三角形和组合形。圆形发光二极管的外径分为ϕ2、ϕ4.4、ϕ5、ϕ8、ϕ10mm 及ϕ20mm 等多种规格。发光二极管如图 1-1-6 所示。

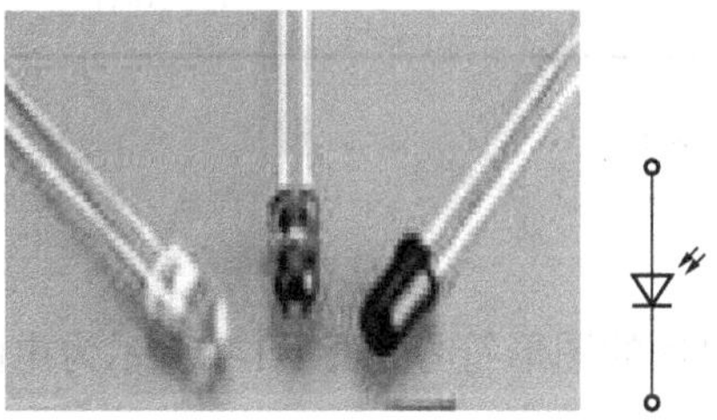

图 1-1-5　光电二极管

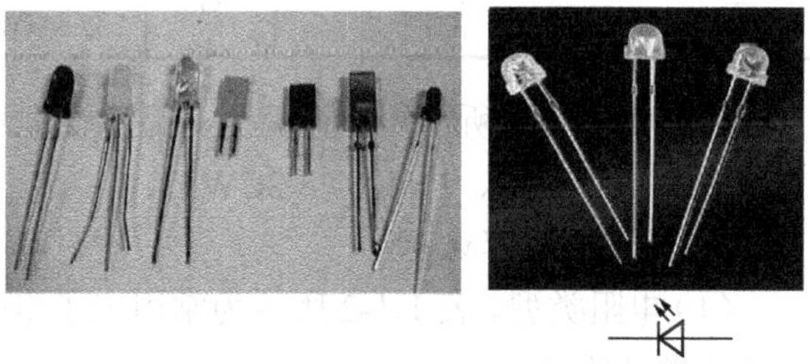

图 1-1-6　发光二极管

（3）实操。取各种类型的光电二极管、发光二极管识别其正、负极。

3. 晶体管型号认识

（1）型号认识。半导体器件的型号由五部分组成，半导体器件的命名方法如图 1-1-7 所示。半导体器件型号中的字母含义见表 1-1-1。

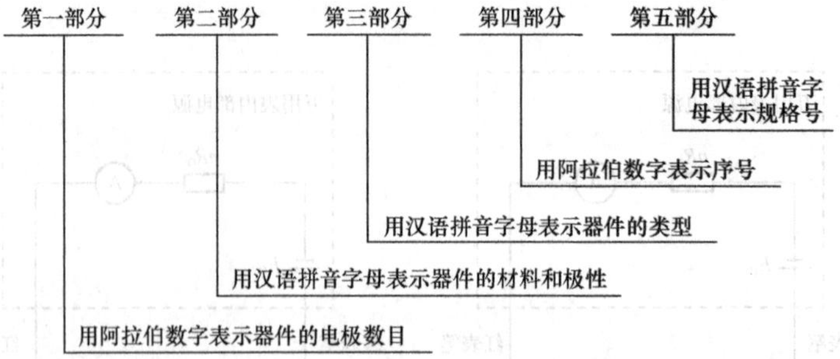

图 1-1-7　半导体器件的命名方法

表 1-1-1　　半导体器件型号中的字母含义

第二部分		第三部分			
字母	意义	字母	意义	字母	意义
A	N 型 锗材料	P	普通管	D	低频大功率管（f<3MHz，P_c≥1W）
B	P 型 锗材料	V	微波管		
C	N 型 硅材料	W	稳压管	A	高频大功率管（f≥3MHz，P_c≥1W）
D	P 型 硅材料	C	参量管		
A	PNP 型 锗材料	Z	整流器	T	半导体闸流管（可控整流器）
B	NPN 型 锗材料	L	整流堆	Y	体效应器件
C	PNP 型 硅材料	S	隧道管	B	雪崩管
D	NPN 型 硅材料	N	阻尼管	J	阶跃恢复管
E	化合物材料	U	光电器件	CS	场效应器件
—	—	K	开关管	BT	半导体特殊器件
—	—	X	低频小功率管（f<3MHz，P_c>1W）	PIN	PIN 型管
				FH	复合管
—	—	G	高频小功率管（f≥3MHz，P_c<1W）	JG	激光器件

（2）实操。用所学知识查阅下列晶体管型号的含义：

2AP7、2CZ54、1N4007、2CW53。

4. 电阻与电容认识

（1）电阻类型。表 1-1-2 所示为常用电子电路电阻器的图形符号，表 1-1-3 所示为电阻器、电位器型号意义。

（2）电阻器标称阻值。电阻器上所标的阻值称为标称阻值。电阻器的实际阻值与标称值之差除以标称值，所得到的百分数为电阻器的允许误差。常用固定电阻器的标称阻值见表 1-1-4。

电阻器上的标称阻值是按国家规定的阻值系列标注的，选用时必须按此阻值系列去选用，将表中的数值乘以 $10^n\Omega$（n 为整数），就成为这一阻值系列。如 E24 系列中的 6.8 就代表有 6.8Ω、68Ω、680Ω、6.8kΩ、680kΩ等标称电阻。

直接标识法：电阻值和误差是用数字直接标在电阻体表面上。

色环标识法：电阻器阻值和误差用色环来标识的，如图 1-1-8 所示。

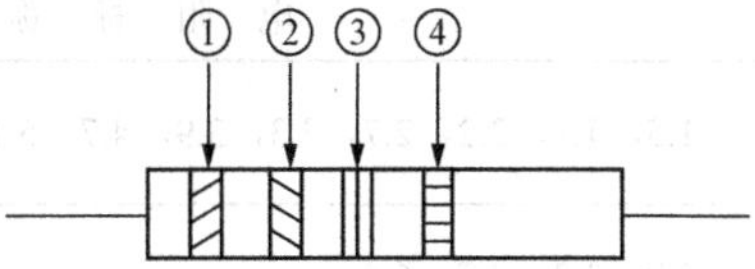

图 1-1-8　色环标识法

表 1-1-2　常用电子电路电阻器的图形符号

图形符号	名　称	图形符号	名　称
	固定电阻	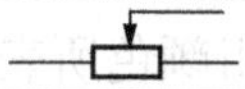	可调电位器
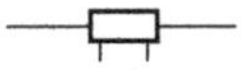	带抽头的固定电阻	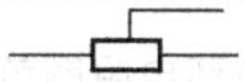	微调电位器
	可调电阻（变阻器）	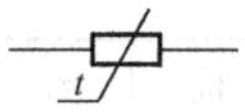	热敏电阻
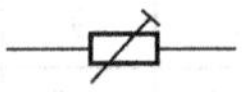	微调电阻	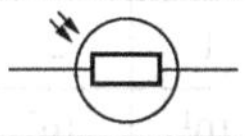	光敏电阻

表 1-1-3　电阻器、电位器型号意义

第一部分		第二部分		第三部分		第四部分
用字母表示主称		用字母表示材料		用数字或字母表示特征		
符号	意义	符号	意义	符号	意义	
R RP	电阻器 电位器	T	碳膜	1	普通	包括设计序号、额定功率、阻值、允许误差精度等级等内容
		P	金属膜	2	超高频	
		U	合成膜	3	高阻	
		C	沉积膜	4	高温	
		H	合成膜	7	精密	
		I	玻璃釉膜	8	电阻器—高压电位器—特殊函数	
		J	金属膜			
		Y	氧化膜	9	特殊	
		S	有机实心	G	高功率	
		N	无机实心	T	可调	
		X	线绕	X	小型	
		R	热敏	L	测量用	
		G	光敏	W	微调	
		M	压敏	D	多圈	

表 1-1-4　常用固定电阻器的标称阻值

系 列	偏　差	电　阻　标　称　值
E24	Ⅰ级 （±5%）	1.0，1.1，1.2，1.3，1.5，1.6，1.8，2.0，2.2，2.4，2.7，3.0，3.3，3.6，3.9，4.3，4.7，5.1，5.6，6.2，6.8，7.2，7.5，8.2，9.1

续表

系 列	偏　差	电　阻　标　称　值
E12	Ⅱ级 （±10%）	1.0，1.2，1.5，1.8，2.2，2.7，3.3，3.9，4.7，5.1，5.6，6.8，8.2
E6	Ⅲ级 （±20%）	1.0，1.5，2.2，3.3，4.7，6.8

电阻的色环标识有四环和五环两种。四环电阻上面有四道色环，第 1 道环和第 2 道环分别表示电阻的第一位和第二位有效数字，第 3 道环表示 10 的乘方数（10^n，n 为颜色所表示的数字），第 4 道环表示允许误差（若无第四道色环，则误差为±20%）。色环电阻的单位一律为Ω。表 1-1-5 列出了色环电阻颜色所表示的有效数字和允许误差。

表 1-1-5　　色环电阻颜色表示的有效数字和允许误差

色别	银	金	黑	棕	红	橙	黄	绿	蓝	紫	灰	白	无色
有效数字	—	—	0	1	2	3	4	5	6	7	8	9	—
乘方数	10^{-2}	10^{-1}	10^0	10^1	10^2	10^3	10^4	10^5	10^6	10^7	10^8	10^9	—
允许误差	±10%	±5%	—	±1%	±2%	—	—	±0.5%	±0.2%	±0.1%	—	—	±20%
误差代码	K	J	—	F	G	—	—	D	C	B	—	—	M

精密电阻器一般用五道色环标注，它用前三道色环表示三位有效数字，第四道色环表示 10^n（n 为颜色所代表的数字），第五道色环表示阻值的允许误差。

在色环电阻器的识别中，找出第一道色环是很重要的，在四环标识中，第四道色环一般是金色或银色，由此可推出第一道色环。在五环标识中，第一道色环与电阻的引脚距离最短，由此可识别出第一道色环，五环电阻误差环一般为棕色。

（3）额定功率。电阻器在交、直流电路中长期连续工作所允许消耗的最大功率，称为电阻器的额定功率。如表 1-1-6 所示，共分为 19 个等级。常用的有 1/20、1/8、1/4、1/2、1、2、5、10、20W 等。各种功率的电阻器如图 1-1-9 所示。

表 1-1-6　　电阻器额定功率系列

种类	电阻器额定功率系列/W
线绕电阻	0.05　0.125　0.25　0.5　1　2　3　4　8　10　16　25　40　50　75　100　150　250　500
非线绕电阻	0.05　0.125　0.25　0.5　1　2　5　10　25　50　100

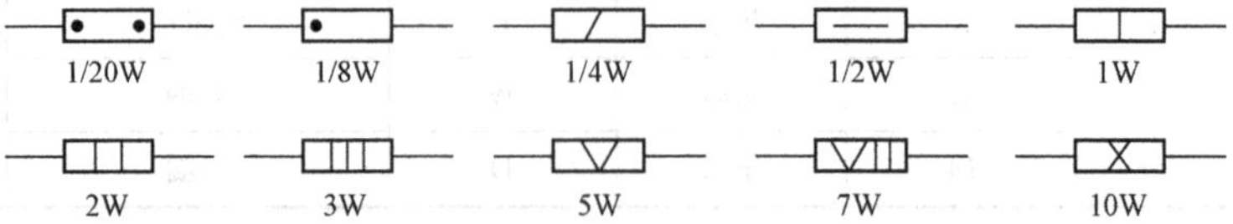

图 1-1-9　电阻器额定功率表示

（4）常用的电阻器。

1）碳膜电阻器（RT 型）。其阻值稳定性好，温度系数小，高频特性好，应用在收录机、电视机等一些电子产品中，外表常涂成绿色或橙色。

2）金属膜电阻器（RJ 型）。其耐热性（能在 125℃的温度下长期工作）及稳定性均好于碳膜电阻器，且体积远小于同功率的碳膜电阻器。适用于稳定性和可靠性要求较高的场合（如用在各种测试仪表中），外表常涂成红色。

3）金属氧化膜电阻器（RY 型）。这种电阻器与金属膜电阻器的性能和形状基本相同，但具有更高的耐压、耐热性（可达 200℃），可与金属膜电阻器互换使用，缺点是长期工作时的稳定性差。

4）线绕电阻器（RS 型）。这种电阻器是由镍、铬、锰铜、康铜等合金电阻丝绕在瓷管上制成的，外表涂有耐热的绝缘层（酚醛层）。线绕电阻器的精度高，稳定性好，并能承受较高的温度（300℃左右）和较大的功率，常用在万用表和电阻箱中作分压器和限流器。

5）热敏电阻器。其电阻值随温度的变化而发生明显的变化。它主要用在电路中作温度补偿用，也可在温度测量电路和控制电路中作感温元件。热敏电阻器可分为两大类，分别是负温度系数（NTC 型）和正温度系数（PTC 型）热敏电阻。热敏电阻的外形有片状、杆状、垫圈状和管状。

6）片状电阻器。它是超小型电子元器件，占用的安装空间很小，没有引线，其分布电容和分布电感均很小，使高频设计易于实现。片状电阻器的形状有矩形和圆柱形两种。片状电阻器的阻值大小也用色环表示，第一、第二道色环表示有效数字，第三道表示倍乘，但没有误差色环，色环标志数值同普通色环电阻的标志。

（5）电容器。电容器型号及意义见表 1-1-7，常用固定电容的标称容量见表 1-1-8。

表 1-1-7　　电容器型号及意义

第一部分		第二部分		第三部分		第四部分
用字母表示主称		用字母表示材料		用数字或字母表示特征		
符号	意义	符号	意义	符号	意义	
C	电容	C	磁介	T	铁电	包括品种、尺寸、代号、温度特性、直流工作电压、标称值、允许误差、标准代号
		I	玻璃釉	W	微调	
		O	玻璃膜	J	金属化	
		Y	云母	X	小型	
		V	云母纸	S	独石	
		Z	纸介	D	低压	
		J	金属化纸介	M	密封	
		B	聚苯乙烯	Y	高压	
		F	聚四氟乙烯	C	穿心式	
		L	涤纶			
		S	聚碳酸酯			
		Q	漆膜			
		H	纸膜复合			
		D	铝电解			

续表

第一部分		第二部分		第三部分	第四部分
C	电容	A	钽电解		包括品种、尺寸、代号、温度特性、直流工作电压、标称值、允许误差、标准代号
		G	金属电解		
		N	铌电解		
		T	钛电解		
		M	压敏		
		E	其他材料		

表 1-1-8　常用固定电容的标称容量

电容类别	允许误差	容量范围	标称容量（μF）
纸介电容、金属纸介电容、纸膜复合介质电容、低频（有极性）有机薄膜介质电容	5% ±10% ±20%	100pF～1μF	1.0 1.5 2.2 3.3 4.7 6.8
		1～100μF	1 2 4 6 8 10 15 20 30 50 60 80 100
高频（无极性）有机薄膜介质电容、此节电容、玻璃釉电容、云母电容	5%	1pF～1μF	1.1 1.2 1.3 1.5 1.6 1.8 2.0 2.4 2.7 3.0 3.3 3.6 3.9 4.3 4.7 5.1 5.6 6.2 6.8 7.5 8.2 9.1
	10%		1.0 1.2 1.5 1.8 2.2 2.7 3.3 3.9 4.7 5.6 6.8 8.2
	20%		1.0 1.5 2.2 3.3 4.7 6.8
铝、钽、铌、钛电解电容	10% ±20% +50/−20% +100/−10%	1～1000 000μF	1.0 1.5 2.2 3.3 4.7 6.8

（6）实操。给定不同类型的电阻、电容器进行阻值读识、测试及类型的判别练习，采用小组之间互助学习、互考方式进行。

训练项目一　任　务　单

《电子产品安装与调试（第二版）》

<table>
<tr><td rowspan="2">训练项目一
元器件认识与测试</td><td>姓名</td><td>学号</td><td>班级</td><td>组别</td><td>成绩</td></tr>
<tr><td></td><td></td><td></td><td></td><td></td></tr>
<tr><td colspan="6">教学目标：
（1）具有万用表正确使用与测试能力。
（2）利用晶体管手册能够选型。
（3）具有电子元器件的识别、判断与测试能力。
（4）具有色环电阻的估算能力。
（5）训练团结合作、组织与语言逻辑表达能力。</td></tr>
<tr><td colspan="6">项目描述：
（1）根据给定的不同类型的二极管、发光二极管、稳压管、色环电阻与其他电阻、电解电容、普通电容等器件进行实物识别。
（2）正确用万用表测试上述器件，并正确判断二极管与稳压管的电极、材料类型及器件的好坏。
（3）熟识上述晶体管器件型号，根据给定器件型号，能读懂器件型号的含义，并熟练地查阅晶体管手册。
（4）根据给定实物，准确判断出电阻、普通电容、电解电容、发光二极管；能读出色环电阻的阻值；能测试；能识别出普通电容与电解电容；能识别发光二极管极性。
（5）完成小组任务分工计划与实施计划，完成任务自我评价与互评。
（6）写出小组项目总结报告。</td></tr>
</table>

训练项目一 计 划 单

《电子产品安装与调试（第二版）》

姓名	任务分工		名称	功能
		安装工具、测试仪表与仪器		

一、测试内容与方法

二、测试结果

序号	元器件名称	正向电阻	反向电阻

三、总结报告

<table>
<tr><td rowspan="2">测试过程记录</td><td colspan="4"></td></tr>
<tr><td>记录员签名</td><td></td><td>日期</td><td></td></tr>
</table>

训练项目一　评　价　单

《电子产品安装与调试（第二版）》

班级		姓名		学号		组别	

训练项目一　元器件认识与测试			小组自评	教师评价
评分标准		配分	得分	得分
一、知识的掌握 50 分	（1）二极管的识别方法	10		
	（2）电阻的识别与阻值的测试方法	10		
	（3）电容极性及参数的识别	10		
	（4）稳压管、发光二极管识别	10		
	（5）型号的认识	10		
	（6）元器件识别每一处错误扣 5 分			
二、调试 20 分	（1）在规定时间内完成所有器件的认识与测试	15		
	（2）元器件测试方法的掌握	5		
	（3）元器件测试，每一处错误扣 5 分			
三、协作组织 10 分	（1）小组在任务实施过程中，出勤、团结协作，制定分工计划，分工明确，完成任务	10		
	（2）有个别同学不动手，不协作，扣 5 分			
四、汇报与分析报告 10 分	项目完成后，能够正确分析与总结，报告完整	10		
五、安全文明意识 10 分	（1）不遵守操作规程扣 4 分	10		
	（2）结束不清理现场扣 4 分			
	（3）不讲文明礼貌扣 2 分			
年　月　日				

训练项目二　集成稳压电源电路接线与测试

一、项目描述

（1）按照图 1-2-1、图 1-2-2，正确选择元器件与电阻；测试二极管、稳压管、电解电容好坏，按照电路图接实物电路。

（2）线路接完后，检查电路。

（3）电路无误后，调试稳压电路，并测试直流输出电压 U_o 值。负载一定，电源电压波动，调试电源电压 U_{AB} 分别为 8、15V，测试直流输出电压 U_o 值。调试电源电压 U_{AB} 为 15V，改变负载 R_L=100Ω、1kΩ时，测试直流输出电压 U_o 值。

（4）用同样方法装接、调试并联型稳压电路。

（5）比较两种电路的稳压性能，做出分析报告。

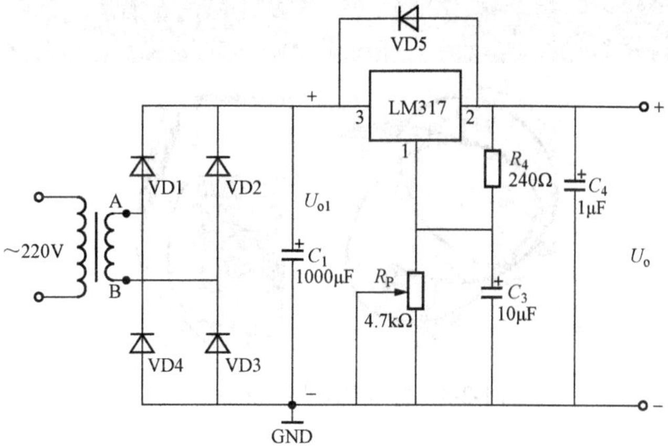

图 1-2-1　集成稳压电源原理图

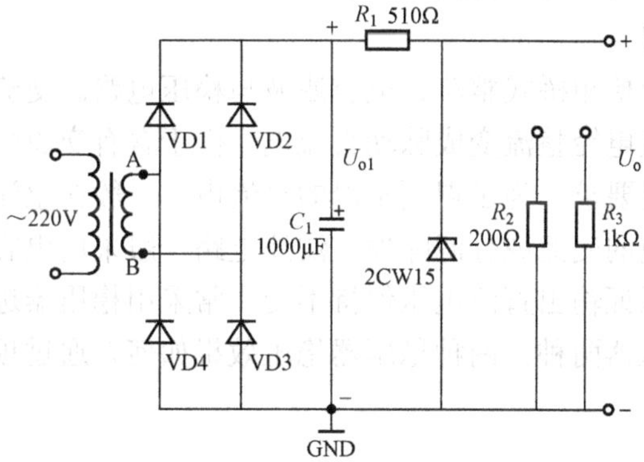

图 1-2-2　并联型稳压电源原理图

二、教学目标

（1）学会稳压电源的测试方法。

（2）会分析集成稳压电源的工作原理。

（3）根据稳压电源电路图完成接线、调试与故障排查任务。

（4）根据测试数据，做出两种稳压电路的稳压性能分析报告。

三、训练设备

如图 1-2-3 所示，训练设备包括：电子技术综合实训装置；稳压管 2CW15（稳压值为 7～8.8V，同 2CW56）；二极管 IN4007；1000、1、10μF 电解电容，耐压值为 50V；1kΩ、200Ω、240Ω、510Ω电阻；4.7kΩ电位器；三端稳压器 LM317；导线；万用表。

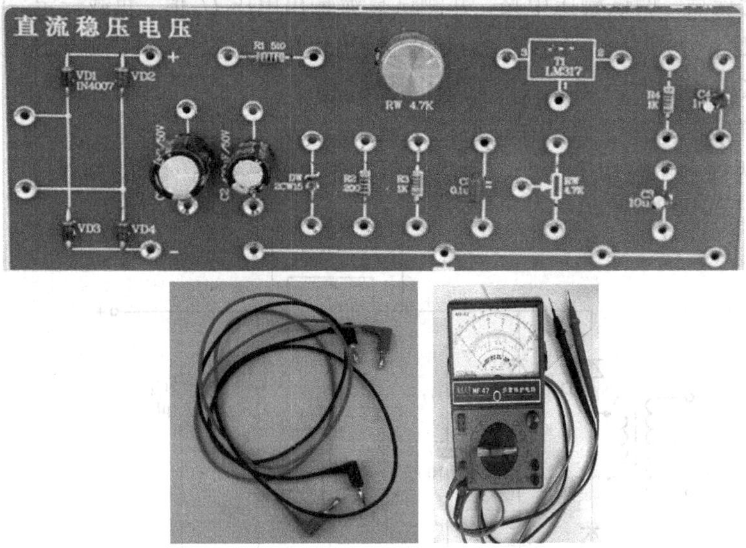

图 1-2-3 稳压电源训练设备

四、教学实施

教学采用理实一体组织实施，教、学、做一体，学生分小组完成接线与调试任务。任务实施中，小组协作展开学习与动手实践教学过程。

五、学习与实操内容

本项目学习的内容为单相桥式整流、电容滤波与稳压电路。交流电变换成脉动直流电的电路称为整流电路。交流电经整流变成脉动直流电，由于含有交流分量，对要求较高的精密电子设备而言，不能满足要求。为了得到平滑的直流电，一般在整流电路之后需接入滤波电路，作用是将脉动直流电的交流成分滤除掉。滤波电路一般采用电容滤波电路。当电源电压波动或负载变化时，为保证输出直流电压保持不变，常采用稳压器进行稳压。常用的有集成三端稳压器和稳压管稳压器两种。两种稳压器稳压效果如何？通过项目实施与测试可以得出结果。

（一）集成稳压电源

1. 桥式整流电容滤波电路

如图 1-2-1 所示电路，假设接通电源前，电容 C 两端电压为零，当 u_{AB} 正半波，即 $u_{AB}>0$

时，假设二极管为理想管子，VD1、VD3 导通，u_{AB} 对电容 C_1 按照指数规律充电，若忽略管压降，且 $u_{AB}=u_{C1}=u_{o1}$，电容器很快达到 u_{AB} 的最大峰值，之后 u_{AB} 按正弦规律由最大值下降，而电容 C_1 两端电压不能突变，仍保持最大峰值电压，这时 $u_{C1}>u_{AB}$，VD1、VD3 承受反向电压而截止，电容 C_1 通过 R_L 放电，由于 C_1 和 R_L 较大，放电速度很慢，随着放电的进行，u_{C1} 下降，直到 $u_{AB}>u_{C1}$ 时，VD2、VD4 导通，C_1 再次被充电，充电方向与上述方向相同。通过这种周期性充放电，使输出电压波形变得平滑，达到滤波的目的。桥式整流电容滤波、稳压电路输出波形如图 1-2-4 所示。

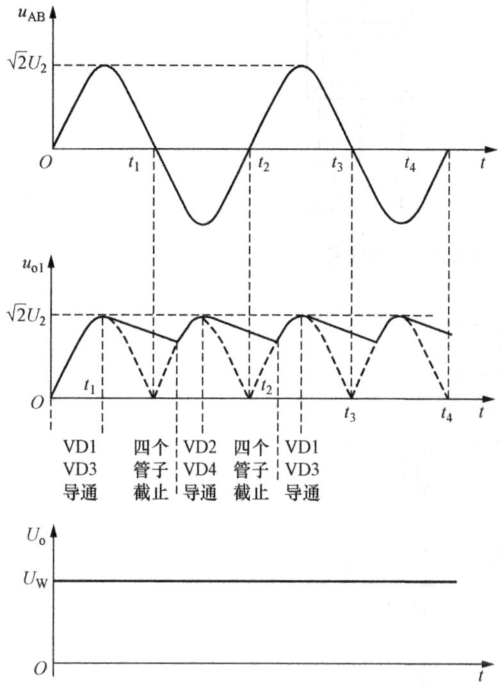

图 1-2-4　桥式整流电容滤波、稳压电路输出波形

u_{AB} 为变压器二次电压瞬时值，U_2 为变压器二次侧电压有效值；u_{o1} 为桥式整流电容滤波输出脉动直流电压；U_o 为稳压输出的直流电压，其值大小是由选择的稳压器来决定的。

桥式整流电容滤波输出电压：$U_{o1}\approx1.2U_2$，U_2 为变压器二次侧交流电压有效值。

2. 集成稳压器

集成稳压器可分为固定式和可调式。由于集成稳压器有输入端、输出端和公共端三个接线端，故称为三端稳压器。三端稳压器有两种，一种输出电压是固定的，称为固定输出三端稳压器；另一种输出电压是可调的，称为可调输出三端稳压器。集成稳压器内部结构常采用串联型稳压电路。

国产的三端固定式集成稳压器有 CW78XX 系列（正电压输出）和 CW79XX 系列（负电压输出），其输出电压有±5、±6、±8、±9、±12、±15、±18、±24V，最大输出电流有 0.1、0.5、1、1.5、2A 等，其外形与图形符号如图 1-2-5 所示。

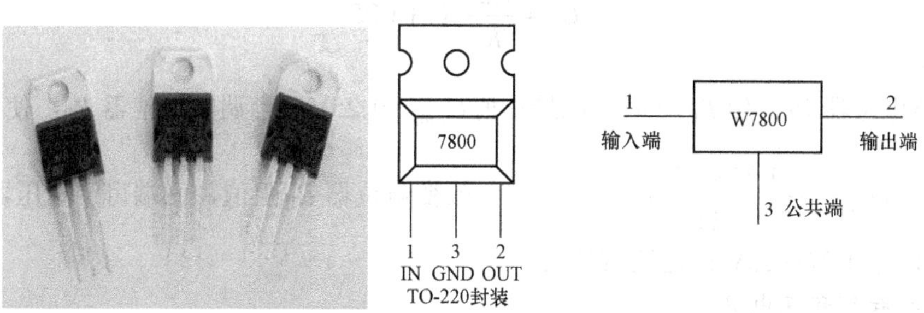

图 1-2-5　固定式三端稳压器外形与图形符号

三端输出正电压可调稳压器有 CW117、CW217、CW317，三端输出负电压可调稳压器有 CW137、CW237 和 CW337。CW317、CW337 外形与图形符号如图 1-2-6 所示。

桥式整流电容滤波可调稳压电路如图 1-2-7 所示。

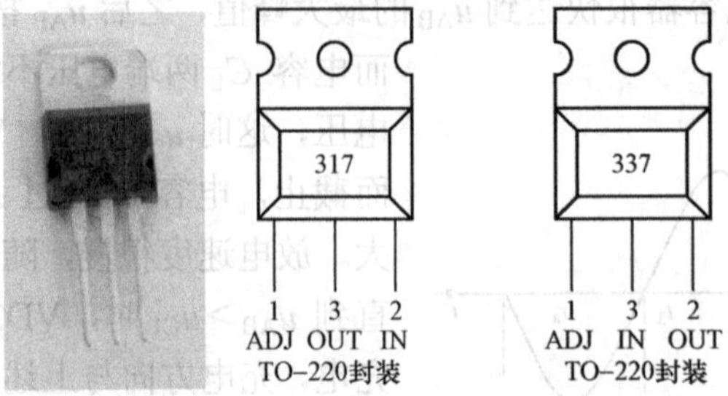

图 1-2-6 CW317、CW337 外形与图形符号

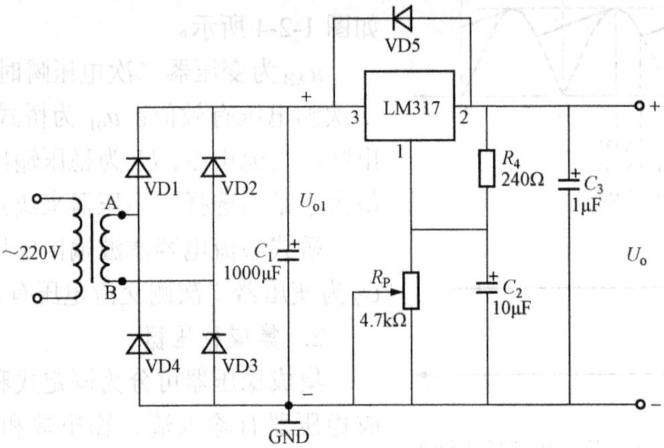

图 1-2-7 桥式整流电容滤波可调稳压电路

图 1-2-7 中，C_1 为滤波电容；C_2、C_3 用来消除高频噪声，改善输出电压波形；VD5 用来防止输入端短路时，C_3 存储的电荷通过三端稳压器输出端和输入端放电，防止烧坏稳压器。

电路正常工作时，输出端 2 与调整端 1 之间的电压等于基准电压 1.25V，则输出电压 U_o 近似为

$$U_o \approx \frac{1.25}{R_4} R_P + 1.25$$

当调整电位器 R_P，使 R_P=0 时，则最小值 $U_{o\min}$ =1.25V；当调整电位器 R_P，使 R_P=4.7kΩ 时，则最大值 $U_{o\max} \approx \dfrac{1.25 \times 4.7}{0.24} + 1.25 \approx 26\text{V}$。改变电位器 R_P 阻值，三端可调稳压器输出直流电压 U_o 可以在 1.25～26V 内连续可调。

（二）并联型稳压电源

并联型稳压电源是由桥式整流电容滤波电路和稳压管组成的稳压电路组成的。稳压管工作在二极管伏安特性的反向击穿区，由于反向特性曲线较陡，稳压电路中串接合适的限流电阻，反向电流可以在很大范围内变化，其电压值变化极小，从而实现稳压作用。图 1-2-8 所示稳压管伏安特性曲线、符号及实物照片。

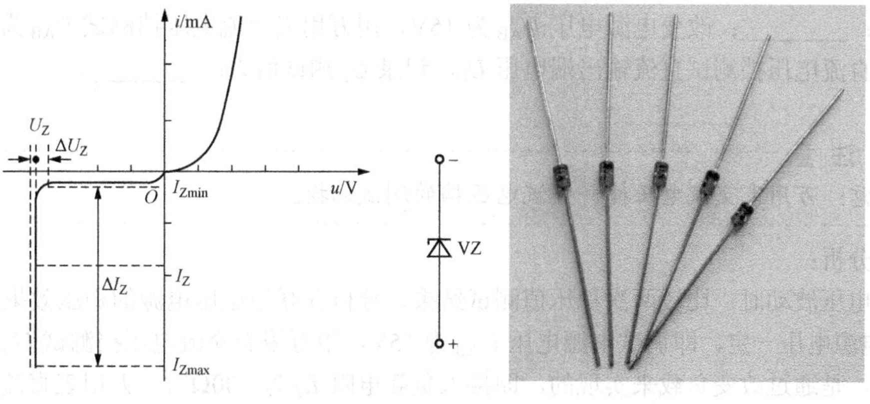

图 1-2-8　稳压管伏安特性曲线、符号及实物照片

如图 1-2-9 所示，稳压管 2CW15 稳压值为 7～8.8V，通过选择合适的限流电阻，使其稳压值可以达到 8V。本项目限流电阻 R_1 为 510Ω，通过装接给定电路、通电调试，电路的稳压值用实测法进行测试。

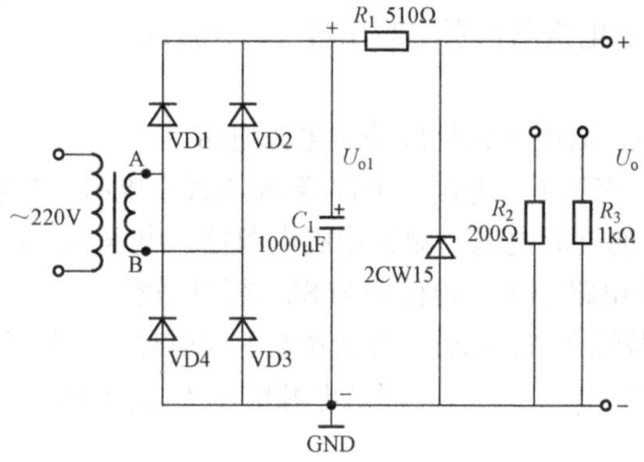

图 1-2-9　并联型稳压电源电路

不论哪种稳压电源电路，当电源电压在一定范围变化或负载波动时，稳压电源输出电压应该稳定不变，这就是稳压电源的作用。上述两种电路哪种稳压效果好，通过实践、测试可以得到结论。

（三）实操步骤

在测试时，注意万用表电压挡位，要根据交流、直流的测试值随时进行切换，同时电压挡的量程要合理进行选择，特别注意测试时的挡位，切不可用电阻挡测试电压，否则要烧坏万用表。

1. 并联型稳压电源

（1）按照图 1-2-2 所示电路图，识别实物元器件并接线。

（2）检查电路。

（3）电路接线无误后，通电调试并联型稳压电源。

1）负载一定，即负载接入 R_3=1kΩ，当电源电压波动时，即调试电源电压 U_{AB} 为 9V，用万用表交流电压挡测试 U_{AB} 为 9V，再用万用表直流电压挡测试直流输出端电压 U_o，记录 U_o

测试值为：________；改变电源电压 U_{AB} 为 15V，用万用表交流电压挡测试 U_{AB} 为 15V，再用万用表直流电压挡测试直流输出端电压 U_o，记录 U_o 测试值为：________。

注　意

注意：万用表交流电压挡、直流电压挡的测试切换。

结果分析：

电源电压波动时，比较两次稳压值测试结果，分析并联型稳压电源的稳压效果。

2）电源电压一定，即调试电源电压 U_{AB} 为 15V，用万用表交流电压挡测试 U_{AB} 为 15V。负载波动，是通过改变负载来实现的，即接入负载电阻 R_2 为 200Ω时，万用表直流电压挡测试直流输出端电压 U_o，记录 U_o 测试值为：________；拆掉负载电阻 R_2，再接入负载电阻 R_3 为 1kΩ时，用万用表直流电压挡测试直流输出端电压 U_o，记录 U_o 测试值为：________。

结果分析：

负载波动时，比较两次稳压值测试结果，分析并联型稳压电源的稳压效果。

2. 集成稳压电源

（1）按照图 1-2-1 所示电路图识别实物元器件，并接线。

（2）检查电路。

（3）电路接线无误后，通电调试集成稳压电源电路。

1）不接负载电阻，即空载下，先调节电位器 R_P 为最小电阻，再逐渐调节电位器 R_P 的值，使其增大，直到用万用表的直流电压挡测试稳压电源输出电压 U_o 为 8V 为止（电位器 R_p 不允许再调节，保证上述两种电路稳压基准值均为 8V 进行比较）。

2）负载一定，即负载接入 R_3=1kΩ，当电源电压波动时，即调试电源电压 U_{AB} 为 9V，测试直流输出端电压 U_o 值为：________；调试电源电压 U_{AB} 为 15V，测试直流输出端电压 U_o 值为：________。

结果分析：

电源电压波动时，比较两次稳压值测试结果，分析集成稳压电源的稳压效果。

3）电源电压一定，即调试电源电压 U_{AB} 为 15V，当负载波动，通过改变负载来实现，即接入负载电阻 R_2 为 200Ω时，测试直流输出端电压 U_o 值为：________；再接入负载电阻 R_2 为 1kΩ时，测试直流输出端电压 U_o 值为：________。

结果分析：

负载波动时，比较两次稳压值测试结果，分析集成稳压电源的稳压效果。

3. 比较上述两种电路的稳压效果，做出电路的分析报告

直流稳压电源电路装接与调试

训练项目二　任　务　单

《电子产品安装与调试（第二版）》

训练项目二 集成稳压电源电路接线与测试	姓名	学号	班级	组别	成绩

教学目标：

（1）学会稳压电源的测试方法。

（2）会分析集成稳压电源的工作原理。

（3）能够根据集成稳压电源的电路图接线。

（4）能够正确完成集成稳压电源的功能测试、查线任务。

（5）分析并做出两种稳压电路的稳压性能分析报告。

项目描述：

（1）按照图 1-2-1、图 1-2-2，正确识别元器件与电阻；按照电路图接线。

（2）线路接完后，检查电路。

（3）电路无误后，调试稳压电路。负载一定，电源电压波动—调试电源电压 U_{AB} 分别为 8、15V，测试直流输出电压 U_o 值分别为多少？调试电源电压 U_{AB} 为 15V，改变负载 R_L=200Ω、1kΩ时，测试直流输出电压 U_o 值分别为多少？

（4）用同样方法装接、调试并联型稳压电路。

（5）比较两种电路稳压性能，做出分析报告。

（6）完成小组任务分工计划与实施计划，完成项目自我评价与互评。

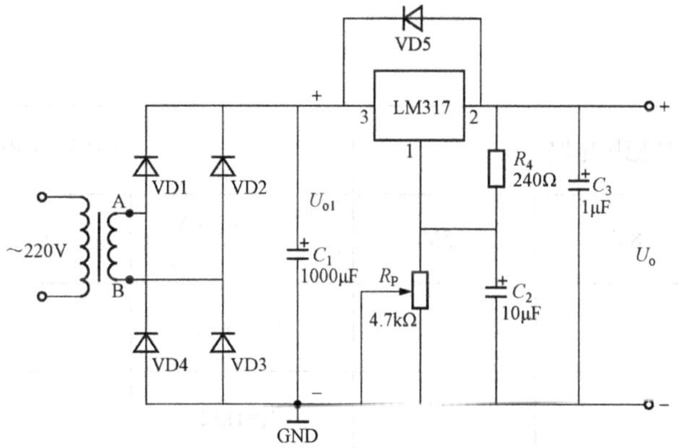

图 1-2-1　集成稳压电源原理图

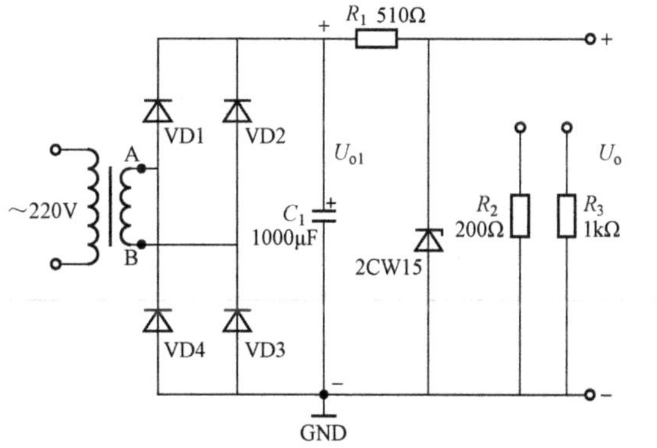

图 1-2-2　并联型稳压电源原理图

训练项目二 计 划 单

《电子产品安装与调试（第二版）》

姓名	任务分工		名称	功能
		安装工具 测试仪表 与仪器		

一、装接与调试步骤

二、测试结果

并联型稳压电路			集成稳压电路		
U_{AB}（V） 负载	8V	15V	U_{AB}（V） 负载	8V	15V
R_2=200Ω			R_2=200Ω		
R_3=1kΩ			R_3=1kΩ		

三、总结报告

测试过程记录			
	记录员签名		日期	

训练项目二　评　价　单

《电子产品安装与调试（第二版）》

<table>
<tr><td>班级</td><td></td><td>姓名</td><td></td><td>学号</td><td></td><td>组别</td><td></td></tr>
<tr><td colspan="6">训练项目二　集成稳压电源电路接线与测试</td><td>小组
自评</td><td>教师
评价</td></tr>
<tr><td colspan="5">评分标准</td><td>配分</td><td>得分</td><td>得分</td></tr>
<tr><td rowspan="5">一、知识的掌握
40 分</td><td colspan="4">（1）能分析稳压电源电路原理</td><td>10</td><td></td><td></td></tr>
<tr><td colspan="4">（2）熟识电路元器件</td><td>10</td><td></td><td></td></tr>
<tr><td colspan="4">（3）测试方法正确</td><td>10</td><td></td><td></td></tr>
<tr><td colspan="4">（4）稳压电路知识的掌握</td><td>10</td><td></td><td></td></tr>
<tr><td colspan="4">（5）原理不清楚，有一处扣 5 分</td><td></td><td></td><td></td></tr>
<tr><td rowspan="5">二、调试
30 分</td><td colspan="4">（1）在规定时间内完成接线</td><td>10</td><td></td><td></td></tr>
<tr><td colspan="4">（2）能正确连接仪器、仪表进行调试</td><td>10</td><td></td><td></td></tr>
<tr><td colspan="4">（3）调试结果正确</td><td>10</td><td></td><td></td></tr>
<tr><td colspan="4">（4）调试过程中仪器、仪表挡位错、过量限，每次扣 5 分</td><td></td><td></td><td></td></tr>
<tr><td colspan="4">（5）带电接线、拆线每次扣 5 分</td><td></td><td></td><td></td></tr>
<tr><td rowspan="2">三、协作组织
10 分</td><td colspan="4">（1）小组在任务实施过程中，出勤、团结协作，制定分工计划，分工明确，完成任务</td><td>10</td><td></td><td></td></tr>
<tr><td colspan="4">（2）不动手，不协作，扣 5 分</td><td></td><td></td><td></td></tr>
<tr><td>四、汇报与分析报告
10 分</td><td colspan="4">项目完成后，能够正确分析与总结，报告完整</td><td>10</td><td></td><td></td></tr>
<tr><td rowspan="3">五、安全文明意识
10 分</td><td colspan="4">（1）不遵守操作规程扣 4 分</td><td rowspan="3">10</td><td></td><td></td></tr>
<tr><td colspan="4">（2）不清理现场扣 4 分</td><td></td><td></td></tr>
<tr><td colspan="4">（3）不讲文明礼貌扣 2 分</td><td></td><td></td></tr>
<tr><td colspan="8">

年　　月　　日</td></tr>
</table>

训练项目三　三极管的识别与测试

一、项目描述

（1）给出几种三极管的型号，熟识型号的意义；能借助手册查阅技术参数。

（2）能正确使用万用表，测试给定的几种三极管，并识别引脚、类型与材料。

二、教学目标

（1）能用万用表测试三极管的好坏与引脚。

（2）能用万用表正确测试三极管的放大能力。

（3）熟识三极管型号，借助三极管手册查阅技术参数。

（4）具有正确将三极管接入电路的能力。

三、训练设备

万用表，各种类型三极管，晶体管图示仪。训练设备如图 1-3-1、图 1-3-2 所示。

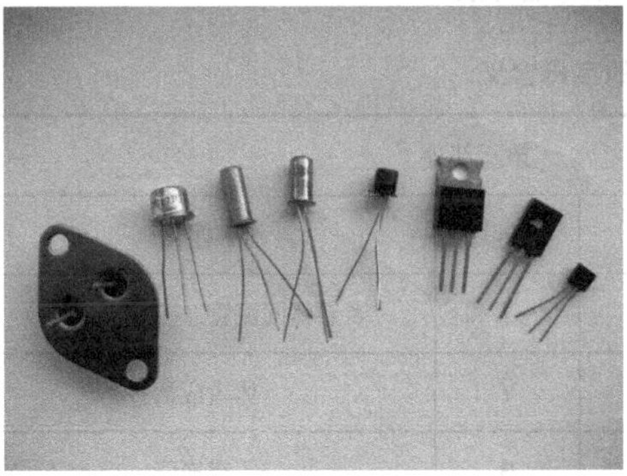

图 1-3-1　各种类型三极管

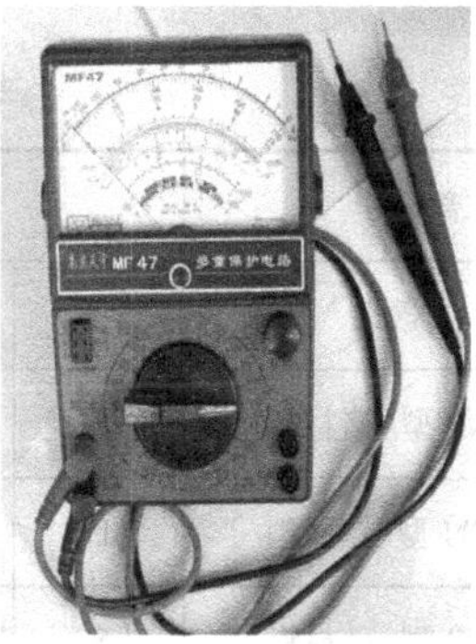

图 1-3-2　万用表

四、教学实施

教学采用理实一体组织实施，教、学、做一体，学生分小组，领取小组的一套元器件及万用表，同时展开学习与动手实践教学过程。

五、学习与实操内容

1. 认识三极管

三极管按其结构分为 NPN 型和 PNP 型两类。图 1-3-3、图 1-3-4 所示分别为 NPN、PNP 三极管符号。

三极管按所用材料分：锗、硅材料，其中硅三极管的热稳定性比锗三极管的热稳定性要好得多。

三极管按工作频率分：高频管、低频管和开关管。

三极管按功率分：大功率管、中功率管和小功率管。

2. 根据三极管外壳上的型号判断其类型

半导体器件的型号由五部分组成，如图 1-3-5 所示。半导体器件型号中的字母含义见

表 1-3-1。

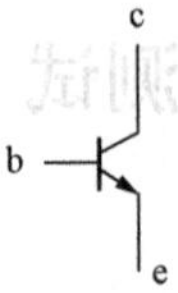

图 1-3-3 NPN 三极管符号

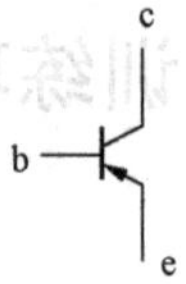

图 1-3-4 PNP 三极管符号

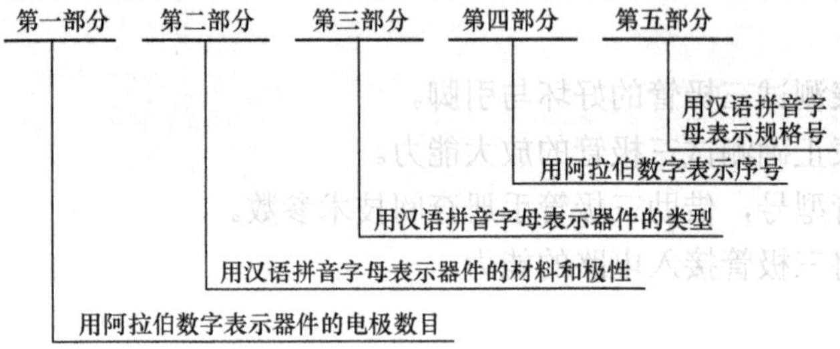

图 1-3-5 半导体器件的命名方法

表 1-3-1 半导体器件型号中的字母含义

第二部分		第三部分			
字母	意义	字母	意义	字母	意义
A	PNP 型 锗材料	Z	整流器	T	半导体闸流管（可控整流器）
B	NPN 型 锗材料	L	整流堆	Y	体效应器件
C	PNP 型 硅材料	S	隧道管	B	雪崩管
D	NPN 型 硅材料	N	阻尼管	J	阶跃恢复管
E	化合物材料	U	光电器件	CS	场效应器件
		K	开关管	BT	半导体特殊器件
		X	低频小功率管（f<3MHz，P_c>1W）	PIN	PIN 型管
				FH	复合管

如 3AX81 表示 PNP 型锗材料低频小功率三极管。

3. 根据三极管的外形特点判断引脚

通过三极管管壳上的符号、标志来识别。图 1-3-6 所示为三极管引脚排列图。

4. 三极管测试方法

没有标识的，应以测量为准。晶体三极管内部有两个 PN 结，可以用万用表欧姆挡，测量 PN 结的正、反向电阻来确定三极管的引脚、管型，并判断三极管的好坏。

用万用表的欧姆挡，量程为 R×100Ω或 R×1kΩ挡，判别出基极 b 和管型。根据三极管的电流放大作用，进行集电极和发射极的判别。

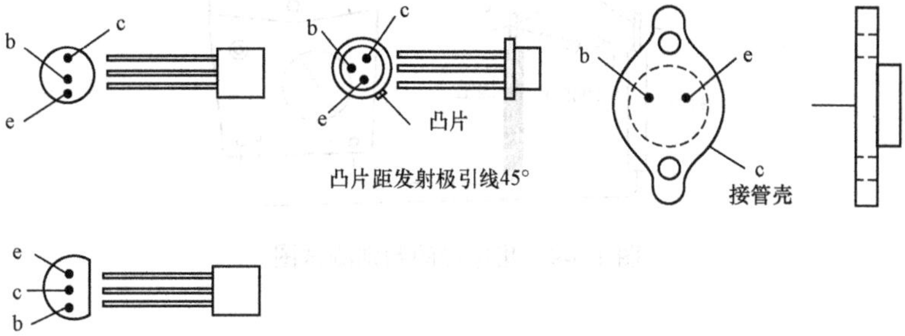

图 1-3-6　三极管引脚排列图

（1）基极的判别。将万用表置于 $R\times100\Omega$或 $R\times1\mathrm{k}\Omega$挡，用两表笔去搭接三极管的任意两引脚，如果阻值很大（几百千欧以上），则将表笔对调再测一次，如果阻值也很大，则剩下的那个引脚肯定是基极。基极的判别如图 1-3-7 所示。

（2）类型的判别。三极管基极确定后，用万用表黑表笔（即表内电池正极）搭接基极，红表笔（即表内电池负极）搭接另外两个引脚中的任意一个，如果测得阻值很大（几百千欧以上），则该管是 PNP 型；如果测得阻值很小（几千欧以上），则该管是 NPN 型。NPN 类型的判别如图 1-3-8 所示。小功率三极管的硅管和锗管的判别方法同二极管，即硅管 PN 结正向电阻约为几千欧，锗管 PN 结正向电阻约为几百欧。

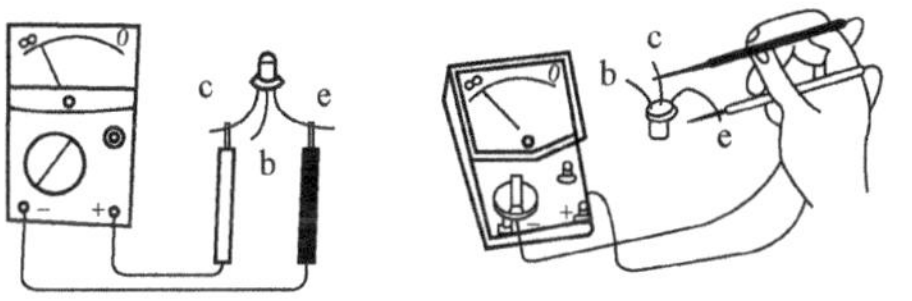

图 1-3-7　基极的判别

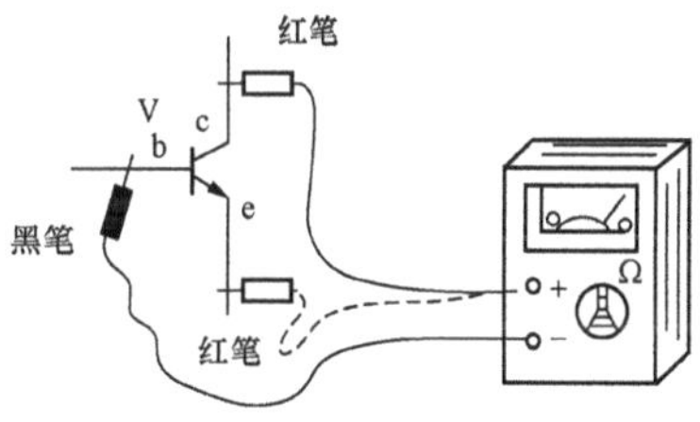

图 1-3-8　NPN 类型的判别

（3）集电极的判别。图 1-3-9 所示为集电极的判别测试图。以 NPN 型三极管为例，测其集电极时，先在除基极以外的两个电极中任意设一个为集电极，并用万用表的黑表笔搭接在假设的集电极上，红表笔搭接在假设的发射极上，用一个大电阻 R 接在基极和假设的集电极之间（实际测试中是用自己的舌尖抵住假设的集电极 c 和基极 b 充当电阻 R），如果万用表指针有较大的偏转，则以上假设正确；如果万用表指针不偏转，则假设不正确。为准确起见，一般将基极以外的两个电极先后假设为集电极，进行两次测量，万用表偏转角度较大的那次测量，与黑表笔相连的是三极管的集电极。

5. 实操

（1）根据型号 3DG12B、3CG14G、3AX31A、9012、9013，说出三极管类型。

（2）取不同类型的三极管进行引脚识别与放大功能的测试。

（3）用晶体管图示仪测试三极管特性曲线、β值及耐压值。

如何测量三极管的类型

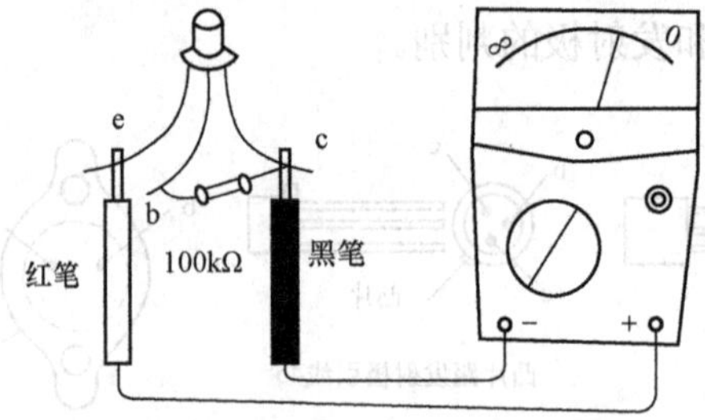

图 1-3-9 集电极的判别测试图

注 意

用万用表进行上述测量时，不可用 $R\times1\Omega$挡，因为此时电流太大，也不能用 $R\times10k\Omega$挡，因为表内使用电压太高，这样都容易损毁所测管子，尤其是小功率管。

训练项目三　任　务　单

《电子产品安装与调试（第二版）》

<table>
<tr><td rowspan="2">训练项目三
三极管的识别与测试</td><td>姓名</td><td>学号</td><td>班级</td><td>组别</td><td>成绩</td></tr>
<tr><td></td><td></td><td></td><td></td><td></td></tr>
<tr><td colspan="6">教学目标：
（1）能用万用表测试三极管的好坏与引脚。
（2）能用万用表正确测试三极管的放大能力。
（3）熟识三极管型号，借助三极管手册查阅技术参数。
（4）具有正确将三极管接入电路的能力。</td></tr>
<tr><td colspan="6">项目描述：
（1）给出几种三极管的型号，熟识型号的意义；能借助手册查阅技术参数。
（2）能正确使用万用表，测试给定的几种三极管，并识别引脚、类型与材料。
（3）完成小组任务分工计划与实施计划，完成项目自我评价与互评。
（4）写出项目总结报告。</td></tr>
</table>

训练项目三 计 划 单

《电子产品安装与调试（第二版）》

姓名	任务分工		名称	功能
		安装工具、测试仪表与仪器		

一、测试内容与方法

二、测试结果

元器件名称	型号	发射结		集电结		材料	好坏
		正向电阻	反向电阻	正向电阻	反向电阻		

三、总结报告

测试过程记录				
	记录员签名		日期	

训练项目三　评　价　单

《电子产品安装与调试（第二版）》

班级		姓名		学号		组别	
训练项目三　三极管的识别与测试						小组自评	教师评价
评分标准					配分	得分	得分
一、知识的掌握 50 分	（1）三极管的识别方法				10		
	（2）三极管三个引脚的识别方法				10		
	（3）材料的判断与类型判断方法				10		
	（4）根据型号准确说出其类型				10		
	（5）万用表使用正确				10		
	（6）每有一处错误扣 5 分						
	（7）损坏元器件扣 10 分						
二、测试 20 分	（1）在规定时间内完成所有器件的认识与测试				20		
	（2）元器件测试熟练、正确				10		
	（3）元器件测试，每有一处错误扣 5 分						
	（4）损坏元器件扣 10 分						
三、协作组织 10 分	（1）小组在接线调试过程中，出勤、团结协作，制订分工计划，分工明确，完成任务				10		
	（2）不动手，不协作，扣 5 分						
四、汇报与分析报告 10 分	项目完成后，能够正确分析与总结				10		
五、安全文明意识 10 分	（1）不遵守操作规程扣 4 分				10		
	（2）不清理现场扣 4 分						
	（3）不讲文明礼貌扣 2 分						
年　月　日							

训练项目四　电子仪器仪表的使用

一、项目描述

（1）正确使用低频函数发生器，使其输出频率为 1000Hz 的正弦信号。

（2）用数字交流毫伏表测量此信号幅值大小。

（3）用示波器观察此信号波形，并测量信号的周期及幅值。

（4）用数字交流毫伏表测量出幅值为 100mV 的正弦信号。

二、教学目标

（1）具有常用电子仪器、仪表的使用能力。

（2）具备使用示波器观察信号波形，测量波形周期和幅值的能力。

（3）具有使用数字交流毫伏表测量电压幅值的能力。

（4）具有正确使用低频函数发生器的能力。

三、训练设备

训练设备包括双踪示波器、数字交流毫伏表、低频函数发生器，如图 1-4-1～图 1-4-3 所示。

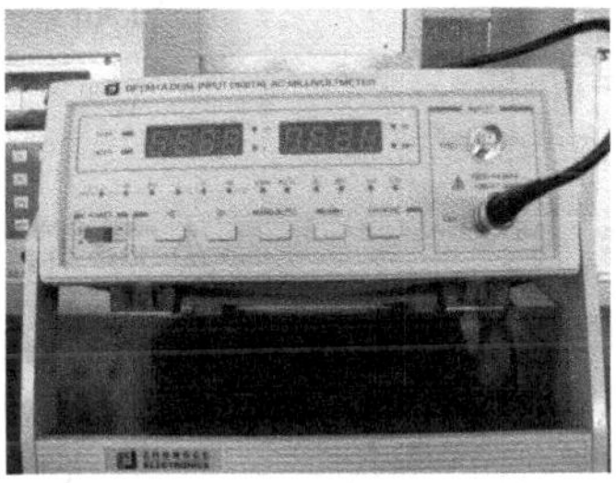

图 1-4-1　数字交流毫伏表

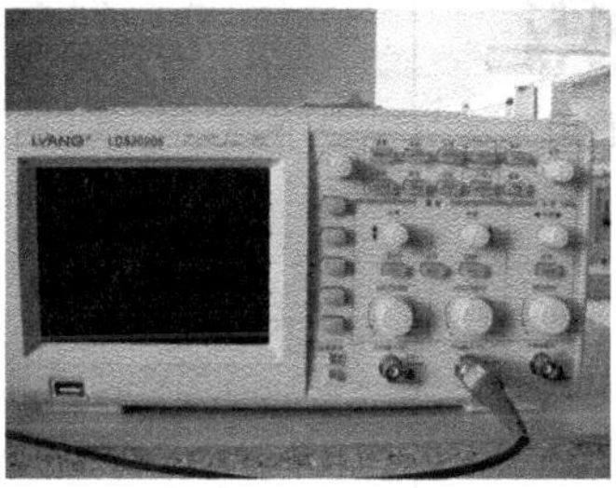

图 1-4-2　双踪示波器

四、教学实施

教学采用理实一体组织实施，教、学、做一体，学生分小组，同时展开学习与动手实践教学过程。

五、学习与实操内容

（一）数字交流毫伏表

DF1931A 通用型智能化全自动数字交流毫伏表，采用单片机控制技术，集模拟与数字技术于一体，适用于测量 10μV～300V、频率 5Hz～2MHz 的正弦波电压；具有自动/手动测量功能，同时显示电压值和 dB/dBm 值，以及量程和通道状态。

1. 技术参数

交流电压测量范围：100μV～300V。

dB 测量范围：−80～50dB（0dB=1V）。

dBm 测量范围：−77～52dBm（0dB=1mW600Ω）。

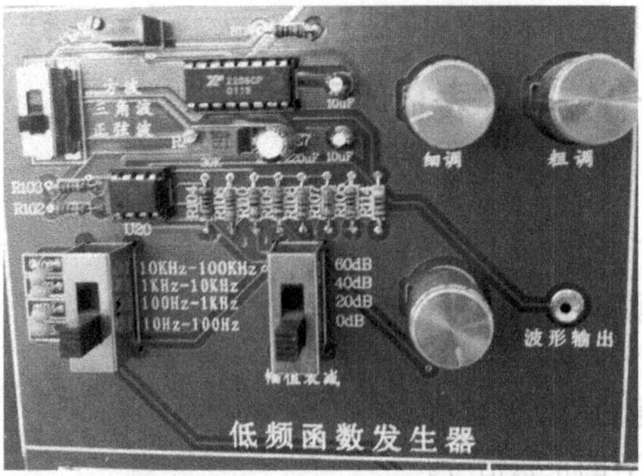

图 1-4-3 低频函数发生器

量程：3mV，30mV，300mV，3V，30V，300V。

频率范围：5Hz～2MHz 电压测量误差（以 1kHz 为基准，20℃环境温度下）。

50Hz～100kHz ±1.5%读数±8 个字。

20Hz～500kHz ±2.5%读数±10 个字。

5Hz～2MHz ±4.0%读数±20 个字。

dB 测量误差：±1 个字。

dBm 测量误差：±1 个字。

输入电阻：10MΩ。

输入电容：不大于 30pF。

噪声：输入短路时为 0 个字。

工作电压：220V±10%，50Hz±2Hz。

2. 使用方法

（1）前面板控件说明，如图 1-4-4 所示。

毫伏表的使用

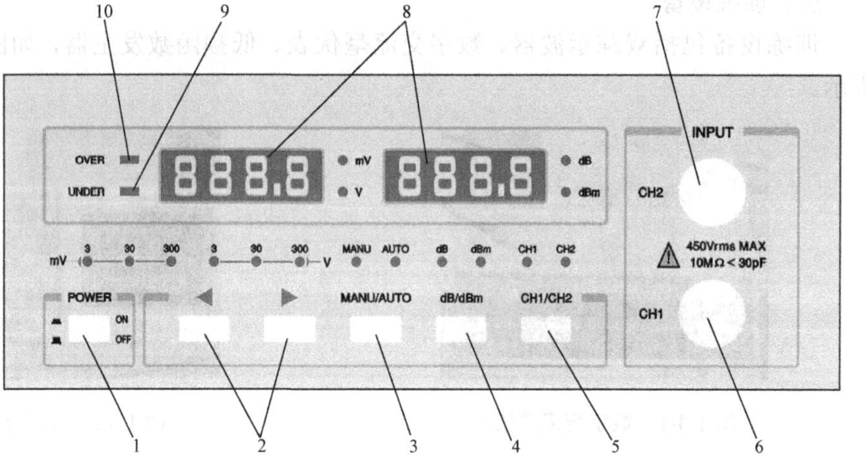

图 1-4-4 DF1931A 前面板

图 1-4-4 中，1—POWER 电源开关；2—量程切换按键，用于手动测量时量程的切换；3—AUTO/MANU 自动/手动测量选择按键；4—dB/dBm 用于显示 dB/dBm 选择按键；5—CH1/CH2 用于 CH1/CH2 测量选择按键；6—CH1 被测信号输入通道 1；7—CH2 被测信号输入通道 2；8—用于显示当前的测量通道实测输入信号电压值，dB 或 dBm 值；9—UNDER 欠量程指示灯，当手动或自动测量方式时，读数低于 300 时该指示灯闪烁；10—OVER 过量程指示灯，当手动或自动测量方式时，读数超过 3999 时该指示灯闪烁。

（2）后面板控件说明，如图 1-4-5 所示。

图 1-4-5 中，1—交流电源输入插座，用于 220V 电源的输入；2—FLOAT/GND 用于测量时输入信号地是浮置还是接机箱外壳地；3—RS-232 用于 RS-232 通信时的接口端。

3. 操作步骤

（1）打开电源开关，将仪器预热 15～30min。

（2）电源开启后，仪器进入产品提示和自检状态，自检通过后即进入测量状态。

（3）在仪器进入测量状态后，仪器处于 CH1 输入，手动量程 300V 挡，电压和 dB 的显示。当采用手动测量方式时，在加入信号前请先选择合适量程。

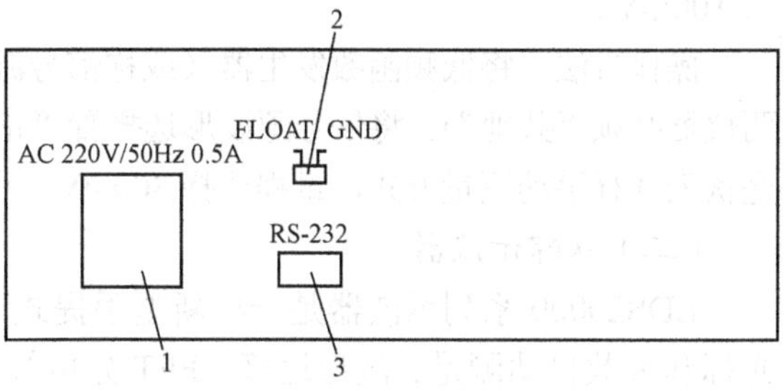

图 1-4-5　DF1931A 后面板

（4）在使用过程中，两个通道均能保持各自的测量方式和测量量程，因此选择测量通道时不会更改原通道的设置。

（5）当仪器设置为自动测量方式时，仪器能根据被测信号的大小自动选择测量量程，同时允许手动方式干预量程选择。当仪器在自动方式下且量程处于 300V 挡时，若 OVER 灯亮表示过量程，此时，电压显示为 HHHHV，dB 显示为 HHHHdB，表示输入信号过大，超过了仪器的使用范围。

（6）当仪器设置为手动方式时，用户可根据仪器的提示设置量程。若 OVER 灯亮表示过量程，此时电压显示 HHHHV，dB 显示为 HHHHdB，应该手动切换到上面的量程。当 UNDER 灯亮时，表示测量欠量程，用户应切换到下面的量程测量。

（7）当仪器设置为手动测量方式时，从输入端加入被测信号后，只要量程选择恰当，读数显示略慢于手动测量方式。在自动测量方式下，允许用手动量程设置按键设置量程。

（8）当按动面板上的 CH1/CH2 选择按键时，可选择 CH1 或 CH2 通道工作，CH1 灯亮为选择 CH1 通道，测量指示为 CH1 通道信号的电压值；CH2 灯亮为选择 CH2 通道，测量指示为 CH2 通道信号的电压值。

4. 注意事项

（1）仪器应放在干燥及通风的地方，并保持清洁，久置不用时应罩上塑料套。

（2）仪器使用电压为 220V，频率为 50Hz，应注意不应过高或过低。

（3）仪器在使用过程中不应频繁地开机和关机，关机后重新开机的时间间隔应大于 5s 以上。

（4）仪器在开机或使用过程中若出现死机现象，请先关机然后再开机检查。

（5）仪器在使用过程中，请不要长时间输入过量程电压。

（6）仪器在自动测量过程中，进行量程切换时会出现瞬态的过量程现象，此时只要输入电压不超过最大量程，片刻后读数即可稳定下来。

（7）仪器在测量过程中，若 UNDER/OVER 指示灯闪烁，应依要求切换量程，否则其测量读数只供参考。

（8）本仪器属于测量仪器，非专业人员不得进行拆卸、维修和校正，以免影响其测量精度。

（9）交流毫伏表只能用来测量正弦交流信号的有效值，若测量非正弦交流信号要经过换算。

（10）注意：不可用万用表的交流电压挡代替交流毫伏表测量交流电压（万用表内阻较低，用于测量 50Hz 左右的工频电压）。

5. 实操

（1）使用数字交流毫伏表测量低频函数发生器输出信号电压幅值大小。

（2）调节低频函数发生器幅度调节旋钮，用数字交流毫伏表测量，使输出信号电压幅值为 100mV。

操作方法：将低频函数发生器（或称信号源）的输出端接至数字交流毫伏表输入端（注意：两仪器必须“共地”）。将信号源波形选择置“正弦”，频率调为“1kHz”，输出衰减置于“0dB”，毫伏表选择手动测量方式，量程选择 300mV，调节“输出幅度”旋钮直到显示屏显示 100mV。

（二）双踪示波器

LDS20000 系列示波器是一种新型手提式高性能的数字存储示波器。仪器具有数据存储、光标和参数自动测量、波形运算、FFT 分析等功能，备有 RS-232、2 个 USB、RJ45 网口，仪器操作简便、直观、体积小、质量轻、功耗低、可靠性高。

1. LDS 操作面板

LDS 操作面板如图 1-4-6 所示。

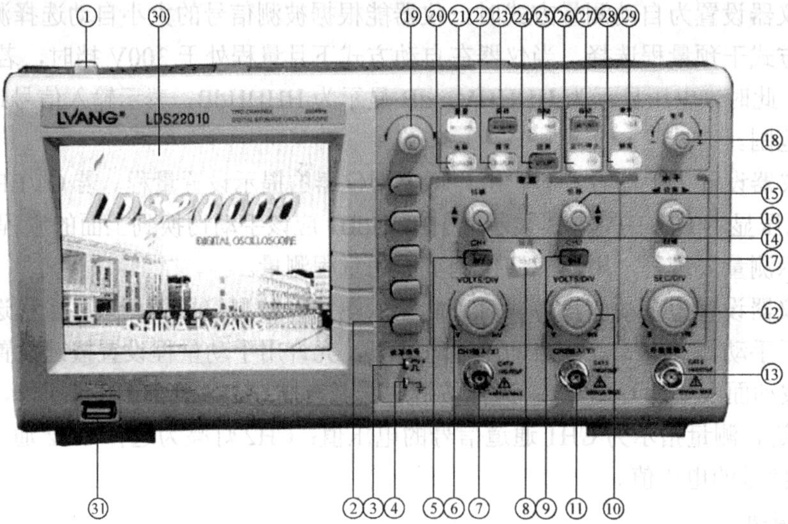

(a)

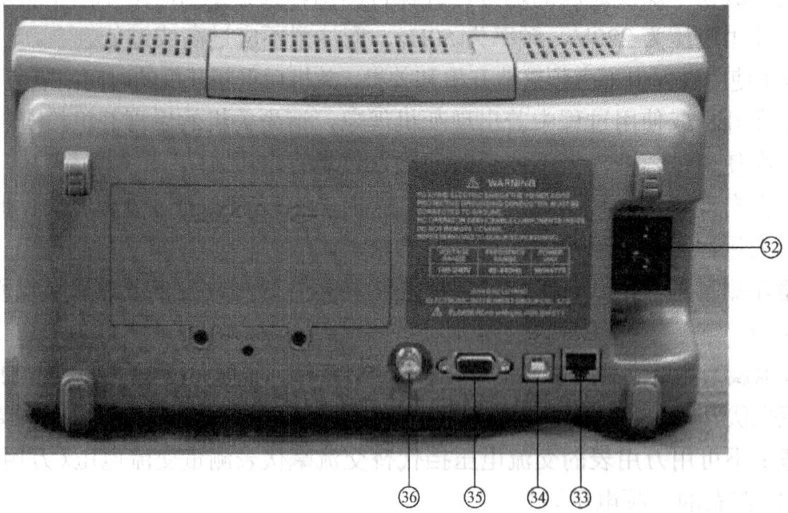

(b)

图 1-4-6　LDS 操作面板

（a）前面板；（b）后面板

2. LDS 操作面板操作说明

LDS 操作面板操作说明见表 1-4-1。

表 1-4-1　　**LDS 操作面板操作说明**

序号	控制件名称	控制件作用
①	电源开关（POWER）	按下开关接通电源，弹出状态切断电源
②	菜单键	SUB1～SUB5 共 5 个灰色按键，对应显示屏右侧 5 个菜单显示区域，按动菜单键可以设置当前显示区域菜单的不同选项
③	校准信号	可选择输出 0.5$V_{p\text{-}p}$ 1、10、100kHz 方波，用于校正探头方波和检测垂直通道的偏转系数
④	GND	整机接地端子
⑤	CH1 功能键	用来打开或关闭 CH1 通道及菜单
⑥	CH1 通道垂直偏转系数开关（VOLTS/DIV）	调节衰减挡位系数，按下该键设置 CH1 通道的垂直挡位调节为粗调或微调
⑦	CH1 通道信号输入插座（INPUT）	CH1 通道的信号接入端口，X-Y 工作方式时，作用为 X 轴信号输入端
⑧	运算（MATH）功能键	按下该键打开或关闭运算功能及菜单
⑨	CH2 功能键	用来打开或关闭 CH2 通道及菜单
⑩	CH2 通道垂直偏转系数开关（VOLTS/DIV）	调节衰减挡位系数，按下该键设置 CH2 通道的垂直挡位调节为粗调或微调
⑪	CH2 通道信号输入插座（INPUT）	CH2 通道的信号接入端口，X-Y 工作方式时，作用为 Y 轴信号输入端
⑫	扫描时基开关（SEC/DIV）	根据需要选择适当的扫描时间挡级
⑬	外触发输入端（INPUT）	外接同步信号的输入插座
⑭	CH1 垂直位移旋钮（位移）	调节 CH1 波形垂直位移，顺时针方向旋转，辉线上升，逆时针方向旋转辉线下降。按下该键使 CH1 通道波形的垂直显示位置迅速回到屏幕中心点
⑮	CH2 垂直位移旋钮（位移）	调节 CH2 波形垂直位移，顺时针方向旋转，辉线上升，逆时针方向旋转辉线下降。按下该键使 CH2 通道波形的垂直显示位置迅速回到屏幕中心点
⑯	水平位移旋钮	改变显示波形水平方向的位置，按下该键将使触发位移或延迟扫描位移恢复到水平零点处
⑰	扫描功能键（SWEEP）	按下该键打开扫描菜单
⑱	触发电平调整旋钮（LEVEL）	根据触发电平决定扫描开始的位置
⑲	公用旋钮	按下该键可设置选项或关闭弹出菜单
⑳	光标测量功能键	光标模式允许用户通过移动光标进行测量，可选择手动、追踪和自动测量
㉑	自动测量功能键（MEASURE）	测量功能可以对 CH1 和 CH2 通道波形进行自动测量（详见 5.6 节）
㉒	显示功能键	可以设置示波器的显示信息
㉓	采样功能键	设置采样方式为实时或等效采样

续表

序号	控制件名称	控制件作用
㉔	应用功能键	应用菜单可以选择示波器的语言种类，设置通过测试和波形记录功能，系统维护，自校正功能及设置时间、日期等，详见 5.11 节
㉕	存储功能键	可以将当前的设置文件保存到仪器的内部存储区或 USB 存储设备上，详见 5.10 节
㉖	运行/停止功能键	按下该键使波形采样在运行和停止之间切换
㉗	自动功能键	自动设定仪器各项控制值，以产生适宜观察的波形显示
㉘	触发功能键	可以设置触发方式、触发源、触发条件、触发释抑时间等参数，详见 5.5 节
㉙	单次功能键	按下该键在符合触发条件下进行一次触发，然后停止运行
㉚	LCD 显示屏	显示各种信息
㉛	USB 接口	在该菜单中可以对 USB 存储设备进行操作整理
㉜	电源插座	电源输入端
㉝	RJ45 网口（选配）	可以利用 RJ45 网口进行信息处理
㉞	USB 接口（选配）	可以利用 USB 接口进行信息处理
㉟	RS-232（选配）	可以利用 RS-232 进行信息处理
㊱	通过/失败输出端口（选配）	输出通过/失败脉冲波形

LDS 操作界面如图 1-4-7 所示。

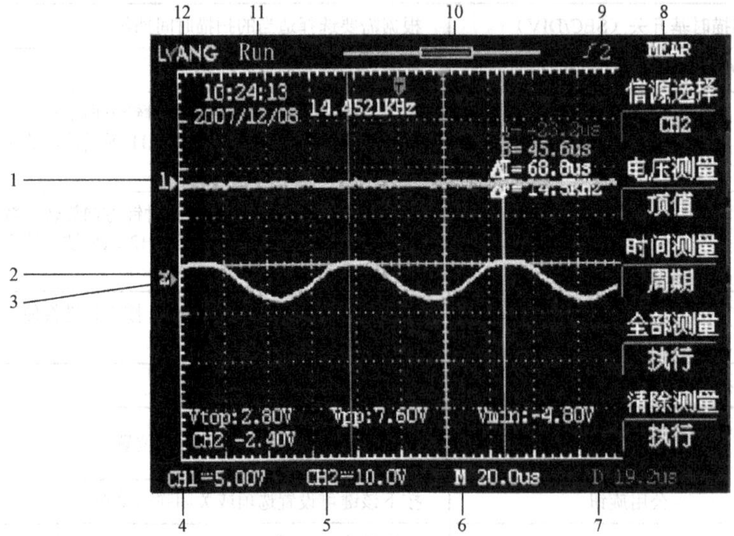

图 1-4-7 LDS 操作界面

图 1-4-7 中，1—CH1 标志；2—CH2 标志；3—触发位置指示；4—CH1 耦合及垂直挡位状态；5—CH2 耦合及垂直挡位状态；6—水平时基挡位状态；7—触发位移显示；8—用户自定义菜单；9—触发状态指示；10—当前显示波形窗口在内存中的位置；11—运行/停止状态显示；12—绿扬商标。

3. 安全检查及注意事项

（1）请确认交流电源电压，应符合 AC 100～240V，40～400Hz。

（2）用户电源插座应具有安全保护接地端。

（3）工作温度 0～+40℃，工作湿度 40℃。

（4）不要测量超过额定范围输入电压。

INPUT 直接输入 400V［DC+AC（峰值）］≤1kHz。

使用×10 探极 400V［DC+AC（峰值）］≤1kHz。

（5）仪器受干扰或操作不当可能会出现死机或扫描异常等现象，请关闭 3s 后重新开启电源。

（6）仪器通电预热 15min 后，系统重新进行时基自动校正，可获得更高测量精度。

4. 实操

（1）用示波器观察波形。将示波器“CH1 通道”端接低频函数发生器输出端（两仪器仍必须“共地”），调节“CH1 通道垂直偏转系数开关”“扫描时基开关”等旋钮，使荧光屏上得到一个稳定的正弦波。

（2）用示波器测量波形的周期和幅度。

将频率为 1kHz、幅度为 3V 左右的正弦信号送入示波器输入端。调节示波器“CH1 通道垂直偏转系数开关”使正弦波信号占到屏幕的 2/3 左右，此时，“N”的指示值即为屏幕上横向每格（1cm）代表的时间，再观察被测波形一个周期在屏幕水平轴上占据的格数，即可得信号周期为

$$T_{\mathrm{W}}=\mathrm{T/cm}\times\text{格数}$$

调节示波器 CH1 通道的垂直位移旋钮，使屏幕上的波形高度适中，此时，屏幕上“CH1”的指示值即为纵向每格代表的电压值，再观察波形的高度（峰—峰）在屏幕纵轴上占据的格数，即可得信号幅度为

$$V_{\mathrm{P\text{-}P}}=\mathrm{V/cm}\times\text{格数}$$

$$V_{(\text{有效值})}=\frac{V_{\mathrm{P-P}}}{2\sqrt{2}}$$

注 意

被测信号若经示波器 10:1 探头输入，测得的电压值再乘以 10，才是实际值。

（三）低频函数发生器

低频函数发生器操作面板如图 1-4-8 所示。

1. 面板使用说明

波形选择：方波、三角波、正弦波。

频段选择：10～100kHz、1～10kHz、100Hz～1kHz、10～100Hz。

粗调：在选择好的频段内对频率进行粗调。

细调：在选择好的频段内对频率进行细调。

幅值衰减：0dB、20dB、40dB、60dB；使用时一般选择 0dB。

幅度调节：可调节输出信号的幅度大小。

注意

所有旋钮均顺时针增大，逆时针减小。

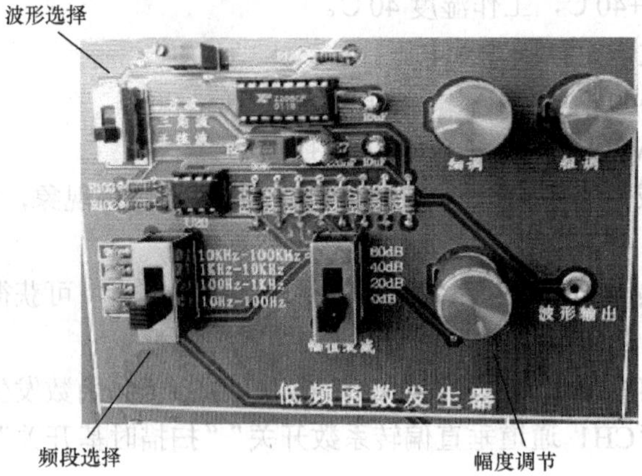

图 1-4-8　低频函数发生器操作面板

2. 实操

使低频函数发生器输出一个频率为 1kHz 的正弦信号，再用数字交流毫伏表测试其输出幅值为 100mV，再用示波器观测波形。

调试方法是：将低频函数发生器波形选择为正弦波，将频段选择为 100Hz～1kHz，将幅值衰减为 0dB，再用数字交流毫伏表测试，使低频函数发生器输出一个频率为 1kHz、幅值为 100mV 的正弦信号，并用示波器观测波形。

训练项目四　任　务　单

《电子产品安装与调试（第二版）》

<table>
<tr><td rowspan="2">训练项目四
电子仪器仪表的使用</td><td>姓名</td><td>学号</td><td>班级</td><td>组别</td><td>成绩</td></tr>
<tr><td></td><td></td><td></td><td></td><td></td></tr>
<tr><td colspan="6">教学目标：
（1）具有常用电子仪器、仪表的使用能力。
（2）具备使用示波器观察信号波形，测量波形周期和幅值的能力。
（3）具有使用数字交流毫伏表测量电压幅值的能力。
（4）具有正确使用低频函数发生器的能力。</td></tr>
<tr><td colspan="6">项目描述：
（1）正确使用低频函数发生器，使其输出频率为 1000Hz 的正弦信号。
（2）用数字交流毫伏表测量此信号幅值大小。
（3）用示波器观察此信号波形，并测量信号的周期及幅值。
（4）用数字交流毫伏表测量出幅值为 100mV 的正弦信号。</td></tr>
</table>

训练项目四 评 价 单

《电子产品安装与调试（第二版）》

<table>
<tr><td>班级</td><td></td><td>姓名</td><td></td><td>学号</td><td></td><td>组别</td><td></td></tr>
</table>

<table>
<tr><td colspan="3">训练项目四 电子仪器仪表的使用</td><td>小组自评</td><td>教师评价</td></tr>
<tr><td colspan="2">评分标准</td><td>配分</td><td>得分</td><td>得分</td></tr>
<tr><td rowspan="10">一、实际操作
70 分</td><td>（1）正确使用毫伏表</td><td>10</td><td></td><td></td></tr>
<tr><td>（2）正确使用示波器</td><td>10</td><td></td><td></td></tr>
<tr><td>（3）正确使用信号源</td><td>10</td><td></td><td></td></tr>
<tr><td>（4）正确使用仪器、仪表测量信号</td><td>10</td><td></td><td></td></tr>
<tr><td>（5）操作不正确，有一处扣 5 分</td><td></td><td></td><td></td></tr>
<tr><td>（6）在规定时间内完成测量</td><td>10</td><td></td><td></td></tr>
<tr><td>（7）能正确连接仪器、仪表进行测量</td><td>10</td><td></td><td></td></tr>
<tr><td>（8）测量结果正确</td><td>10</td><td></td><td></td></tr>
<tr><td>（9）测量过程中仪器、仪表挡位错、过量限，每次扣 5 分</td><td></td><td></td><td></td></tr>
<tr><td>（10）带电接线、拆线每次扣 5 分</td><td></td><td></td><td></td></tr>
<tr><td rowspan="2">二、协作组织
10 分</td><td>（1）小组在任务实施过程中，出勤、团结协作，制定分工计划，分工明确，完成任务</td><td>10</td><td></td><td></td></tr>
<tr><td>（2）不动手，不协作，扣 5 分</td><td></td><td></td><td></td></tr>
<tr><td>三、汇报与分析报告
10 分</td><td>任务完成后，能够正确分析与总结，报告完整</td><td>10</td><td></td><td></td></tr>
<tr><td rowspan="3">四、安全文明意识
10 分</td><td>（1）不遵守操作规程扣 4 分</td><td rowspan="3">10</td><td></td><td></td></tr>
<tr><td>（2）不清理现场扣 4 分</td><td></td><td></td></tr>
<tr><td>（3）不讲文明礼貌扣 2 分</td><td></td><td></td></tr>
<tr><td colspan="5">

年 月 日</td></tr>
</table>

训练项目五　共发射极放大电路的接线与调试

一、项目描述

（1）按照图 1-5-1 进行接线。

（2）调节静态工作点。

u_i不接，先接 V_{CC}=+12V 直流电源，调整基极偏置电阻电位器 R_P，使集电极对参考点电位 V_c=5.5～6V，用万用表直流电压挡进行测试。

（3）测量电压放大倍数 A_u。在放大电路的静态工作点调整好以后，由低频信号发生器调节输入频率 f=1kHz，用毫伏表测量其输出电压 u_i=20mV 的正弦波信号，输入信号调好后，接入放大电路的输入端，用示波器观测输出电压波形，并用交流毫伏表测量输出电压 u_o，计算电压放大倍数 $A_u=u_o/u_i$。

（4）观察输出电压波形失真情况。调整基极电阻 R_p，用示波器观察输出电压波形失真情况，记录下来，并进行分析。

（5）不接旁路电容 C_e，再重复项目描述 3 的过程，测试输出电压 u_o，计算 A_u 值，并说明 A_u 变小的原因。

（6）静态工作点合适，加大 u_i 信号幅值，观察输出波形失真情况，并做记录。

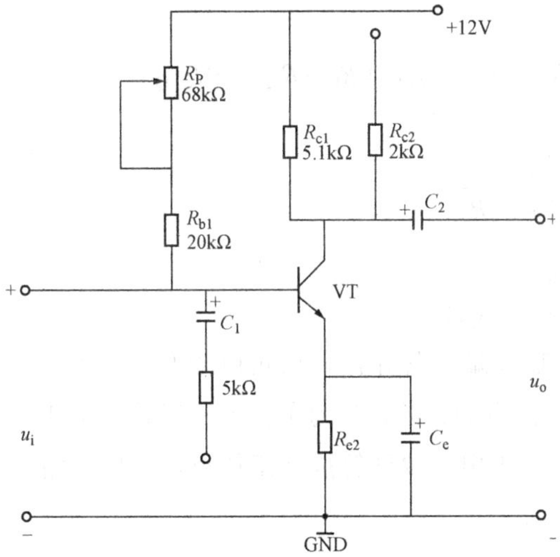

图 1-5-1　共发射极放大电路

二、教学目标

（1）具有放大电路的读识图与接线能力。

（2）学会静态工作点调节方法，会用万用表测试静态电压。

（3）会电路工作原理分析及调试步骤，会用低频信号发生器调试输入信号，并能用示波器观察输入、输出电压波形。

（4）会用毫伏表测试输入、输出电压，会计算电压放大倍数 A_u。

（5）具有调试与故障排查能力。

（6）具有团结合作、组织、语言表达能力；具有项目计划、实施与评价能力。

三、训练设备

训练设备包括电子技术综合实训装置、导线、万用表、交流毫伏表、示波器，如图 1-5-2 所示。

四、教学实施

教学采用理实一体组织实施，教、学、做一体，学生分小组，同时展开学习与动手实践教学过程。

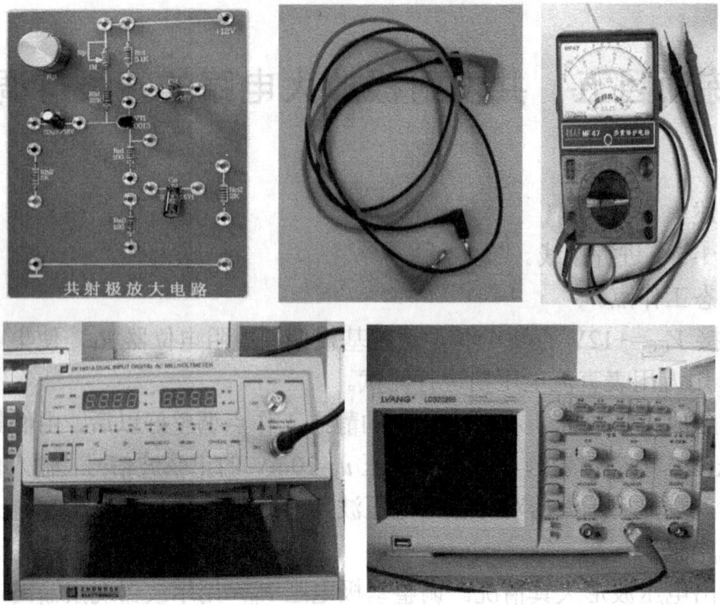

图 1-5-2　共射极放大电路训练设备

五、学习与实操内容

1. 静态工作点的计算与调节

如图 1-5-1 所示放大电路，画直流通路，因为

$$V_{CC}=I_{BQ}(R_{b1}+R_{P})+U_{BEQ}+(1+\beta)I_{BQ}R_{e2},\quad V_{CC}\approx I_{CQ}(R_{C1}+R_{e2})+U_{CEQ}$$

则有

$$I_{BQ}=\frac{V_{CC}-U_{BEQ}}{R_{b1}+R_{P}+(1+\beta)R_{e2}}$$

$$I_{CQ}=\beta I_{BQ}$$

$$U_{CEQ}=V_{CC}-I_{CQ}(R_{C1}+R_{e2})$$

因为 U_{BEQ}=0.7V，由上述公式可以看出，调节基极偏置电阻 R_P，就可以改变静态工作点 I_{BQ}、I_{CQ}、U_{CEQ}。低频放大电路设置合适的静态工作点的目的，是为了保证三极管处于线性放大区，保证不失真地放大电压信号，因此，低频放大电路要计算静态工作点，装接电路要调试静态工作点，使其为合适值，保证不失真放大。

2. 静态工作点对输出波形的影响

如果静态工作点不合适，则输出波形将出现严重的非线性失真，如图 1-5-3 所示。

（1）静态工作点 Q 合适：Q 点在负载线（空载时）的中点位置，输出 u_o 为不失真放大波形。

（2）静态工作点 Q'' 过低：Q'' 点接近于截止区，同样的信号、电路及放大能力，将造成 u_o 截止失真（顶部失真）。

（3）静态工作点 Q' 过高：Q' 点接近于饱和区，同样的信号、电路及放大能力，将造成 u_o 饱和失真（底部失真）。

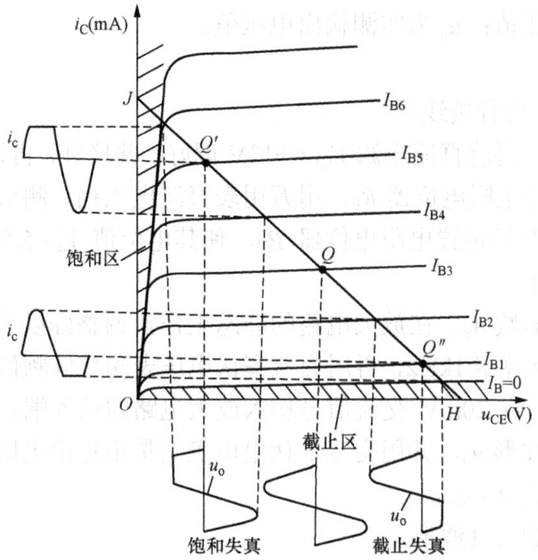

图 1-5-3　输出波形失真情况分析

（4）若静态工作点合适，同样的放大电路，但输入信号过大，将造成顶部、底部双向失真。

饱和失真和截止失真都是非线形失真，是放大电路不正常的状态，会造成重放的声音嘶哑、听不清楚，重放的图像细节丢失、看不清楚，因此放大电路必须避免出现饱和失真和截止失真。

3. 调静态工作点

调节基极电位器 R_P，可以调整失真情况，边调节电位器 R_P，边观测示波器输出波形，直到输出波形不失真为止。

（1）静态工作点过高，出现饱和失真，应调节 R_P，使其增大，从而使 I_{BQ} 减小，Q 点下移。

（2）静态工作点过低，出现截止失真，应调节 R_P，使其减小，从而使 I_{BQ} 增大，Q 点上移。

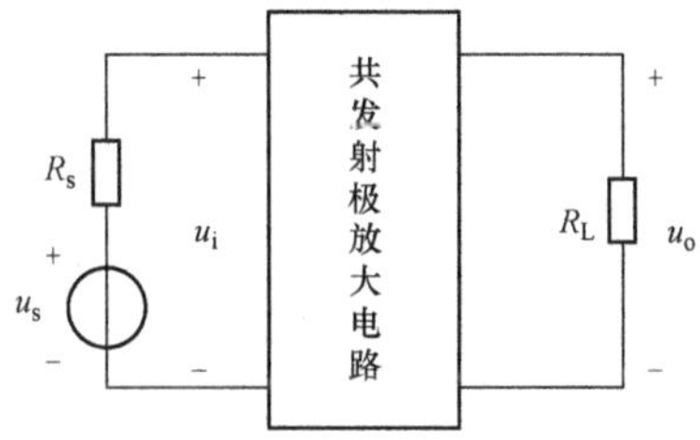

图 1-5-4　电压放大倍数实测电路框图

若静态工作点合适，但输出波形出现双向失真，应将输入信号调小，可以消除双向失真。

4. 测量电压放大倍数 A_u

放大电路的电压放大倍数测试方法如图 1-5-4 所示，在调整好放大电路的静态工作点以后，调节低频信号发生器，使其输出一个正弦波信号，频率为 f=1kHz，幅值 $u_i = 20\text{mV}$，并将低频信号发生器输出接入放大电路的输入端，用示波器观察放大电路 u_o 波形，在输出波形不失真的情况下，用交流毫伏电压表测量输入电压 u_i、输出电压 u_o 的值，然后计算 u_o 与 u_i 的比值，即可求得电压放大倍数 A_u，上述过程，为电压放大倍数 A_u 的实测方法。

$$A_u = \frac{u_o}{u_i}$$

式中：u_i为实测输入电压值；u_o为实测输出电压值。

5. 实操步骤

（1）先按照图 1-5-1 进行接线。

（2）信号源 U_i 不接，再将直流电源 V_{CC}=+12V 调好，并接好，再调节与测试静态工作点。其方法是：调整基极偏置电阻电位器 R_P，用万用表直流电压挡，测试三极管集电极对参考点电（GND）电位，调整基极偏置电阻电位器 R_P，使其电位值 V_C=5.5～6V，这样，放大电路的静态工作点就调整好了。

（3）测试电压放大倍数 A_u。在放大电路的静态工作点调整好以后，由低频信号发生器调节信号为正弦波信号，频率 f=1kHz，再用交流毫伏电压表测量低频信号发生器输出电压幅值 u_i=20mV。信号调好后，将 20mV 交流信号接入放大电路的输入端，用示波器观测放大电路输出不失真放大的电压波形 u_o，并用交流毫伏电压表测量出输出电压 u_o，根据测试的 u_i、u_o 的值，计算电压放大倍数 $A_u=u_o/u_i$。

（4）观测放大电路的失真波形。

1）静态工作点合适（调整基极偏置电阻电位器 R_P，使其电位值 V_c=5.5～6V），加大 u_i 信号幅值，观察放大电路输出电压 u_o 波形双向失真情况，记录下来，并进行分析。

2）静态工作点合适（调整基极偏置电阻电位器 R_P，使其电位值 V_c=5.5～6V），调整基极电位器 R_P，即改变基极电阻，用示波器观察输出电压 u_o 波形失真情况，要求观测到截止失真、饱和失真等输出电压波形，记录下来，并进行分析。

（5）不接旁路电容 C_e，再重复（3）的过程，测试输出电压 u_o，计算 A_u 值，比较结果，并说明 A_u 变小的原因。根据测试数据，说明旁路电容 C_e 的作用。

共发射极放大电路装接与调试

训练项目五　任　务　单

《电子产品安装与调试（第二版）》

训练项目五 共发射极放大电路的接线与调试	姓名	学号	班级	组别	成绩

教学目标：

（1）具有放大电路的读识图与接线能力。

（2）学会静态工作点调节方法，会用万用表测试静态电压。

（3）会电路工作原理分析及调试步骤，会用低频信号发生器调试输入信号，并能用示波器观察输入、输出电压波形。

（4）会用交流毫伏表测试输入、输出电压，会计算电压放大倍数 A_u。

（5）具有调试与故障排查能力。

（6）具有团结合作、组织、语言表达能力；具有项目计划、实施与评价能力。

项目描述：

（1）按照图 1-5-1 进行接线。

（2）调节静态工作点。u_i 不接，先接 V_{CC}=+12V 直流电源，调整基极偏置电阻电位器 R_P，使集电极对参考点电位 V_C=5.5～6V，用万用表进行测试。

（3）测量电压放大倍数 A_u。在放大电路的静态工作点调整好以后，由低频信号发生器，调节输入频率 f=1kHz，用毫伏表测量输出电压 u_i=20mV 的正弦波信号，输入信号调好后，接入放大电路的输入端，用示波器观测输出电压波形，用交流毫伏表测量输出电压 u_o，计算电压放大倍数 $A_u=u_o/u_i$。

（4）调整基极电阻 R_P，用示波器观察输出电压波形失真情况。

（5）不接旁路电容 C_e，再重复（3）的过程，测试输出电压 u_o，计算 A_u 值。

（6）静态工作点合适，加大 u_i 信号幅值，观察输出波形失真情况，并做记录。

（7）完成小组任务分工计划、实施计划、自我评价、互评、总结报告。

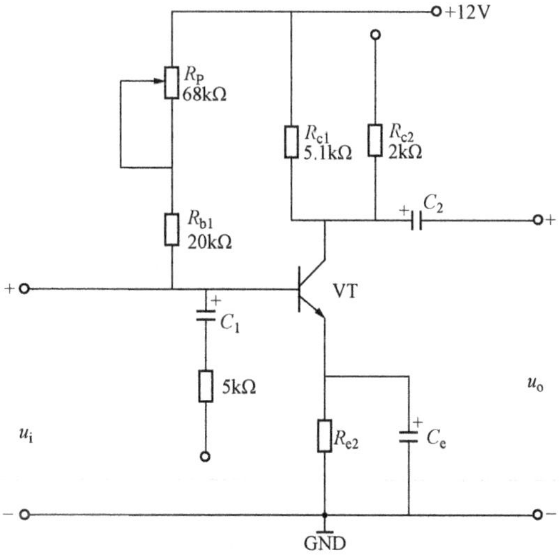

图 1-5-1　共发射极放大电路

训练项目五　计　划　单

《电子产品安装与调试（第二版）》

<table>
<tr><td>姓名</td><td>任务分工</td><td rowspan="5">安装工具、测试仪表与仪器</td><td>名称</td><td>功能</td></tr>
<tr><td></td><td></td><td></td><td></td></tr>
<tr><td></td><td></td><td></td><td></td></tr>
<tr><td></td><td></td><td></td><td></td></tr>
<tr><td></td><td></td><td></td><td></td></tr>
<tr><td colspan="5">一、装接步骤与内容

二、测试结果与分析

三、测试波形与失真波形分析

四、总结报告</td></tr>
</table>

测试过程记录			
	记录员签名		日期	

训练项目五　评　价　单

《电子产品安装与调试（第二版）》

<table>
<tr><td>班级</td><td></td><td>姓名</td><td></td><td>学号</td><td></td><td>组别</td><td></td></tr>
<tr><td colspan="6">训练项目五　共发射极放大电路的接线与调试</td><td>小组自评</td><td>教师评价</td></tr>
<tr><td colspan="5">评分标准</td><td>配分</td><td>得分</td><td>得分</td></tr>
<tr><td rowspan="6" colspan="2">一、按图接线与知识的掌握
40 分</td><td colspan="3">（1）调节测量电源 12V</td><td>10</td><td></td><td></td></tr>
<tr><td colspan="3">（2）按原理图接线</td><td>10</td><td></td><td></td></tr>
<tr><td colspan="3">（3）正确使用万用表、交流毫伏表、示波器</td><td>10</td><td></td><td></td></tr>
<tr><td colspan="3">（4）虚接、漏接、错接每处扣 5 分</td><td></td><td></td><td></td></tr>
<tr><td colspan="3">（5）直流电源短路扣 10 分</td><td></td><td></td><td></td></tr>
<tr><td colspan="3">（6）放大电路知识的掌握</td><td>10</td><td></td><td></td></tr>
<tr><td rowspan="6" colspan="2">二、调试
30 分</td><td colspan="3">（1）工作点调整与测量</td><td>5</td><td></td><td></td></tr>
<tr><td colspan="3">（2）输入信号测量</td><td>5</td><td></td><td></td></tr>
<tr><td colspan="3">（3）放大倍数的测量、去掉 C_e 的测量</td><td>10</td><td></td><td></td></tr>
<tr><td colspan="3">（4）输出波形及失真波形的测量</td><td>10</td><td></td><td></td></tr>
<tr><td colspan="3">（5）测量时输入信号、输出信号短路一处扣 10 分</td><td></td><td></td><td></td></tr>
<tr><td colspan="3">（6）测量使毫伏表过量程扣 5 分</td><td></td><td></td><td></td></tr>
<tr><td rowspan="2" colspan="2">三、协作组织
10 分</td><td colspan="3">（1）小组在接线调试过程中，出勤、团结协作，制定分工计划，分工明确，完成任务</td><td>10</td><td></td><td></td></tr>
<tr><td colspan="3">（2）不动手，不协作，扣 5 分</td><td></td><td></td><td></td></tr>
<tr><td colspan="2">四、汇报与分析报告
10 分</td><td colspan="3">项目完成后，能够正确分析与总结</td><td>10</td><td></td><td></td></tr>
<tr><td rowspan="3" colspan="2">五、安全文明意识
10 分</td><td colspan="3">（1）不遵守操作规程扣 4 分</td><td rowspan="3">10</td><td></td><td></td></tr>
<tr><td colspan="3">（2）不清理现场扣 4 分</td><td></td><td></td></tr>
<tr><td colspan="3">（3）不讲文明礼貌扣 2 分</td><td></td><td></td></tr>
<tr><td colspan="8">年　　月　　日</td></tr>
</table>

训练项目六　射随器电路的接线与调试

一、项目描述

（1）按照图 1-6-1 进行接线。

（2）调节静态工作点。

u_i 信号源不接，先接直流电源 V_{CC}=+12V，调节 R_P，用万用表直流电压挡测试 E 点与接地点（参考点 GND）之间的电压为 V_E=2～3V，则静态工作点调好。

（3）电压放大倍数 A_u、输入电阻 r_i、输出电阻 r_o 的测量。

1）在放大电路的静态工作点调整好以后，将低频信号发生器输出端 Y 与射随器电路的 A 端相连，低频信号发生器接地端（参考点）与射随器电路的接地端（参考点）相连接。调节低频信号发生器输出频率为 f=1kHz，调节输出电压幅值的大小，用交流毫伏电压表测量射随器电路的 B 点与接地点电压，使 B 点与接地点电压为 100mV，即 u_i=100mV。输入信号调好后，用示波器观测射随器电路不失真输出电压波形，用交流毫伏电压表测量输出电压 u_o，记录数据，并用公式 $A_u=u_o/u_i$ 计算电压放大倍数。

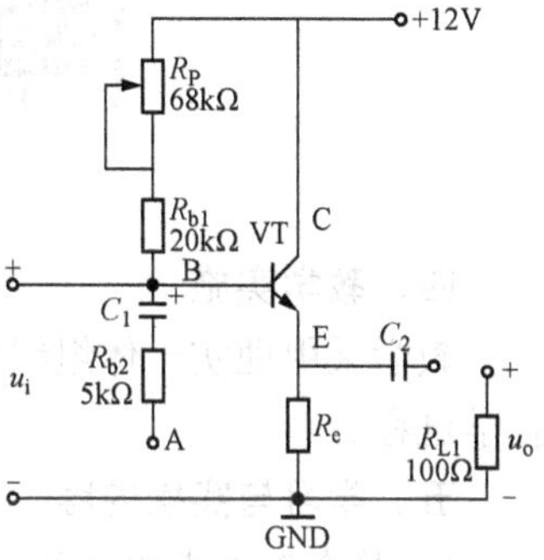

图 1-6-1　射随器电路

2）输入电阻 r_i 的测量。在上述过程基础上，用交流毫伏电压表测量输入电压 u_A、u_B（即为 u_i）的值，同时 $R=R_{b2}$=5kΩ，用下述计算公式计算输入电阻，即

$$r_i=\frac{u_B}{u_A-u_B}\times 5$$

3）输出电阻 r_o 的测量。用交流毫伏电压表测量负载开路时，输出电压 μ_o'；接入负载时，输出电压 u_o，输出电阻值可按下式求得，即

$$r_o=\left(\frac{u_o'}{u_o}-1\right)R_L$$

$$R_{L1}=100\Omega$$

二、教学目标

（1）具有放大电路的读识图与接线能力。

（2）学会静态工作点调节方法，会用万用表测试静态电压。

（3）会电路的调试步骤，会用低频信号发生器调试输入信号，并能用示波器观察输入、输出电压波形；会用毫伏表测试输入、输出电压，会计算电压放大倍数。

（4）会测试，并计算出输入与输出电阻；具有电路故障排查能力。

（5）具有团结合作、组织、语言表达能力，具有项目计划、实施与评价能力。

三、训练设备

训练设备包括电子技术综合实训装置、导线、万用表、交流毫伏表、示波器，如图 1-6-2 所示。

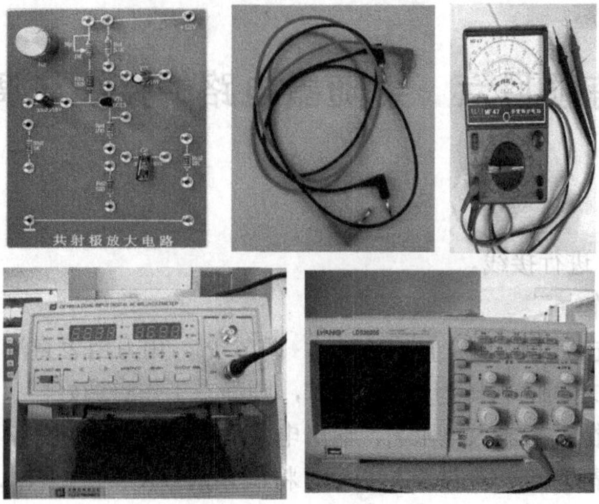

图 1-6-2 射随器电路训练设备

四、教学实施

教学采用理实一体组织实施，教、学、做一体，学生分小组，同时展开学习与动手实践教学过程。

五、学习与实操内容

1. 静态工作点的计算与调节

直流通路如图 1-6-3（b）所示 ，根据直流通路可以列出输入回路的直流方程为

$$V_{CC}=I_{BQ}R_b+U_{BEQ}+I_{EQ}R_E$$

由此可求得射随器电路的静态工作点为

$$I_{BQ}=\frac{V_{CC}-U_{BEQ}}{R_b+(1+\beta)R_E}$$

$$I_{CQ}=\beta I_{BQ}$$

由图 1-6-3（b）集电极回路可得

$$V_{CC}=U_{CEQ}+(1+\beta)I_{BQ}R_E$$

$$U_{CEQ}=V_{CC}-(\beta+1)I_{BQ}R_E$$

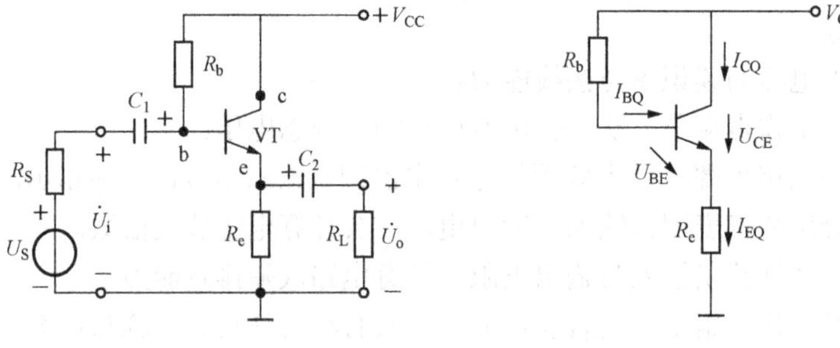

(a) (b)

图 1-6-3 射随器电路

（a）射随器电路；（b）直流通路

由上述公式可以看出，若调整基极电阻 $R_b\uparrow\rightarrow I_{BQ}\downarrow\rightarrow I_{CQ}\downarrow\rightarrow U_{CEQ}\uparrow$，反之，变化趋势相反。若静态工作点Q合适，则输出 u_o 不失真。实操训练中，调节静态工作点是通过调节基极电位器 R_P，使直流静态电位 V_E（E对地电压）=2～3V，则电路的静态工作点调好。

2. 用测试的方法，求电压放大倍数 A_u、输入电阻 r_i 和输出电阻 r_o

（1）电压放大倍数 A_u 的测试。射随器测试电路如图1-6-4所示。电路接好后，接通信号源（调出 f=1kHz，u_i =100mV的正弦交流电），将信号加到A与参考点之间，用示波器观察输出电压波形，在不失真的情况下，用毫伏交流电压表测输出电压 u_o 值及 u_B 的值，计算 $A_u=\dfrac{u_o}{u_B}$，便得到电路的电压放大倍数。经测试可得 $u_o\approx u_B$，$A_u\approx 1$。

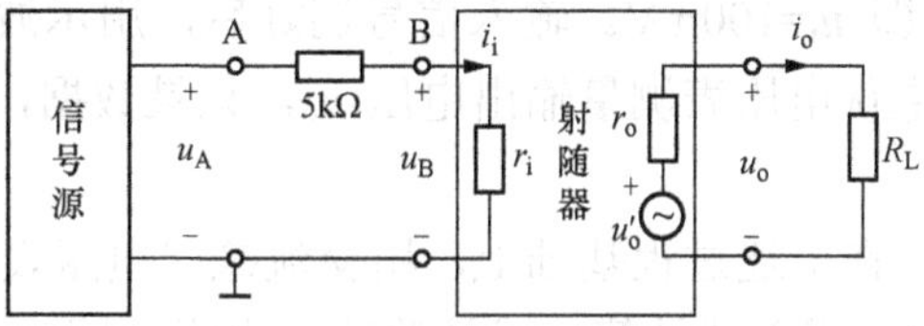

图1-6-4　射随器测试电路

（2）输入电阻 r_i 的测试 u_A。在图1-6-4中，用毫伏交流电压表，测得 u_A、u_B 的值。

因为

$$r_i=\frac{u_B}{i_i},\quad i_i=\frac{u_{AB}}{5}=\frac{u_A-u_B}{5}$$

所以

$$r_i=\frac{u_B}{u_A-u_B}\times 5$$

将毫伏交流电压表测得 u_A、u_B 值代入，即可间接测得输入电阻 r_i。

（3）输出电阻 r_o 的测量。在图1-6-4中，用毫伏交流电压表，分别测量射随器带负载 R_L 时输出端电压 u_o；射随器不带负载 R_L 时，即输出端开路时输出电压 u_o'。根据回路列电压方程为 $u_o'=i_or_o+u_o$，

因为

$$i_o=u_o/R_L$$

所以

$$r_o=\left(\frac{u_o'}{u_o}-1\right)R_L$$

将毫伏交流电压表测得 u_o、u_o' 的值代入，即可间接测得输出电阻 r_o。

从实测结果分析可得到，射随器电路特点：

1）$A_u\approx 1$，无电压放大，所以射随器电路不能用于电压放大。

2）$u_o\approx u_i$，同相位，输出电压 u_o 跟随输入电压 u_i 变化，所以射随器电路又称为电压跟随器。

3）输入电阻 r_i 较大，输出电阻 r_o 较小，所以适合用在多级放大电路的输入级和输出级。

3. 实操步骤

（1）按照图 1-6-1 进行接线。

（2）调节静态工作点。u_i 信号源不接，先接直流电源 V_{CC}=+12V，调节 R_P，用万用表直流电压挡测试 E 点与接地点（参考点 GND）之间的电压为 V_E=2～3V，静态工作点调好。

（3）测试电压放大倍数 A_u。在放大电路的静态工作点调整好以后，将低频信号发生器输出端 Y 与射随器电路的 A 端相连，低频信号发生器接地端（参考点）与射随器电路的接地端（参考点）相连接。调节低频信号发生器输出频率为 f=1kHz 的正弦交流电。调节低频信号发生器输出电压幅值的大小，用交流毫伏电压表测量射随器电路的 B 点与接地点电压，使 B 点与接地点电压为 100mV，即 u_i=100mV。输入信号调好后，用示波器观测射随器电路不失真输出电压波形，再用交流毫伏电压表测量输出电压 u_o，记录数据，用公式 $A_u=u_o/u_i$ 计算电压放大倍数。

（4）输入电阻 r_i 测量。在上述过程基础上，用交流毫伏电压表测量输入电压 u_A、u_B（即 u_i）的值，同时 $R=R_{b2}$=5kΩ，用下述计算公式计算输入电阻，即

$$r_i = \frac{u_B}{u_A - u_B} \times 5$$

（5）输出电阻 r_o 的测量。在上述过程基础上，再用交流毫伏电压表，测量负载开路时输出电压 u_o'，接入负载时输出电压 u_o。

输出电阻值可按下式求得

$$r_o = \left(\frac{u_o'}{u_o} - 1\right) R_{L1}$$

$$R_{L1} = 100\Omega$$

训练项目六　任　务　单

《电子产品安装与调试（第二版）》

训练项目六 射随器电路的接线与调试	姓名	学号	班级	组别	成绩

教学目标：

（1）具有放大电路的读识图与接线能力。

（2）学会静态工作点调节方法，会用万用表测试静态电压；会原理分析及调试步骤；会用低频信号发生器调试输入信号，并能用示波器观察输入、输出电压波形。

（3）会用毫伏表测试输入、输出电压，会计算电压放大倍数；会测试并计算出输入与输出电阻。

（4）具有调试、故障排查、团结合作、组织、语言表达、实施与评价能力。

项目描述：

（1）按照图 1-6-1 进行接线。

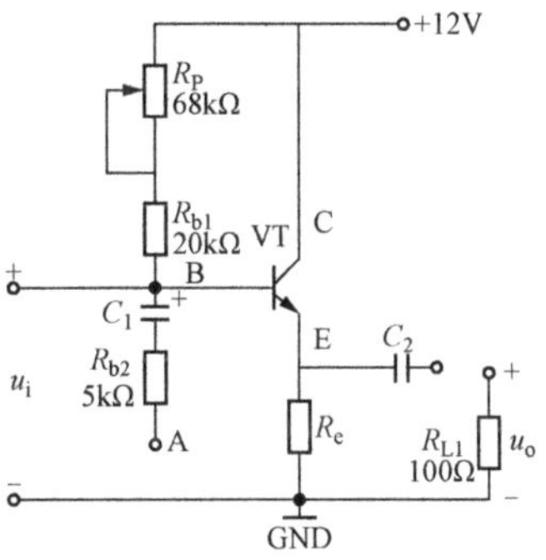

图 1-6-1　射随器电路

（2）设置静态工作点：调节 R_P，使 V_B=2～3V。

（3）将低频信号发生器输出接到 A 点，并调节使其输出 f=1kHz 正弦波，用交流毫伏表测量 B 点电位为 100mV，即 u_i=100mV，用示波器观察输出波形不失真，记录数据，计算出电压放大倍数 $A_u=\frac{u_o}{u_i}$。

（4）输入电阻的测量。

1）输入电阻的计算公式为

$$r_i=\frac{u_B}{u_A-u_B}\times 5$$

2）输出电阻的测量。输出电阻值可按下式求得

u_o' 为负载开路电压，u_o 为接入负载电压。

$$r_o=\left(\frac{u_o'}{u_o}-1\right)R_{L1}$$，R_{L1} 为 100Ω。

（5）完成小组任务分工计划、实施计划、自我评价、互评、总结报告。

训练项目六 计 划 单

《电子产品安装与调试（第二版）》

姓名	任务分工		名称	功能
		安装工具 测试仪表 与仪器		

一、装接步骤与内容

二、测试结果与分析

三、测试波形与分析

四、总结报告

测试过程记录				
	记录员签名		日期	

训练项目六　评　价　单

《电子产品安装与调试（第二版）》

<table>
<tr><td>班级</td><td></td><td>姓名</td><td></td><td>学号</td><td></td><td>组别</td><td></td></tr>
<tr><td colspan="6">训练项目六　射随器电路的接线与调试</td><td>小组自评</td><td>教师评价</td></tr>
<tr><td colspan="5">评分标准</td><td>配分</td><td>得分</td><td>得分</td></tr>
<tr><td rowspan="7">一、按图接线与知识的掌握
40分</td><td colspan="4">（1）调节、测量电源12V</td><td>5</td><td></td><td></td></tr>
<tr><td colspan="4">（2）按原理图接线</td><td>10</td><td></td><td></td></tr>
<tr><td colspan="4">（3）按导线颜色区分电路</td><td>5</td><td></td><td></td></tr>
<tr><td colspan="4">（4）正确使用万用表</td><td>10</td><td></td><td></td></tr>
<tr><td colspan="4">（5）虚接、漏接、错接每处扣5分</td><td></td><td></td><td></td></tr>
<tr><td colspan="4">（6）直流电源短路扣10分</td><td></td><td></td><td></td></tr>
<tr><td colspan="4">（7）电路知识的掌握</td><td>10</td><td></td><td></td></tr>
<tr><td rowspan="7">二、调试
30分</td><td colspan="4">（1）静态工作点调整与测量</td><td>5</td><td></td><td></td></tr>
<tr><td colspan="4">（2）输入信号测量</td><td>5</td><td></td><td></td></tr>
<tr><td colspan="4">（3）电压放大倍数的测量与计算</td><td>8</td><td></td><td></td></tr>
<tr><td colspan="4">（4）输入电阻的测量与计算</td><td>6</td><td></td><td></td></tr>
<tr><td colspan="4">（5）输出电阻的测量与计算</td><td>6</td><td></td><td></td></tr>
<tr><td colspan="4">（6）测量时输入信号、输出信号短路一处扣8分</td><td></td><td></td><td></td></tr>
<tr><td colspan="4">（7）测量时毫伏表过量程扣5分</td><td></td><td></td><td></td></tr>
<tr><td rowspan="2">三、协作组织
10分</td><td colspan="4">（1）小组在接线调试过程中，出勤、团结协作，制定分工计划，分工明确，完成任务</td><td>10</td><td></td><td></td></tr>
<tr><td colspan="4">（2）不动手，不协作，扣5分</td><td></td><td></td><td></td></tr>
<tr><td>四、汇报与分析报告
10分</td><td colspan="4">项目完成后，能够正确分析与总结</td><td>10</td><td></td><td></td></tr>
<tr><td rowspan="3">五、安全文明意识
10分</td><td colspan="4">（1）不遵守操作规程扣4分</td><td rowspan="3">10</td><td></td><td></td></tr>
<tr><td colspan="4">（2）不清理现场扣4分</td><td></td><td></td></tr>
<tr><td colspan="4">（3）不讲文明礼貌扣2分</td><td></td><td></td></tr>
<tr><td colspan="8">年　　月　　日</td></tr>
</table>

训练项目七　功率放大电路的接线与调试

一、项目描述

（1）按照图 1-7-1 正确接线。

（2）调节静态工作点。

1）电路接好后，检查无误后，接通直流电源，不加信号源 u_i。

2）调整基极电位器 R_P，使 $V_E = \frac{1}{2}V_{CC} = 2.5V$。

（3）最大不失真输出功率的测量。在调整好静态工作点的基础上，加 1kHz 正弦波信号 u_i，用示波器观察负载（扬声器 8Ω）上的电压波形，调节 u_i 幅值由小至大，使波形处于最大不失真时，用毫伏交流电压表测量输出电压 u_o 的值，并计算输出功率 P。

（4）用导线将二极管 VD1、VD2 短接，观察输出电压波形 u_o 的变化，观察后再还原。

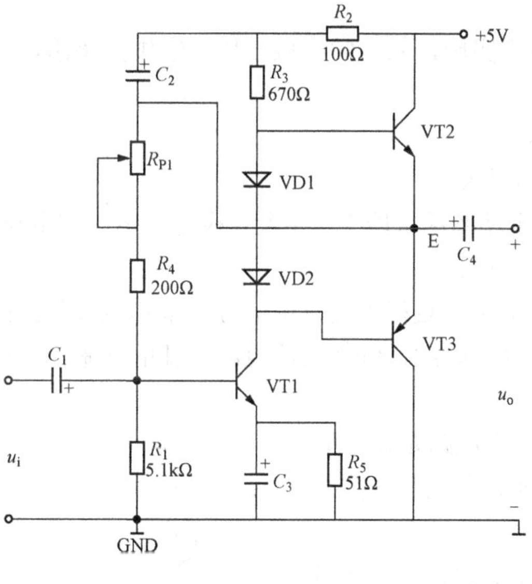

图 1-7-1　功率放大电路

二、教学目标

（1）具有功率放大电路的读识图与接线能力。

（2）学会静态工作点调节方法，会用万用表测试静态电压。

（3）会电路的调试步骤，会用低频信号发生器调试输入信号，并能用示波器观察输入、输出电压波形；会用毫伏交流电压表测试输出电压；会计算输出功率 P_o；具有电路故障排查能力。

（4）具有团结合作、组织、语言表达能力；具有项目计划、实施与评价能力。

三、训练设备

训练设备包括电子技术综合实训装置、导线、万用表、交流毫伏表、示波器、8Ω扬声器，如图 1-7-2 所示。

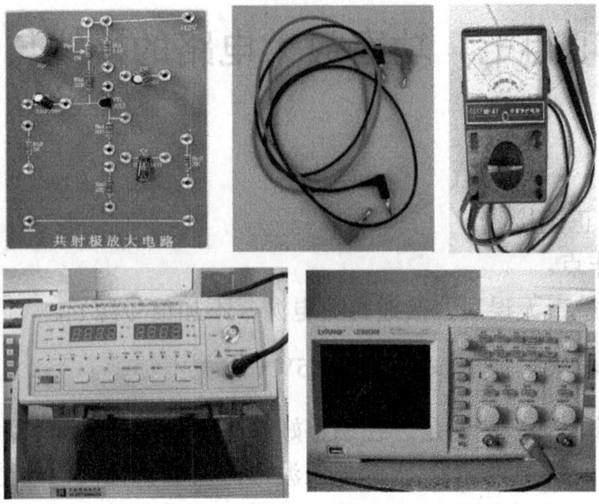

图 1-7-2　功率放大电路训练设备

四、教学实施

教学采用理实一体组织实施，教、学、做一体，学生分小组，同时展开学习与动手实践教学过程。

五、学习与实操内容

1. 对功率放大电路的要求

（1）输出功率大。输出功率尽可能大，要求三极管的电压和电流要有足够大的输出幅值，三极管往往在极限状态下工作。

（2）效率要高。效率就是负载得到的有用信号功率和电源供给的直流功率的比值。这个比值越大，意味着效率越高。因此，降低直流电源消耗的功率，可以提高转化的交流输出功率，这样可以提高效率。

（3）失真要小。功率放大电路是在大信号下工作，所以不可避免地会产生非线性失真。只要失真小就可以。

功率放大电路分为乙类功率放大电路和甲乙类功率放大电路。

2. 乙类功率放大电路

如图 1-7-3 所示，VT1 和 VT2 分别为 NPN 型管和 PNP 型管，且选用两个特性接近的异型对管。两个三极管的基极连接在一起，两个三极管的发射极连接在一起，信号从基极输入，从发射极输出，R_L 为负载。这个电路可以看成是由两个射极输出器组合而成的。

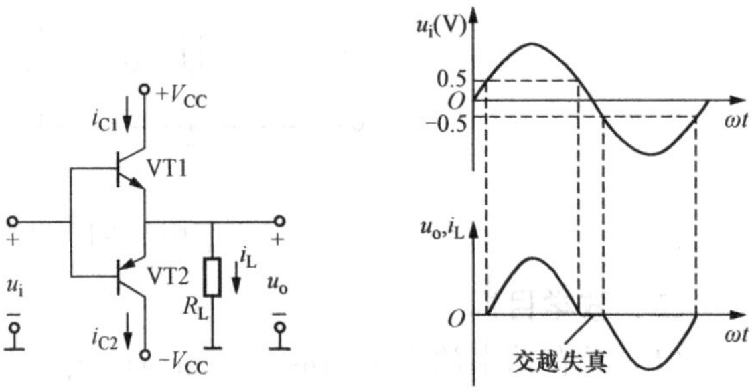

(a)　　(b)

图 1-7-3　乙类功率放大电路

（a）电路；（b）工作波形

由于该电路无基极偏置，当输入信号 u_i=0 时，两个三极管都工作在截止区，I_{BQ}=0、$I_{CQ}\approx 0$，放大电路工作在乙类状态。

当输入信号 u_i 为正弦波形时，输出波形如图 1-7-3（b）所示。其原理分析如下。

输入信号为正半周，当 u_i>死区电压 0.5V 时，则 VT2 截止，VT1 导通，有电流通过负载 R_L，$u_o \approx u_i$；而当输入信号处于负半周时，u_i<−0.5V 时，则 VT1 截止，VT2 导通，也有电流通过负载 R_L，$u_o \approx u_i$。这样，一个管子在正半周工作，而另一个管子在负半周工作，两个管子互补对方的不足，又由于两个三极管参数对称，故称为互补对称功放电路，电路通常称为乙类互补对称电路，但要产生交越失真。

电路输出的波形在信号过零的附近产生失真，由于三极管输入特性存在死区，在输入信号的电压低于导通电压期间，VT1 和 VT2 都截止，输出电压为零，出现了两只三极管交替波形衔接不好的现象，故出现了图 1-7-3（b）中的失真，这种失真称为交越失真。

3. 甲乙类功率放大电路

为了消除交越失真，可采用甲乙类互补对称电路，如图 1-7-4 所示为甲乙类功率放大电路。

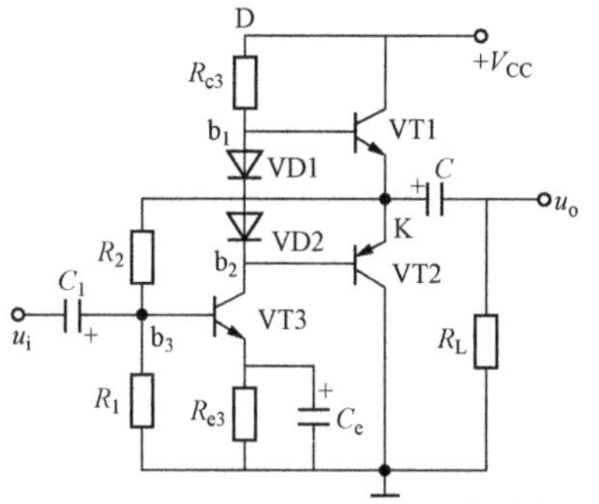

图 1-7-4　甲乙类功率放大电路

图 1-7-4 中的 VT3 组成前置放大级，VT2 和 VT1 组成互补对称功率放大输出级。静态时，在 VD1、VD2 上产生的很小的直流压降，为 VT1、VT2 提供了一个适当的偏压，使两个三极管处于微导通状态，电路工作在甲乙类状态。调节基极偏置电阻，可使 K 点静态电位 $V_K=V_{CC}/2$。

当加入信号 u_i 时，在信号的负半周，VT1 导通，VT2 截止，有电流通过负载 R_L，同时向 C 充电；在信号的正半周，VT2 导通，VT1 截止，则已充电的电容 C 起着双电源互补对称电路中电源$-V_{CC}$的作用，通过负载 R_L 放电。只要选择时间常数 R_LC 足够大（比信号的最长周期还大得多），就可以认为用电容 C 和一个电源 V_{CC}，可代替原来的$+V_{CC}$和$-V_{CC}$两个电源的作用。采用一个电源的甲乙类互补对称功率放大电路，每个管子的工作直流电压不是 V_{CC}，而是 $V_{CC}/2$。

由此可见，由于甲乙类功率放大电路静态时，管子处于微导通状态，在交流输入信号的作用下，两个管子轮流导通半个周期时，克服了乙类三极管截止造成的交越失真。

4. 相关计算

（1）最大输出功率理论计算值 P_o。

因为输出功率 P_o 等于输出电压有效值和输出电流有效值的乘积，即

$$P_o = I_oU_o = \frac{U_{om}}{\sqrt{2}R_L} \times \frac{U_{om}}{\sqrt{2}} = \frac{U_{om}^2}{2R_L}$$

所以，最大输出功率理论计算值为

$$P_{om} = \frac{U_{om}^2}{2R_L} \approx \frac{V_{CC}^2}{2R_L} \text{（双电源功率放大电路）}$$

$$P_{om} = \frac{U_{om}^2}{2R_L} \approx \frac{(V_{CC}/2)^2}{2R_L} = \frac{V_{CC}^2}{8R_L} \text{（单电源功率放大电路）}$$

（2）最大输出功率 P_o 实测值。

$$P_o = I_oU_o = \frac{U_o^2}{R_L}$$

式中：U_o 为交流毫伏电压表测试的交流电压值。

（3）效率。直流电源输入电路的功率，一部分转化为输出功率，另一部分则损耗在三极管中，即

$$\eta = \frac{P_o}{P_E}$$

式中：P_o为电路输出功率；P_E为直流电源提供的功率。

乙类功放电路最高效率为

$$\eta_m = \frac{P_{om}}{P_E} = \frac{\frac{1}{2}\frac{V_{CC}^2}{R_2}}{\frac{2}{\pi}\frac{V_{CC}}{R_L}} = \frac{\pi}{4} \approx 78.5\%$$

（4）每个管子的最大管耗。

$$P_{C1M} = P_{C2M} = \frac{V_{CC}^2}{\pi^2 R_L}$$

5. 实操步骤

（1）按照图 1-7-1 正确接线。

（2）调节静态工作点。

1）电路接好后，检查无误后，不加信号源 u_i，先接通直流电源+5V。

2）调整基极电位器 R_{P1}，用万用表直流电压挡测试功率放大电路输出端 E 与接地点电压为$V_E = \frac{1}{2}V_{CC} = 2.5V$，则功率放大电路的静态值调好。

（3）最大不失真输出功率的测试。调整好静态工作点后，将负载（扬声器）8Ω接上。由低频信号发生器调试 1kHz 正弦交流 u_i 信号，并接入功率放大电路的输入端。再用示波器观测功率放大电路的输出端电压波形，调节低频信号发生器电压幅值由小至大，使波形处于最大不失真时，用毫伏交流电压表测量输出电压 u_o，计算输出功率 P_{om} 实测值。

（4）观察乙类功率放大电路交越失真情况。用导线将 VD1、VD2 短接，用示波器观察输出波形 u_o 的变化，记录波形，观察后还原。

（5）测量负载变化对输出功率的影响。在上述静态工作点不变的条件下，调整负载 R_L 值，测试接不同负载，功率放大电路输出电压 U_o，计算功率 P_o，并分析测试结果，见表 1-7-1。

表 1-7-1 测 试 结 果

R_L	4Ω（并联）	8Ω	16Ω（串联）
u_o			
P_o			

训练项目七 任 务 单

《电子产品安装与调试（第二版）》

训练项目七 功率放大电路的接线与调试	姓名	学号	班级	组别	成绩

教学目标：

（1）具有放大电路的读识图与接线能力。

（2）学会静态工作点调节方法，会用万用表测试静态电压。

（3）会电路的调试步骤；会用低频信号发生器调试输入信号，并能用示波器观察输入、输出电压波形；会用毫伏表测试输出电压；会计算输出功率 P_o；具有电路故障排查能力。

（4）具有团结合作、组织、语言表达能力；具有项目计划、实施与评价能力。

项目描述：

（1）按照图 1-7-1 正确接线。

（2）调节静态工作点。

1）电路接好后，检查无误后，接通直流电源，不加信号源 u_i。

2）调整基极电位器 R_P，使 $V_E = \frac{1}{2}V_{CC} = 2.5V$。

（3）最大不失真输出功率的测量。在调整好静态工作点的基础上，加 1kHz 正弦波信号 u_i，用示波器观察负载（扬声器 8Ω）上的电压波形，调节 u_i 幅度由小至大，使波形处于最大不失真时，用交流毫伏电压表测量输出电压 u_o 的值，并计算输出功率 P。

（4）用导线将二极管 VD1、VD2 短接，观察输出电压波形 u_o 的变化，观察后再还原。

（5）完成小组任务分工计划、实施计划、自我评价、互评、总结报告。

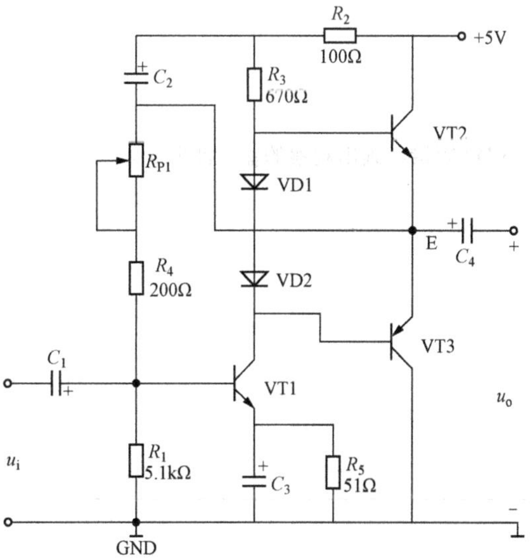

图 1-7-1 功率放大电路

训练项目七 计 划 单

《电子产品安装与调试（第二版）》

<table>
<tr><td>姓名</td><td>任务分工</td><td rowspan="5">安装工具
测试仪表
与仪器</td><td>名称</td><td>功能</td></tr>
<tr><td></td><td></td><td></td><td></td></tr>
<tr><td></td><td></td><td></td><td></td></tr>
<tr><td></td><td></td><td></td><td></td></tr>
<tr><td></td><td></td><td></td><td></td></tr>
</table>

一、装接步骤与内容

二、测试结果与分析

（1）波形处于最大不失真时，用毫伏电压表测量 u_o=

计算输出功率 P_o=

（2）在静态工作点不变的条件下，调整负载 R_L 值，如下表，测试不同负载的 u_o，并计算功率 P。

R_L	4Ω（并联）	8Ω	16Ω（串联）
u_o			
P			

（3）用导线将二极管 VD1、VD2 短接，画出观察的输出波形 u_o。

三、总结报告

<table>
<tr><td rowspan="2">过程记录</td><td colspan="4"></td></tr>
<tr><td>记录员签名</td><td></td><td>日期</td><td></td></tr>
</table>

训练项目七　评　价　单

《电子产品安装与调试（第二版）》

班级		姓名		学号		组别	
训练项目七　功率放大电路的接线与调试						小组自评	教师评价
评分标准					配分	得分	得分
一、按图接线与知识的掌握 40 分	（1）调节并测量 5V 电源				5		
	（2）按原理图接线				15		
	（3）按导线颜色区分电路				5		
	（4）正确使用万用表				5		
	（5）虚接、漏接、错接每处扣 5 分						
	（6）直流电源短路扣 10 分						
	（7）电路知识的掌握				10		
二、调试 30 分	（1）调整电位器 R_P，使 $V_E=V_{CC}/2=2.5V$				5		
	（2）最大不失真的测量及 P_o 的计算				10		
	（3）短接 VD1、VD2 后输出波形的测量				5		
	（4）测量负载变化对输出功率的影响				10		
	（5）测量时，输入信号、输出信号短路扣 8 分						
	（6）测量时毫伏表过量程扣 5 分						
三、协作组织 10 分	（1）小组在接线调试过程中，出勤、团结协作，制定分工计划，分工明确，完成任务				10		
	（2）不动手，不协作，扣 5 分						
四、汇报与分析报告 10 分	项目完成后，能够正确分析与总结				10		
五、安全文明意识 10 分	（1）不遵守操作规程扣 4 分				10		
	（2）不清理现场扣 4 分						
	（3）不讲文明礼貌扣 2 分						
年　　月　　日							

训练项目八　差动放大电路的接线与调试

一、项目描述

（1）按照图 1-8-1 正确接线。

（2）调试静态工作电压。

1）u_i 先不接，调参数对称。将 Re 与 R_{P2} 用导线连接起来，接入直流源电源+12V 和−12V，调节电位器 R_{P2}，用万用表直流电压挡测试输出电压 u_o，使 u_o=0，即差动放大器参数对称。

2）测试静态工作点。用万用表测试三极管 VT1 和 VT2 的静态工作点 U_{be1}、U_{be2} 电压和 V_{c1}、V_{c2} 电位，并记录数据。

（3）测试差模电压放大倍数 A_{ud}。调节低频信号发生器输出正弦波信号电压，频率调整为 20Hz，幅值调为 u_i=100mV（用交流毫伏表测量）；将此正弦交流信号 u_i 接在功率放大器的 B、C 两点，即输入一个差模信号，然后用毫伏交流电压表测量差模输出电压 u_o 的值，并计算差模电压放大倍数 $A_{ud}=\dfrac{u_o}{u_i}$。

（4）测量共模抑制比 K_{CMR}。将 B、C 两点用导线短接；调节低频信号发生器输出正弦信号电压，频率调整为 20Hz，正弦电压幅值调为 u_i=100mV（用交流毫伏表测量）；将交流信号 u_i 从 B 点对地（GND）接入，即输入了一个共模信号，然后用毫伏交流电压表测量共模输出电压 u'_o 的值，并计算共模电压放大倍数 A_{uo}，并计算出共模抑制比 $K_{CMR}=\left|\dfrac{A_{ud}}{A_{uo}}\right|=\left|\dfrac{u_o/u_i}{u'_o/u_i}\right|$。

（5）将 R_{P2} 和 VT3 连接，重复上述（3）、（4），并将测得数据与接 R_e 时进行比较。

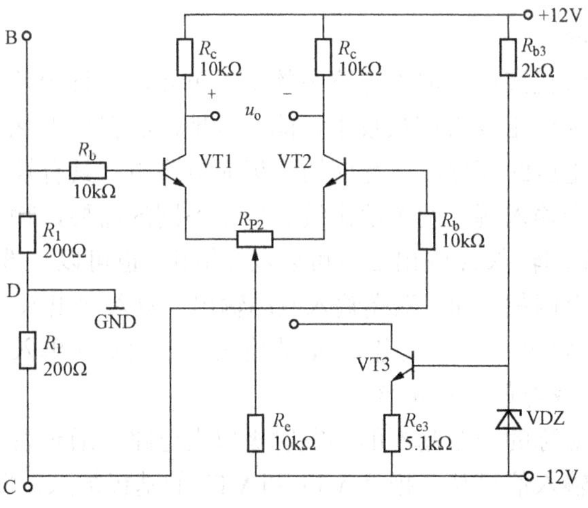

图 1-8-1　差动放大电路图

二、教学目标

（1）具有电路的读识图与接线能力。

（2）能够调节和测试静态工作点。

（3）具有电路的故障排查与调试能力；具有安全操作意识。

（4）具有团结合作、组织、语言表达能力；具有项目计划、实施与评价能力。

三、训练设备

训练设备包括电子技术综合实训装置、导线、万用表、交流毫伏表、示波器，如图 1-8-2 所示。

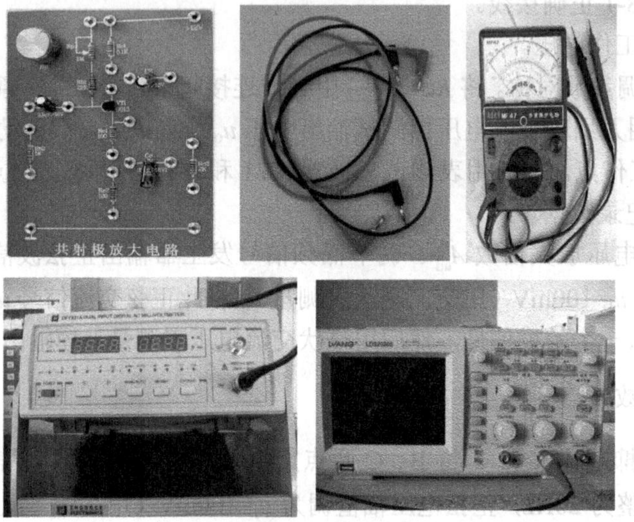

图 1-8-2 功率放大电路训练设备

四、教学实施

教学采用理实一体组织实施，教、学、做一体，学生分小组，同时展开学习与动手实践教学过程。

五、学习与实操内容

差动放大电路是多级直接耦合放大电路中的基本单元，又称为差分放大电路。它的差模电压放大倍数较大，共模电压放大倍数较小，能有效地消除温度变化、电源波动、外界干扰等共模信号引起的输出电压的变化，广泛应用于集成电路中，具有较强的抗干扰能力。

差动放大电路有两个输入端，两个输出端。根据不同的需要，输入信号可以双端输入，也可以一端对地输入（单端输入）；输出信号可以双端输出，也可以一端对地输出（单端输出）。差动放大电路的形式共有四种，即：双端输入双端输出（双入双出）、双端输入单端输出（双入单出）、单端输入双端输出（单入双出）、单端输入单端输出（单入单出）。

1. 差动放大电路组成与静态值调整

差动放大电路是由对称的两个基本的共发射极放大电路，通过发射极公共电阻耦合，采用双电源供电构成的。输入信号从三极管 VT1 和 VT2 的基极加入，即双端输入 u_{i1}、u_{i2}，输出信号从三极管 VT1 和 VT2 的集电极取出，即双端输出 u_o，如图 1-8-3 所示。

差动放大电路的特点是结构对称，参数对称，即两个 NPN 型三极管 VT1、VT2 参数一致，电路参数相等。电路采用双电源 $+V_{CC}$、$-V_{EE}$ 供电，电源电压相等，即 $V_{CC}=V_{EE}$，且电路中两个集电极电阻 R_c 相等；两个基极电阻 R_b 相等；R_P 为可调电阻，用于调节电路对称、平衡。实际的差动放大电路完全对称，参数完全相等是不可能的，可以通过调节 R_P，使静态输出电压 U_o=0，达到电路参数的对称；R_e 为差动放大电路的公共发射极电阻，用来抑制零点漂移的。

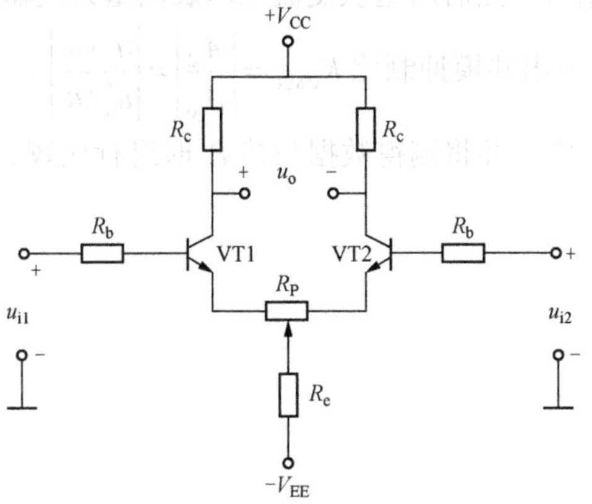

图 1-8-3　差动放大电路

2. 动态分析

差动放大电路信号输入形式分为差模信号和共模信号两种。

（1）差模信号。

差模信号：在两个输入端加上大小相等，相位相反的信号，即 $u_{i1}=-u_{i2}$。

差模输入信号 $u_{id}=u_{i1}-u_{i2}=2u_{i1}$，由于电路对称，所以 $A_{u1}=A_{u2}$，$u_{o1}=-u_{o2}$。差模输出信号 $u_{od}=u_{o1}-u_{o2}=2u_{o1}$。

差模电压放大倍数 $A_{ud}=u_{od}/u_{id}=2u_{o1}/2u_{i1}=A_{u1}$，即差模放大倍数等于单管电压放大倍数。

实际中的信号是采用差模形式进行输入的。

（2）共模信号。差模信号：在两个输入端加上大小相等，相位相同的信号，即 $u_{i1}=u_{i2}$。

共模输入信号 $u_{ic}=u_{i1}=u_{i2}$，由于电路对称，所以 $u_{o1}=u_{o2}$，共模输出信号 $u_{oc}=u_{o1}-u_{o2}=0$。共模电压放大倍数 $A_{uc}=u_{oc}/u_{ic}=0$。

由此可见，差动放大电路对共模信号无放大作用，对差模信号有放大作用。差动的含义可以理解为输入有差别，输出才有变动。

实际中的电磁波干扰信号、环境温度变化信号均可以看成是共模信号。在一般应用中，两个输入信号电压既非共模，又非差模，而是任意的两个信号，这种情况称为不对称输入。不对称输入信号可以视为差模信号与共模信号的合成。

3. 共模抑制比 K_{CMR}

共模抑制比 $K_{CMR}=|A_{ud}/A_{uc}|$。

差模放大倍数 A_{ud} 越大，共模放大倍数 A_{uc} 越小，共模抑制比 K_{CMR} 越大，抑制共模能力越强，抗干扰能力就越强。K_{CMR} 值越大越好，理想的 K_{CMR} 趋于∞。

4. 实操步骤

（1）按照图 1-8-1 正确接线。

（2）调试静态工作电压。

1）u_i 先不接，调参数对称。将 R_e 与 R_{P2} 用导线连接起来，接入直流源电源+12V 和−12V，调节电位器 R_{P2}，用万用表直流电压挡测试输出电压 u_o，使 u_o=0，即差动放大器参数对称。

2）测试静态工作点。用万用表测试三极管 VT1 和 VT2 的静态工作点 U_{be1}、U_{be2} 电压和 V_{c1}、V_{c2} 电位，并记录数据。

（3）测试差模电压放大倍数 A_{ud}。调节低频信号发生器输出正弦波信号电压，频率调整为 20Hz，幅值调为 u_i=100mV（用交流毫伏表测量）；将此正弦交流信号 u_i 接在功率放大器的 B、C 两点，即输入一个差模信号，然后用毫伏交流电压表测量差模输出电压 u_o 的值，并计算差模电压放大倍数 $A_{ud}=\frac{u_o}{u_i}$。

（4）测量共模抑制比 K_{CMR}。将 B、C 两点用导线短接；调节低频信号发生器输出正弦波

信号电压，频率调整为 20Hz，正弦波电压幅值调为 u_i=100mV（用交流毫伏表测量）；将交流信号 u_i 从 B 点对地（GND）接入，即输入了一个共模信号，然后用毫伏交流电压表测量共模输出电压 u_o' 的值，并计算共模电压放大倍数 A_{uo}，并计算出共模抑制比 $K_{CMR}=\left|\frac{A_{ud}}{A_{uo}}\right|=\left|\frac{u_o/u_i}{u_o'/u_i}\right|$。

（5）将 R_{P2} 和 VT3 连接，重复上述（3）、（4）步骤，并将测得数据与接 R_e 时进行比较。

训练项目八　任　务　单

《电子产品安装与调试（第二版）》

训练项目八 差动放大电路的接线与调试	姓名	学号	班级	组别	成绩

教学目标：

（1）具有电路的读识图与接线能力。

（2）能够调节和测试静态工作点。

（3）具有电路的故障排查与调试能力；具有安全操作意识。

（4）具有团结合作、组织、语言表达能力；具有任务计划、实施与评价能力。

项目描述：

（1）按照图 1-8-1 正确接线。

（2）调试静态工作电压。①u_i 先不接，调参数对称。将 R_e 与 R_{P2} 用导线连接起来，接入直流源电源+12V 和−12V，调节电位器 R_{P2}，用万用表直流电压挡测试输出电压 u_o，使 u_o=0，即差动放大器参数对称。②测试静态工作点。用万用表测试三极管 VT1 和 VT2 的静态工作点 U_{be1}、U_{be2} 电压和 V_{c1}、V_{c2} 电位，并记录数据。

（3）测试差模电压放大倍数 A_{ud} 。调节低频信号发生器输出正弦波信号电压，频率调整为 20Hz，幅值调为 u_i=100mV（用交流毫伏表测量）；将此正弦交流信号 u_i 接在功率放大器的 B、C 两点，即输入一个差模信号，然后用毫伏交流电压表测量差模输出电压 u_o 的值，并计算差模电压放大倍数 $A_{ud}=\frac{u_o}{u_i}$。

（4）测量共模抑制比 K_{CMR} 。将 B、C 两点用导线短接；调节低频信号发生器输出正弦信号电压，频率调整为 20Hz，正弦波电压幅值调为 u_i=100mV（用交流毫伏表测量）；将交流信号 u_i 从 B 点对地（GND）接入，即输入了一个共模信号，然后用毫伏交流电压表测量共模输出电压 u_o' 的值，并计算共模电压放大倍数 A_{uo}，并计算出共模抑制比 $K_{CMR}=\left|\frac{A_{ud}}{A_{uo}}\right|=\left|\frac{u_o/u_i}{u_o'/u_i}\right|$。

（5）将 R_{P2} 和 VT3 连接，重复上述（3）、（4）步骤，并将测得数据与接 R_e 时进行比较。

（6）完成小组任务分工计划、实施计划、自我评价、互评、总结报告。

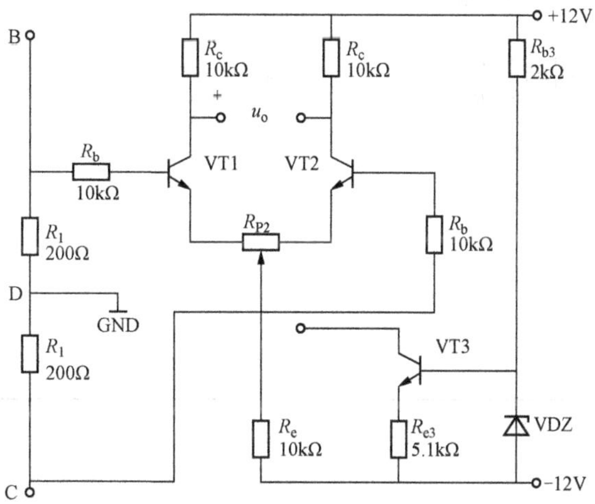

图 1-8-1　差动放大电路图

训练项目八　计　划　单

《电子产品安装与调试（第二版）》

姓名	任务分工		名称	功能
		安装工具 测试仪表 与仪器		

一、装接步骤与内容

二、测试结果与分析

（1）静态工作点测试：

U_{be1}（V）	U_{be2}（V）	V_{c1}（V）	V_{c2}（V）

（2）差模电压放大倍数的测试：$u_i=$　　　，$u_o=$　　　，$A_{ud}=\dfrac{u_o}{u_i}=$　　　。

（3）共模输出电压 $u_o'=$　　　，$A_{uo}=\dfrac{u_o'}{u_i}=$　　　。

（4）共模抑制比 $K_{CMR}=\left|\dfrac{A_{ud}}{A_{uo}}\right|=\left|\dfrac{u_o/u_i}{u_o'/u_i}\right|=$　　　。

三、总结报告

过程记录				
	记录员签名		日期	

训练项目八　评　价　单

《电子产品安装与调试（第二版）》

<table>
<tr><td>班级</td><td></td><td>姓名</td><td></td><td>学号</td><td></td><td>组别</td><td></td></tr>
<tr><td colspan="6">训练项目八　差动放大电路的接线与调试</td><td>小组自评</td><td>教师评价</td></tr>
<tr><td colspan="5">评分标准</td><td>配分</td><td>得分</td><td>得分</td></tr>
<tr><td rowspan="7">一、按图接线与知识的掌握
40 分</td><td colspan="4">（1）调节并测量（+12V 和–12V）两组电源</td><td>5</td><td></td><td></td></tr>
<tr><td colspan="4">（2）按原理图接线</td><td>15</td><td></td><td></td></tr>
<tr><td colspan="4">（3）按导线颜色区分电路</td><td>5</td><td></td><td></td></tr>
<tr><td colspan="4">（4）正确使用万用表</td><td>5</td><td></td><td></td></tr>
<tr><td colspan="4">（5）虚接、漏接、错接每处扣 5 分</td><td></td><td></td><td></td></tr>
<tr><td colspan="4">（6）直流电源短路扣 10 分</td><td></td><td></td><td></td></tr>
<tr><td colspan="4">（7）差动电路知识的掌握</td><td>10</td><td></td><td></td></tr>
<tr><td rowspan="7">二、调试
30 分</td><td colspan="4">（1）静态工作点调整与测量</td><td>5</td><td></td><td></td></tr>
<tr><td colspan="4">（2）输入信号的频率调节与信号测量</td><td>10</td><td></td><td></td></tr>
<tr><td colspan="4">（3）差模放大倍数的测试与计算</td><td>5</td><td></td><td></td></tr>
<tr><td colspan="4">（4）共模放大倍数的测试与计算</td><td>10</td><td></td><td></td></tr>
<tr><td colspan="4">（5）共模抑制比的测试与计算</td><td></td><td></td><td></td></tr>
<tr><td colspan="4">（6）调试过程中仪器、仪表挡位错、过量限，每次扣 5 分</td><td></td><td></td><td></td></tr>
<tr><td colspan="4">（7）带电接线、拆线每次扣 5 分</td><td></td><td></td><td></td></tr>
<tr><td rowspan="2">三、协作组织
10 分</td><td colspan="4">（1）小组在接线调试过程中，出勤、团结协作，制定分工计划，分工明确，完成任务</td><td>10</td><td></td><td></td></tr>
<tr><td colspan="4">（2）不动手，不协作，扣 5 分</td><td></td><td></td><td></td></tr>
<tr><td>四、汇报与分析报告
10 分</td><td colspan="4">项目完成后，能够正确分析与总结</td><td>10</td><td></td><td></td></tr>
<tr><td rowspan="3">五、安全文明意识
10 分</td><td colspan="4">（1）不遵守操作规程扣 4 分</td><td rowspan="3">10</td><td></td><td></td></tr>
<tr><td colspan="4">（2）不清理现场扣 4 分</td><td></td><td></td></tr>
<tr><td colspan="4">（3）不讲文明礼貌扣 2 分</td><td></td><td></td></tr>
<tr><td colspan="8">

年　　月　　日</td></tr>
</table>

训练项目九　集成运放电路接线与功能测试

一、项目描述

（1）根据μA741 运算放大器的引脚图，对照测试电路图，辨别集成芯片引脚排列，完成接线。

（2）反相输入加法运算电路如图 1-9-1 所示，按照图 1-9-1 接好电路；检查无误后，调节低频信号发生器输出信号为 f=100Hz、幅值为 100mV 的正弦交流电；将 f=100Hz、幅值为 100mV 的正弦交流电接在集成运放电路的输入端 u_{i1}、u_{i2} 两端，用毫伏交流电压表测量输出电压 u_o。

（3）反相输入减法运算电路如图 1-9-2 所示，按照图 1-9-2 接好电路；检查无误后，调节低频信号发生器输出信号为 f=100Hz、幅值为 100mV 的正弦交流电；将 f=100Hz、幅值为 100mV 的正弦交流电接在集成运放电路的输入端 u_{i1}、u_{i2} 两端，用毫伏交流电压表测量输出电压 u_o。

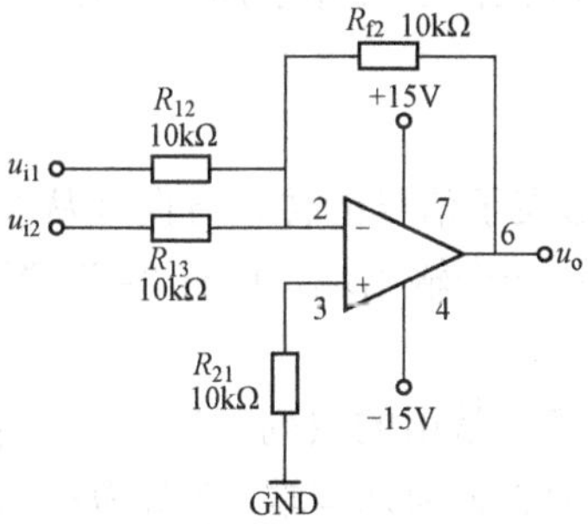

图 1-9-1　反相输入加法运算电路

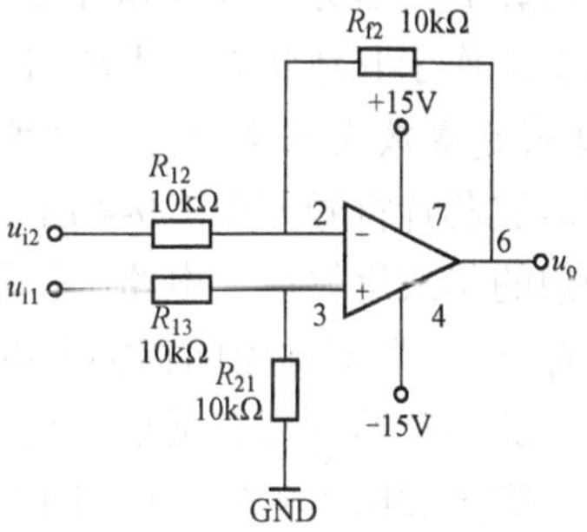

图 1-9-2　反相输入减法运算电路

（4）根据实操训练数据和测试结果，与理论计算值进行比较，并分析误差。

二、教学目标

（1）正确排列集成芯片引脚，完成加法与减法运算电路的接线与测试任务。

（2）独立完成电路的查线、故障排查与调试任务；具有安全操作意识。

（3）具有团结合作、组织、语言表达能力；具有项目计划、实施与评价能力。

三、训练设备

训练设备包括电子技术综合实训装置、导线、交流毫伏表、示波器、万用表，如图 1-9-3 所示。

四、教学实施

教学采用理实一体组织实施，教、学、做一体，学生分小组，同时展开学习与动手实践教学过程。

五、学习与实操内容

集成运算放大电路，简称集成运放，电路既可以实现加、减、乘、除、对数、反对数、微分、积分等模拟信号的基本运算，还可以用来产生正弦信号和各种非正弦信号，集成运放已经成为电子系统的重要基本单元芯片。它是一种高输入阻抗、低输出阻抗、高电压增益的直接耦合放大器。由于集成运放的输入级采用的是带恒流源的差动放大器，具有较强的抑制零漂作用，输出级采用互补推挽功率放大电路，具有较强的带载能力，故应用较为广泛。

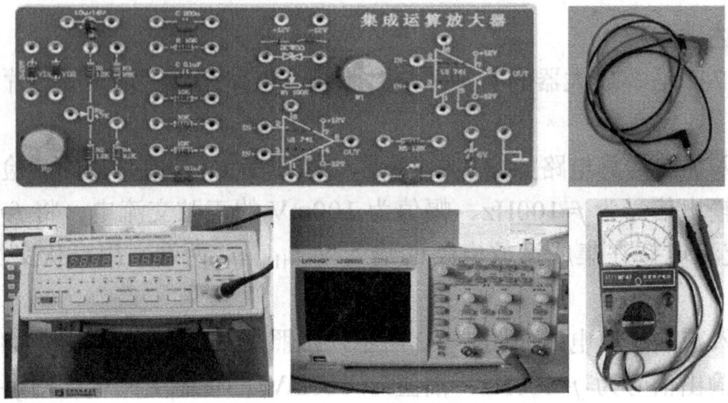

图 1-9-3 集成运算放大器训练设备

集成运算放大器分为线性和非线性应用，线性应用放大器多工作于闭环状态，非线性应用放大器多工作于开环状态。本项目主要学习线性应用。

1. 集成运算放大电路的符号和外形

集成运放芯片符号如图 1-9-4 所示，符号中的三角形表示信号的传输方向（从左向右），∞表示理想的集成运算放大电路。符号中有两个输入端和一个输出端，标有“–”端称为反相输入端，标有“+”端称为同相输入端。

集成运放芯片的外型有圆形、扁平型、双列直插式等。常用的双列直插式芯片 μA741，外形图及引脚图如图 1-9-5 所示。图 1-9-5（b）中，1 脚和 5 脚为调零端，2 脚为反相输入端，3 脚为同相输入端，6 脚为输出端，7 脚为正电源输入端，4 脚为负电源输入端，8 脚为空脚。

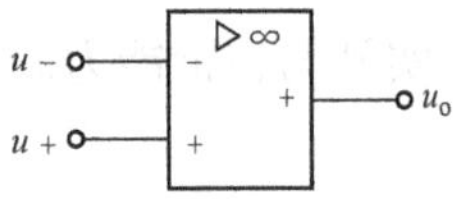

图 1-9-4 集成运算放大电路的符号

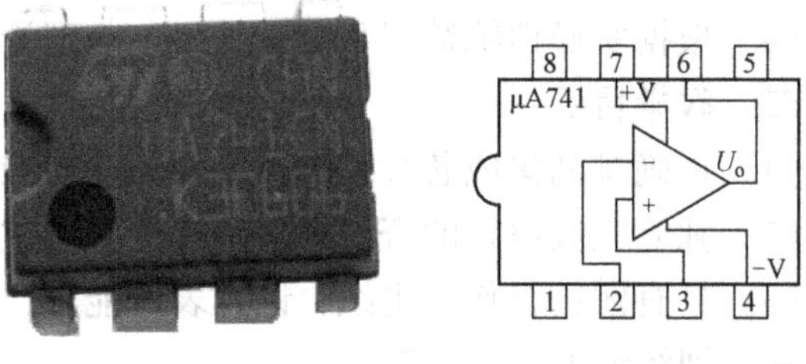

(a) (b)

图 1-9-5 运算放大器 μA741 外形图及引脚图

（a）μA741 外形图；（b）μA741 引脚图

2. 理想运放的特点

通常可以将实际的运放看成是理想的运放，理想运放的特点是：开环差模增益为无限大，即 $A_{ud}=\infty$；差模输入电阻为无限大，即 $r_i=\infty$；共模抑制比为无限大，即 $K_{CMR}=\infty$；输出电阻为零，即 $r_o=0$。

3. 集成运算放大器的运算功能

集成运算放大器在线性应用时，接入适当的阻容元件，引入负反馈以后，可以实现比例、加法、减法、积分、微分等多种运算功能，可以组成比例、加法、减法、积分、微分等运算电路。

（1）反向比例运算电路。反向比例运算电路如图 1-9-6 所示，输入信号 u_i 经 R_1 加入反相输入端，R_f 为反馈电阻，通过 R_f 将输出电压 u_o 反馈至反相输入端，形成深度的电压并联负反馈。

u_o 与 u_i 成一定比例关系，即 $$u_o=-\frac{R_f}{R_1}u_i$$

式中：比例系数为 $\frac{R_f}{R_1}$；负号表示输出电压 u_o 与输入电压 u_i 相位相反。

当 $R_1=R_f=R$ 时，$u_o=-u_i$，输入电压与输出电压大小相等，相位相反，此电路称为反相器。

（2）同相比例电路。同相比例运算电路如图 1-9-7 所示，输入信号 u_i 经 R_2 加入同相输入端，R_f 为反馈电阻，将输出电压 u_o 反馈至反相输入端，形成深度的电压串联负反馈。

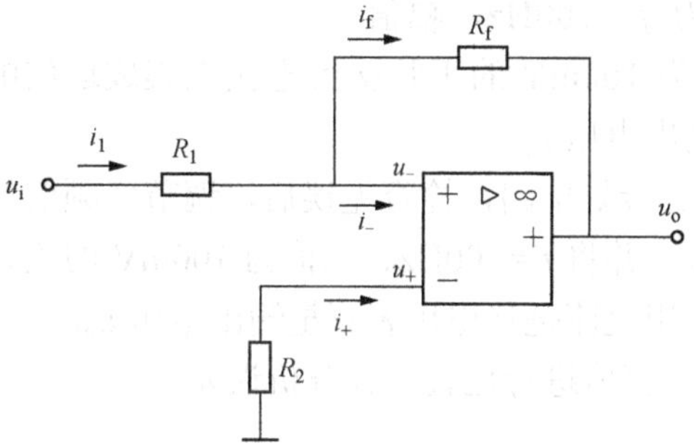

图 1-9-6　反相比例运算电路

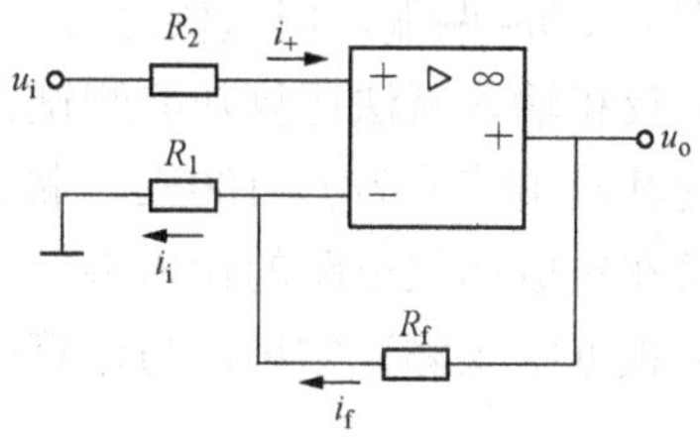

图 1-9-7　同相比例运算电路

u_o 与 u_i 成一定比例关系，即 $$u_o=\left(1+\frac{R_f}{R_1}\right)u_i$$

式中：比例系数为 $1+\frac{R_f}{R_1}$；输出电压 u_o 与输入电压 u_i 极性相同。

当 R_f=0 或 $R_1\to\infty$ 时，比例系数 $1+\frac{R_f}{R_1}=1$ 时，$u_o=u_i$，即输出电压与输入电压大小相等、相位相同，该电路称为电压跟随器，如图 1-9-8 所示。

（3）反相加法运算电路。反相加法运算电路如图 1-9-9 所示，两个输入信号同时从反相输入端加入，其中电阻 R_3 为平衡电阻，$R_3=R_1\parallel R_2\parallel R_f$。

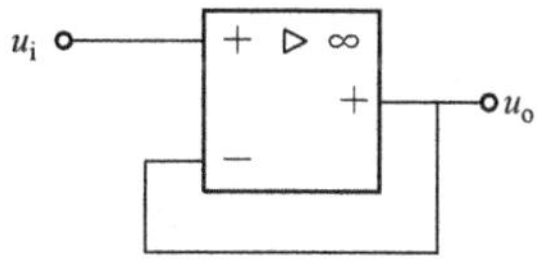

图 1-9-8　电压跟随器

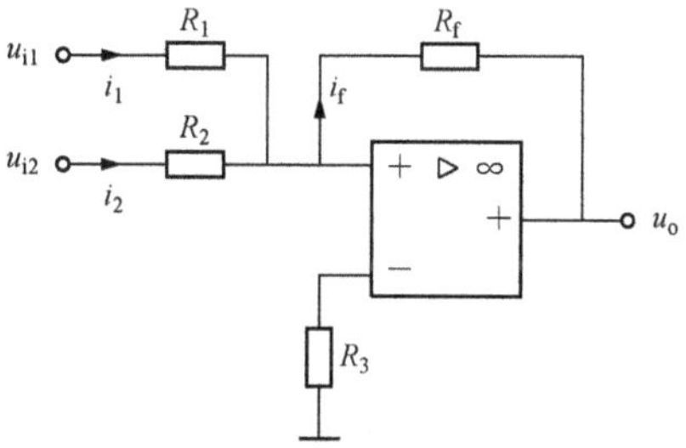

图 1-9-9　反相加法运算电路

u_o与u_i关系为
$$u_o = -\left(\frac{R_f}{R_1}u_{i1} + \frac{R_f}{R_2}u_{i2}\right)$$

当$R_1=R_2=R_f$时，$u_o = -(u_{i1}+u_{i2})$，该电路实现的是两个输入信号反相加法运算功能。

（4）减法运算电路。减法运算电路如图 1-9-10 所示，两个输入信号u_{i1}和u_{i2}分别从反相输入端和同相输入端输入。

当$R_1=R_2$、$R_3=R_f$时，$u_o = -\frac{R_f}{R_1}(u_{i1}-u_{i2})$；

当$R_1=R_2=R_3=R_f$时，$u_o=-(u_{i1}-u_{i2})$。

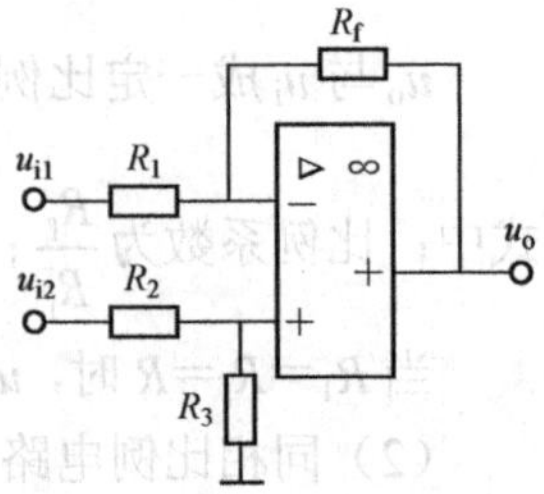

图 1-9-10 减法运算电路

4. 实操步骤

（1）根据μA741 运算放大器的引脚图，对照测试电路图，辨别集成芯片引脚排列，完成接线。

（2）反相输入加法运算功能测试。按图 1-9-1 接好电路，检查无误后，调节低频信号发生器，使其输出信号为 f =100Hz、幅值为 100mV 的正弦交流电，并将f=100Hz、幅值为 100mV 的正弦交流电接在集成运放电路的输入端u_{i1}、u_{i2}两端，用毫伏交流电压表测量输出电压u_o。

（3）反相输入减法运算功能测试。按图 1-9-2 接好电路，检查无误后，调节低频信号发生器，使其输出信号为f =100Hz、幅值为 100mV；并将f =100Hz、幅值为 100mV 的正弦交流电，接在集成运放电路的输入端u_{i1}、u_{i2}两端，用交流毫伏电压表测量输出电压u_o。

（4）根据实操测试结果，与运算电路的理论计算值进行比较，并分析误差。

训练项目九　任　务　单

《电子产品安装与调试（第二版）》

训练项目九 集成运放电路接线与功能测试	姓名	学号	班级	组别	成绩

教学目标：

（1）正确排列集成芯片引脚，完成加法与减法运算电路接线与测试。

（2）独立完成电路的查线、故障排查与调试任务；具有安全操作意识。

（3）具有团结合作、组织、语言表达能力；具有项目计划、实施与评价能力。

项目描述：

（1）根据μA741运算放大器的引脚图，对照测试电路图，辨别集成芯片引脚排列，完成接线。

（2）反相输入加法运算电路如图1-9-1所示，按照图1-9-1接好电路。检查无误后，调节低频信号发生器输出信号为f=100Hz、幅值为100mV的正弦交流电；将f=100Hz、幅值为100mV的正弦交流电，接在集成运放电路的输入端u_{i1}、u_{i2}两端，用毫伏交流电压表测量输出电压u_o。

（3）反相输入减法运算电路如图1-9-2所示，按照图1-9-2接好电路。检查无误后，调节低频信号发生器输出信号为f=100Hz、幅值为100mV的正弦交流电；将f=100Hz、幅值为100mV的正弦交流电，接在集成运放电路的输入端u_{i1}、u_{i2}两端，用交流毫伏电压表测量输出电压u_o。

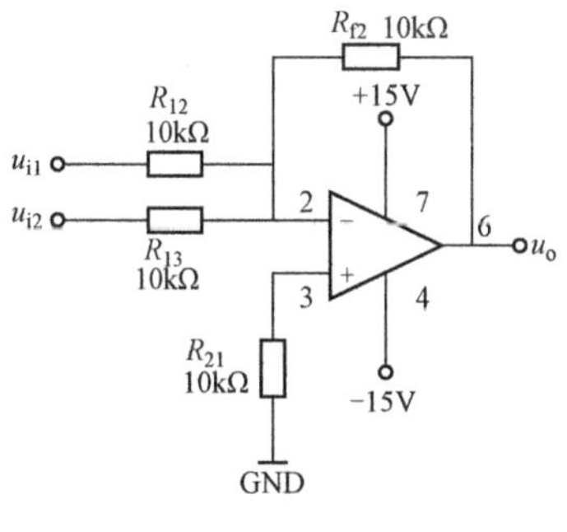

图1-9-1　反相输入加法运算电路

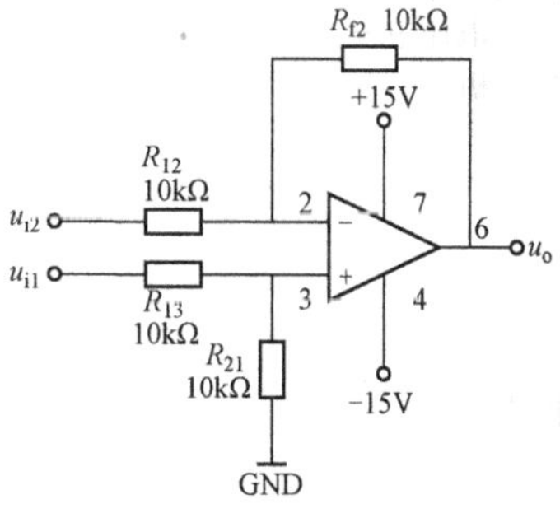

图1-9-2　反相输入减法运算电路

（4）根据实操训练数据和测试结果，与理论计算值进行比较，并分析误差。

（5）完成小组任务分工计划、实施计划、自我评价、互评、总结报告。

训练项目九 计 划 单

《电子产品安装与调试（第二版）》

姓名	任务分工		名称	功能
		安装工具 测试仪表 与仪器		

一、装接步骤与内容

二、测试结果与分析

（1）反相输入加法运算功能测试：

输出电压 u_o= 。

理论计算公式：u_o= 。

理论计算输出电压 u_o= 。

（2）反相输入减法运算功能测试：

输出电压 u_o= 。

理论计算公式：u_o= 。

理论计算输出电压 u_o= 。

（3）结果与分析

三、总结报告

过程记录				
	记录员签名		日期	

训练项目九　评　价　单

《电子产品安装与调试（第二版）》

<table>
<tr><td>班级</td><td></td><td>姓名</td><td></td><td>学号</td><td></td><td>组别</td><td></td></tr>
<tr><td colspan="6">训练项目九　集成运放电路接线与功能测试</td><td>小组自评</td><td>教师评价</td></tr>
<tr><td colspan="5">评分标准</td><td>配分</td><td>得分</td><td>得分</td></tr>
<tr><td rowspan="7">一、按图接线与知识的掌握
40 分</td><td colspan="4">（1）辨别μA741 集成芯片引脚排列</td><td>5</td><td></td><td></td></tr>
<tr><td colspan="4">（2）调节测量+15V、-15V 两组电源</td><td>10</td><td></td><td></td></tr>
<tr><td colspan="4">（3）按原理图接线</td><td>5</td><td></td><td></td></tr>
<tr><td colspan="4">（4）正确使用万用表</td><td>5</td><td></td><td></td></tr>
<tr><td colspan="4">（5）虚接、漏接、错接每处扣 5 分</td><td></td><td></td><td></td></tr>
<tr><td colspan="4">（6）直流电源短路扣 10 分</td><td></td><td></td><td></td></tr>
<tr><td colspan="4">（7）运放电路知识的掌握</td><td>15</td><td></td><td></td></tr>
<tr><td rowspan="5">二、调试
30 分</td><td colspan="4">（1）输入信号的测量</td><td>10</td><td></td><td></td></tr>
<tr><td colspan="4">（2）加法器的测量</td><td>10</td><td></td><td></td></tr>
<tr><td colspan="4">（3）减法器的测量</td><td>10</td><td></td><td></td></tr>
<tr><td colspan="4">（4）调试过程中仪器、仪表挡位错、过量限，每次扣 5 分</td><td></td><td></td><td></td></tr>
<tr><td colspan="4">（5）带电接线、拆线每次扣 5 分</td><td></td><td></td><td></td></tr>
<tr><td rowspan="2">三、协作组织
10 分</td><td colspan="4">（1）小组在接线调试过程中，出勤、团结协作，制定分工计划，分工明确，完成任务</td><td>10</td><td></td><td></td></tr>
<tr><td colspan="4">（2）不动手，不协作，扣 5 分</td><td></td><td></td><td></td></tr>
<tr><td>四、汇报与分析报告
10 分</td><td colspan="4">项目完成后，能够正确分析与总结</td><td>10</td><td></td><td></td></tr>
<tr><td rowspan="3">五、安全文明意识
10 分</td><td colspan="4">（1）不遵守操作规程扣 4 分</td><td rowspan="3">10</td><td></td><td></td></tr>
<tr><td colspan="4">（2）不清理现场扣 4 分</td><td></td><td></td></tr>
<tr><td colspan="4">（3）不讲文明礼貌扣 2 分</td><td></td><td></td></tr>
<tr><td colspan="8">年　月　日</td></tr>
</table>

训练项目十 报警器电路装接与调试

一、项目描述

（1）读懂报警器原理图。根据 LM741 运算放大器的引脚图，对照电路图，能完成接线。

（2）正确选择和合理使用安装、测试工具。

（3）按照图 1-10-1，在多功能接线板（面包板）上安装元器件，按照电子线路接线工艺要求正确接线。（或用电子技术综合实训装置，按照图 1-10-1 接线。）

（4）用万用表欧姆挡断电检查法，查线并排查故障。

（5）用万用表测基准电压（反相输入端）U_-电压值；调整电位器 R_p，测试同相输入端报警电压 U_I 的值。

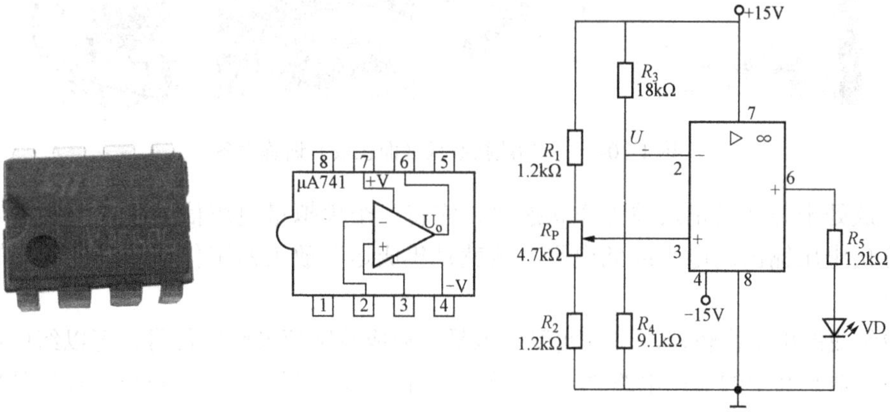

图 1-10-1 μA741 运算放大器的引脚与报警器电路图

二、教学目标

（1）会报警器电路原理分析。

（2）正确排列集成芯片引脚，完成报警器电路器件安装与测试。

（3）能够正确使用多功能接线板、安装工具及测试仪表。

（4）独立完成电路的查线、故障排查与调试任务；具有安全操作意识。

（5）具有团结合作、组织、语言表达能力；具有任务计划、实施与评价能力。

三、训练设备

（1）电子技术综合实训装置、导线、万用表如图 1-10-2 所示。

（2）多功能接线板、镊子、切线钳子、导线、万用表如图 1-10-3 所示。

四、教学实施

教学采用理实一体组织实施，教、学、做一体，学生分小组，同时展开学习与动手实践教学过程。

五、学习与实操内容

集成运算放大器除了有线性应用，还有非线性应用。因为集成运放的开环增益 A_{ud} 趋于无穷大，当运放工作在开环状态或电路接成正反馈时，运放将进入非线性区；当有微小的差模电压输入信号时，其输出电压立即达到正的饱和值$+U_{om}$或负的饱和值$-U_{om}$，此时，输出与输入之间的线性关系将不再成立。

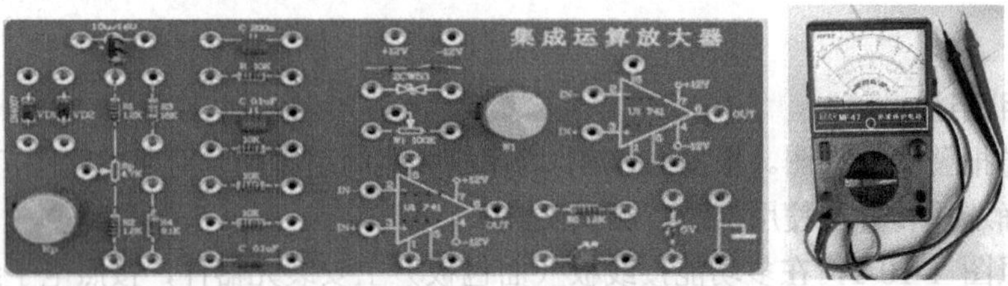

图 1-10-2 集成运放训练设备

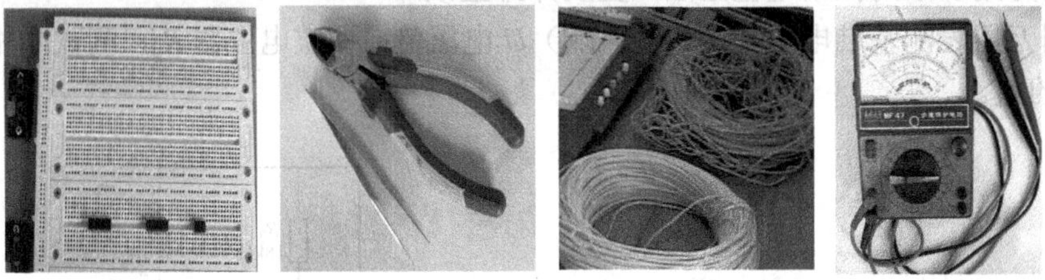

图 1-10-3 多功能接线板（面包板）训练设备

当运放处于开环或正反馈工作状态时，它将一个模拟量电压信号和一个参考电压相比较，则输出电压输出高电平或低电平。这就是集成运算放大器工作在非线性状态的电压比较器原理。

运放组成的电压比较器，可以实现模拟量转换成数字矩形脉冲信号，可以组成各种应用电路，报警器是其中的应用电路之一，广泛应用在自动控制领域中。电压比较器是集成运放非线性应用的典型电路，可分为单门限电压比较器和迟滞电压比较器两类。本项目以单门限电压比较器为例进行分析。

1. 单门限电压比较器

单门限电压比较器电路及传输特性如图 1-10-4 所示。

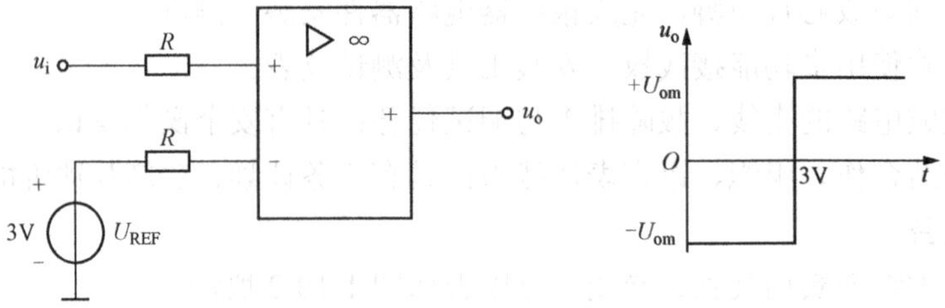

(a) (b)

图 1-10-4 单门限电压比较器电路及传输特性

（a）单门限电压比较器电路图；（b）传输特性

在图 1-10-4（a）中，输入信号u_i由同相输入端输入，反相输入端接基准电压U_{REF}=3V，集成运放处于开环工作状态，此电路称为同相单门限电压比较器。

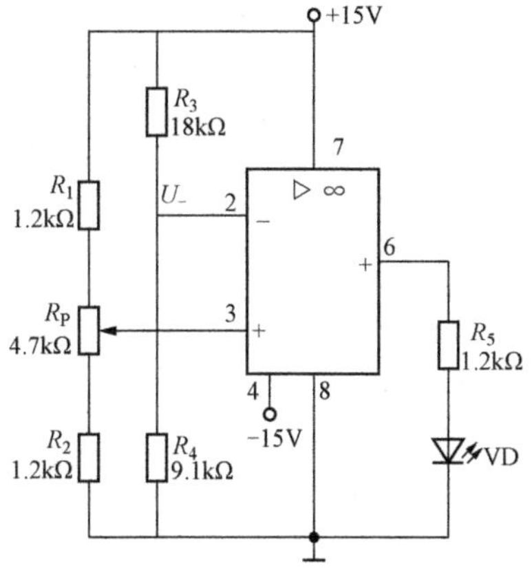

图 1-10-5　报警器电路原理

工作原理分析如下。

当 $u_i>U_{REF}$=3V 时，输出 u_o 为高电平，即 $u_o=+u_{om}$；当 $u_i<U_{REF}$=3V 时，输出 u_o 为低电平，即 $u_o=-u_{om}$。

其传输特性，即输出电压与输入电压的关系曲线，如图 1-10-4（b）所示。

2. 报警器工作原理

报警器电路原理如图 1-10-5 所示。输入信号由同相输入端输入，改变电位器 R_P 的大小，就可以改变输入信号，电位器 R_P 的改变，可以模拟实际中的液位、水位及温度经转换过来的电信号；基准信号由反相输入端输入；输出信号接了一个限流电阻 R_5 及发光二极管，通过发光二极管亮，模拟现场的液位、水位、温度的上限报警情况。

原理分析如下：

基准电压为

$$U_- = \frac{15}{R_3+R_4}\times R_4 = \frac{15}{18+9.1}\times 9.1 = 5(\text{V})$$

缓慢改变电位器 R_P，当信号 $u_i>U_-$时，输出 u_o 为高电平，发光二极管亮，说明报警器达到上限报警值；当信号 $u_i<U_-$时，输出 u_o 为低电平，发光二极管不亮，报警器不报警。

3. 实操步骤

（1）根据μA741 运算放大器的引脚图，按照图 1-10-1，在多功能接线板上安装元器件，按照电子线路接线工艺要求正确接线（或用电子技术综合实训装置，按照图 1-10-1 接线）。

（2）认真检查线路，无误后，同直流电调试与测试。

（3）用万用表直流电压挡测量基准电压（反相输入端）U_-=________。

（4）缓慢调整电位器 R_P 的大小，直到发光二极管亮时，用万用表直流电压挡测试同相输入端的报警电压 U_i=__________。

训练项目十　任　务　单

《电子产品安装与调试（第二版）》

训练项目十 报警器电路装接与调试	姓名	学号	班级	组别	成绩

教学目标：

（1）会报警器电路原理分析。

（2）正确排列集成芯片引脚，完成报警器电路器件安装与测试。

（3）能够正确使用多功能接线板、安装工具及测试仪表。

（4）独立完成电路的查线、故障排查与调试任务；具有安全操作意识。

（5）具有团结合作、组织、语言表达能力；具有项目计划、实施与评价能力。

项目描述：

（1）读懂报警器原理图。根据 LM741 运算放大器的引脚图，对照电路图，能完成运算放大器的接线。

（2）正确选择和合理使用安装、测试工具。

（3）按照图 1-10-1，在多功能接线板上安装元器件，按照电子线路接线工艺要求正确接线（或用电子技术教学训练装置，按照图 1-10-1 接线）。

（4）用万用表欧姆挡，用断电检查法查线并排查故障。

（5）用万用表测基准电压（反相输入端）U_{-}电压值；调整电位器 R_P，测试同相输入端报警电压 U_i 的值。

（6）完成小组任务分工计划、实施计划、自我评价、互评、总结报告。

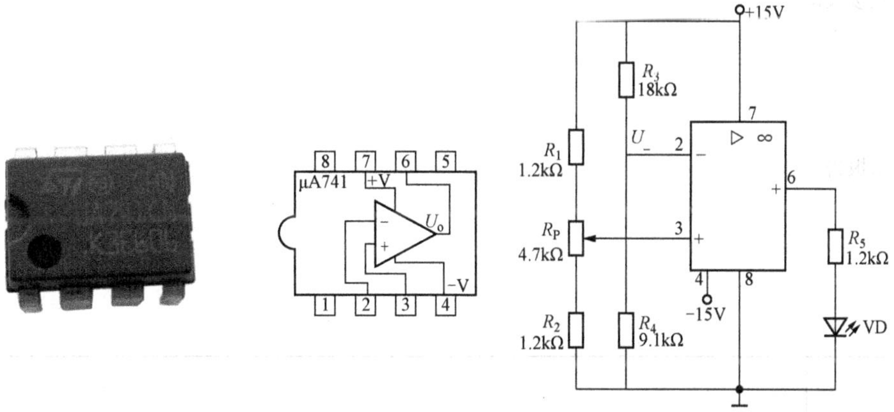

图 1-10-1　LM741 运算放大器的管脚与报警器电路图

训练项目十 计 划 单

《电子产品安装与调试（第二版）》

姓名	任务分工	安装工具 测试仪表 与仪器	名称	功能

一、装接步骤与内容

二、测试结果与分析

（1）测试基准电压（反相输入端）U_-电压值：U_-=　　　　　。

（2）测试同相输入端的报警电压 U_i : U_i=　　　　　。

（3）原理分析

（4）安装接线图

三、总结报告

过程记录				
	记录员签名		日期	

训练项目十　评　价　单

《电子产品安装与调试（第二版）》

<table>
<tr><td>班级</td><td></td><td>姓名</td><td></td><td>学号</td><td></td><td>组别</td><td></td></tr>
<tr><td colspan="6">训练项目十　报警器电路装接与调试</td><td>小组自评</td><td>教师评价</td></tr>
<tr><td colspan="5">评分标准</td><td>配分</td><td>得分</td><td>得分</td></tr>
<tr><td colspan="2" rowspan="6">一、按图接线与知识的掌握
40 分</td><td colspan="3">（1）学会电压比较器电路原理分析</td><td>10</td><td></td><td></td></tr>
<tr><td colspan="3">（2）正确使用多功能接线板和安装工具</td><td>10</td><td></td><td></td></tr>
<tr><td colspan="3">（3）按原理图和工艺要求正确接线</td><td>10</td><td></td><td></td></tr>
<tr><td colspan="3">（4）有虚接、漏接、错接每处扣 2 分</td><td></td><td></td><td></td></tr>
<tr><td colspan="3">（5）接线时损坏元件每只扣 2 分</td><td></td><td></td><td></td></tr>
<tr><td colspan="3">（6）电压比较器电路知识的掌握</td><td>10</td><td></td><td></td></tr>
<tr><td colspan="2" rowspan="5">二、调试
30 分</td><td colspan="3">（1）在规定时间内完成接线</td><td>10</td><td></td><td></td></tr>
<tr><td colspan="3">（2）用万用表断电检查法查线并排除故障</td><td>10</td><td></td><td></td></tr>
<tr><td colspan="3">（3）调整 R_P、有报警信号</td><td>10</td><td></td><td></td></tr>
<tr><td colspan="3">（4）调试过程中仪器、仪表挡位错、过量限，每次扣 5 分</td><td></td><td></td><td></td></tr>
<tr><td colspan="3">（5）带电接线、拆线每次扣 5 分</td><td></td><td></td><td></td></tr>
<tr><td colspan="2" rowspan="2">三、协作组织
10 分</td><td colspan="3">（1）小组在接线调试过程中，出勤、团结协作，制定分工计划，分工明确，完成任务</td><td>10</td><td></td><td></td></tr>
<tr><td colspan="3">（2）不动手，不协作，扣 5 分</td><td></td><td></td><td></td></tr>
<tr><td colspan="2">四、汇报与分析报告
10 分</td><td colspan="3">项目完成后，能够正确分析与总结</td><td>10</td><td></td><td></td></tr>
<tr><td colspan="2" rowspan="3">五、安全文明意识
10 分</td><td colspan="3">（1）不遵守操作规程扣 4 分</td><td rowspan="3">10</td><td></td><td></td></tr>
<tr><td colspan="3">（2）不清理现场扣 4 分</td><td></td><td></td></tr>
<tr><td colspan="3">（3）不讲文明礼貌扣 2 分</td><td></td><td></td></tr>
<tr><td colspan="8">年　　月　　日</td></tr>
</table>

训练项目十一　RC 振荡电路的接线与调试

一、项目描述

（1）将各元器件按照图 1-11-1 接好，将双路直流稳压电源+15V 和−15V 分别调好后，关闭电源，接到 7 脚和 4 脚上，认真检查线路，线路无误后，开启稳压电源，用示波器观察输出波形，调节电位器 R_f，使输出为无明显失真的正弦波。

（2）用交流毫伏电压表测量 u_o 和 U_Σ的值，u_o=__________，U_Σ=__________。

（3）用示波器测试输出波形的振荡频率，f_o=__________，并与理论计算值进行比较。

（4）用示波器测试输出波形的振荡幅值，u_o=__________。

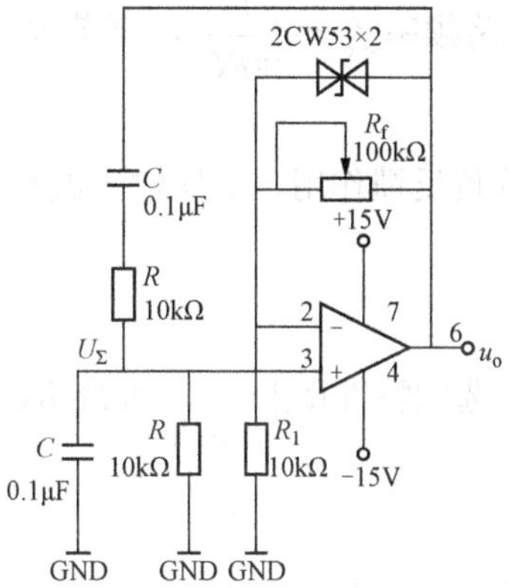

图 1-11-1　RC 振荡电路

二、教学目标

（1）根据实物，能够识别出 RC 振荡电路所用到的稳压管 2CW53、电位器、集成运放 LM741 与色环电阻；正确使用万用表完成元器件选择与测试。

（2）正确排列集成芯片 LM741 的引脚，完成 RC 振荡电路的安装与调试。

（3）会用示波器观测输出波形；会用示波器测试输出电压振荡频率与幅值；会用毫伏交流电压表测试电压。

（4）具有故障分析、排查与调试电路能力；具有安全操作意识。

（5）具有团结合作、组织、语言表达能力；具有任务计划、实施与评价能力。

三、训练设备

训练设备包括电子技术综合实训装置、导线、交流毫伏表、示波器、万用表，如图 1-11-2 所示。

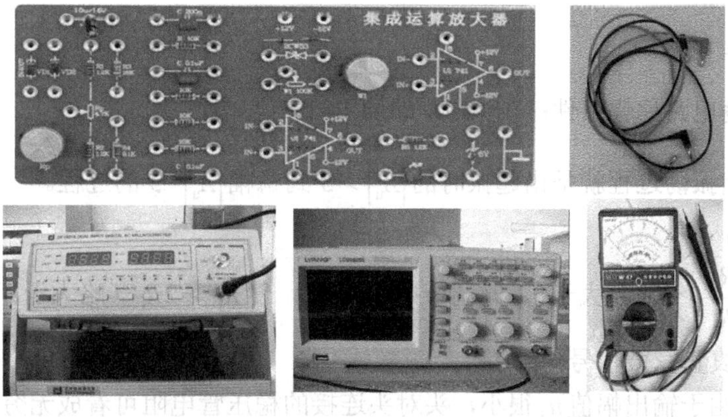

图 1-11-2　RC 振荡电路训练设备

四、教学实施

教学采用理实一体组织实施，教、学、做一体，学生分小组，同时展开学习与动手实践教学过程。

五、学习与实操内容

振荡器是没有信号源，就可以产生一定频率、一定幅值的正弦波或非正弦波信号的装置。

RC 振荡器一般工作在低频范围内，它的振荡频率约为 20Hz～200kHz。常用的 RC 振荡电路有 RC 桥式和 RC 移相式正弦波振荡电路。本项目重点学习 RC 桥式正弦波振荡电路。

1. RC 振荡电路组成及作用

图 1-11-1 所示电路中，RC 桥式振荡电路是由放大电路、RC 串并联选频电路、RC 正反馈网络和限幅电路等四部分组成的。

（1）放大电路由运算放大电路组成的，实现放大作用。

（2）反馈电路由 RC 串并联电路组成的，实现正反馈、振荡作用。

（3）选频电路还是由 RC 串并联电路组成的，输出产生的振荡频率 $f_o=\dfrac{1}{2\pi RC}$，调节 R、C 就可以改变输出正弦交流电的频率。

（4）稳幅电路由 R_f 和头对头连接的两只稳压管组成的，起着负反馈作用，实现输出波形的稳幅作用。

2. RC 振荡电路起振条件

因为，振荡电路起振条件 $|\dot{A}_u\dot{F}_u|>1$，根据 RC 串并联网络的选频特性 $|\dot{F}_u|=\dfrac{1}{3}$，可得 RC 桥式振荡电路起振条件：$|\dot{A}_u|>3$（略大于 3）。

因为 $|\dot{A}_u|=1+\dfrac{R_f}{R_1}$，所以 RC 振荡电路的起振条件是：$|\dot{A}_u|=1+\dfrac{R_f}{R_1}>3$。

当 $R_f>2R_1$ 时，满足 RC 振荡电路的起振条件，即调节电位器 R_f，使 $R_f>2R_1$，使电路输出正常的不失真正弦波信号 u_o。

当 $|A_u|$ 略大于 3 时，输出波形为不失真的正弦波形；当 $|\dot{A}_u|$ 远远大于 3 时（若 R_f 调节太大），输出 u_o 波形为方波，严重失真；当 $|\dot{A}_u|$ 小于 3 时（若 R_f 调节太小），不能起振，无输出波形。

3. 稳幅条件

RC 桥式振荡电路稳幅条件：$|\dot{A}_u|=3$，即 $|\dot{A}_u|=1+\dfrac{R_f}{R_1}=3$。

RC 振荡电路振荡过程就是由起振时的 $|\dot{A}_u|>3$ 到稳幅 $|\dot{A}_u|=3$ 的过程。

4. 原理分析

当 $|\dot{A}_u|=1+\dfrac{R_f}{R_1}>3$（略大于），即调节电位器 R_f，使 $R_f>2R_1$（略大于）时，电路起振，输出正常的不失真正弦波信号 u_o。

刚起振时，由于输出幅值 u_o 很小，头对头连接的稳压管电阻可看成无穷大，处于开路状

态，稳压管不工作，反馈电阻只有 R_f 起作用，此时，电路的电压放大倍数 $\left|\dot{A}_u\right|=1+\dfrac{R_f}{R_1}$ 大于 3，满足振荡起振条件，则输出电压的幅值由零逐渐增大。

当输出电压 u_o 的幅值增大到一定值时，稳压管工作，稳压管的电阻与 R_f 并联的总电阻为 R_{f1}，因为 R_{f1} 小于 R_f，所以使得 $\left|\dot{A}_u\right|=1+\dfrac{R_{f1}}{R_1}$ 将减小，使得 $\left|\dot{A}_u\right|$ 自动下降且等于 3，即 $\left|\dot{A}_u\dot{F}_u\right|=1$，实现稳幅振荡，使输出 u_o 产生稳定的正弦波。

5. 实操步骤

（1）将各元器件按照图 1-11-1 接好，将双路直流稳压电源+15V 和−15V 分别调好后，关闭电源，接到运放的 7 脚和 4 脚上。认真检查线路，线路无误后，开启稳压电源，用示波器观察输出波形，调节电位器 R_f，使输出为无明显失真的正弦波，这样满足起振条件，能正常产生正弦波。若示波器观察输出波形为一条直线，则说明振荡电路不振荡，继续调节电位器，增大 R_f，满足 $\left|\dot{A}_u\right|=1+\dfrac{R_f}{R_1}>3$，直到出现正弦波；若调节电位器 R_f 不起作用，即示波器观察输出波形仍为一条直线，检查电路是否接线正确、是否接线端松动等原因造成的。

若示波器观察输出波形为方波，则说明振荡电路 $\left|\dot{A}_u\right|=1+\dfrac{R_f}{R_1}$ 远远大于 3，波形严重失真，调节电位器，减小 R_f，满足 $\left|\dot{A}_u\right|=1+\dfrac{R_f}{R_1}$ 略大于 3。

（2）调节电位器 R_f，用示波器观察输出波形为正常的不失真正弦波时，再用交流毫伏电压表测量输出电压 u_o 和同相输入端反馈电压 U_Σ 的值。

（3）再用示波器测试输出电压波形的振荡频率 f_0 和幅值 u_o，测试的 f_0 值应与理论计算值进行比较。

RC 振荡电路
装接与调试

训练项目十一　任　务　单

《电子产品安装与调试（第二版）》

训练项目十一 RC 振荡电路的接线与调试	姓名	学号	班级	组别	成绩

教学目标：

（1）根据实物能够识别出 RC 振荡电路所用到的稳压管 2CW53、电位器、集成运放 LM741 与色环电阻；正确使用万用表完成元器件选择与测试。

（2）正确排列集成芯片 LM741 的引脚，完成 RC 振荡电路的安装与调试。

（3）会用示波器观测输出波形；会用示波器测试输出电压振荡频率与幅值；会用交流毫伏电压表测试电压。

（4）具有故障分析、排查与调试电路能力；具有安全操作意识。

（5）具有团结合作、组织、语言表达能力；具有项目计划、实施与评价能力。

项目描述：

（1）将各元器件按照图 1-11-1 接好，将双路直流稳压电源+15V 和−15V 分别调好后，关闭电源，接到 7 脚和 4 脚上，认真检查线路，线路无误后，开启稳压电源，用示波器观察输出波形，调节电位器 R_f，使输出为无明显失真的正弦波。

（2）用交流毫伏电压表测量 u_o 和 U_Σ 的值，u_o=__________，U_Σ=__________。

（3）用示波器测试输出波形的振荡频率，f_o=__________，并与理论计算值进行比较。

（4）用示波器测试输出波形的振荡幅度，u_o=__________。

（5）完成小组任务分工计划、实施计划、自我评价、互评、总结报告。

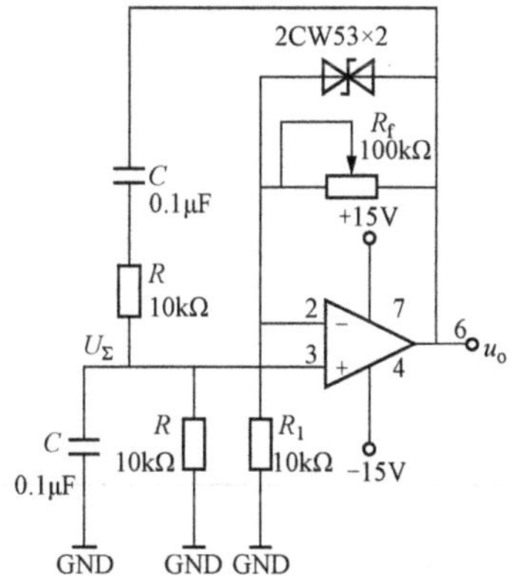

图 1-11-1　RC 振荡电路图

训练项目十一 计 划 单

《电子产品安装与调试（第二版）》

<table>
<tr><td>姓名</td><td>任务分工</td><td rowspan="4">安装工具
测试仪表
与仪器</td><td>名称</td><td>功能</td></tr>
<tr><td></td><td></td><td></td><td></td></tr>
<tr><td></td><td></td><td></td><td></td></tr>
<tr><td></td><td></td><td></td><td></td></tr>
</table>

一、装接步骤与内容

二、测试结果与分析

（1）用毫伏表测量 u_o 和 U_Σ 的值：u_o=__________，U_Σ=__________。

（2）用示波器测振荡频率 f_0=__________，理论计算公式与计算值 f_0=__________=__________。

（3）用示波器测振荡幅值 u_o=__________。

（4）结果分析

三、总结报告

<table>
<tr><td rowspan="2">过程记录</td><td colspan="4"></td></tr>
<tr><td>记录员签名</td><td></td><td>日期</td><td></td></tr>
</table>

训练项目十一　评　价　单

《电子产品安装与调试（第二版）》

<table>
<tr><td>班级</td><td></td><td>姓名</td><td></td><td>学号</td><td></td><td>组别</td><td></td></tr>
<tr><td colspan="6">训练项目十一　RC 振荡电路的接线与调试</td><td>小组自评</td><td>教师评价</td></tr>
<tr><td colspan="5">评分标准</td><td>配分</td><td>得分</td><td>得分</td></tr>
<tr><td colspan="2" rowspan="6">一、按图接线与知识的掌握
40 分</td><td colspan="3">（1）调节测量+15V、−15V 两组电源</td><td>10</td><td></td><td></td></tr>
<tr><td colspan="3">（2）按原理图接线</td><td>10</td><td></td><td></td></tr>
<tr><td colspan="3">（3）正确使用万用表</td><td>10</td><td></td><td></td></tr>
<tr><td colspan="3">（4）虚接、漏接、错接每处扣 5 分</td><td></td><td></td><td></td></tr>
<tr><td colspan="3">（5）直流电源短路扣 10 分</td><td></td><td></td><td></td></tr>
<tr><td colspan="3">（6）振荡电路知识的掌握</td><td>10</td><td></td><td></td></tr>
<tr><td colspan="2" rowspan="6">二、调试
30 分</td><td colspan="3">（1）最大不失真输出波形的调节与测量</td><td>10</td><td></td><td></td></tr>
<tr><td colspan="3">（2）u_o和 U_Σ值的测量</td><td>10</td><td></td><td></td></tr>
<tr><td colspan="3">（3）用示波器测量振荡频率 f_o</td><td>5</td><td></td><td></td></tr>
<tr><td colspan="3">（4）用示波器测量振荡幅值 u_o</td><td>5</td><td></td><td></td></tr>
<tr><td colspan="3">（5）测量时输入信号、输出信号短路一处扣 8 分</td><td></td><td></td><td></td></tr>
<tr><td colspan="3">（6）测量时毫伏表过量程扣 5 分</td><td></td><td></td><td></td></tr>
<tr><td colspan="2">三、汇报与分析报告
10 分</td><td colspan="3">任务完成后，能够正确分析与总结</td><td>10</td><td></td><td></td></tr>
<tr><td colspan="2" rowspan="3">四、安全文明意识
10 分</td><td colspan="3">（1）不遵守操作规程扣 4 分</td><td rowspan="3">10</td><td></td><td></td></tr>
<tr><td colspan="3">（2）不清理现场扣 4 分</td><td></td><td></td></tr>
<tr><td colspan="3">（3）不讲文明礼貌扣 2 分</td><td></td><td></td></tr>
<tr><td colspan="8">年　　月　　日</td></tr>
</table>

训练项目十二　逻辑笔电路功能测试

一、项目描述

（1）完成 CT74LS00 与非门逻辑功能测试。

（2）用 CT74LS00 2 输入四与非门设计组成与门、或门、异或门逻辑电路，并写出表达式。按照图 1-12-1 所示 CT74LS00 2 输入四与非门引脚图，并完成设计的与门、或门、异或门逻辑电路接线与功能测试。

（3）用 CT74LS00 2 输入四与非门、色环电阻和发光二极管按照图 1-12-2 正确接线，并完成电路的调试。

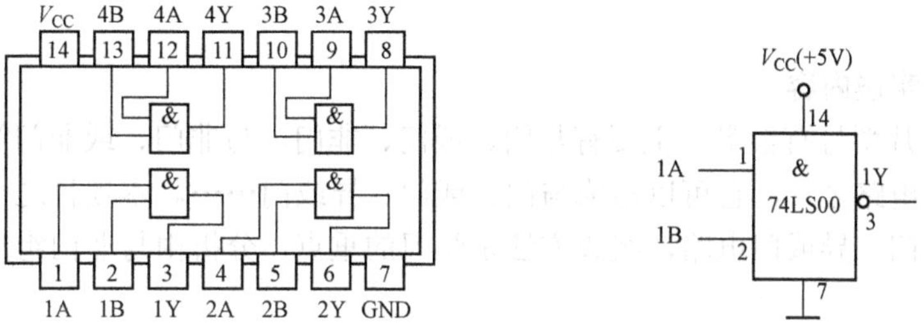

图 1-12-1　CT74LS00 2 输入四与非门引脚图

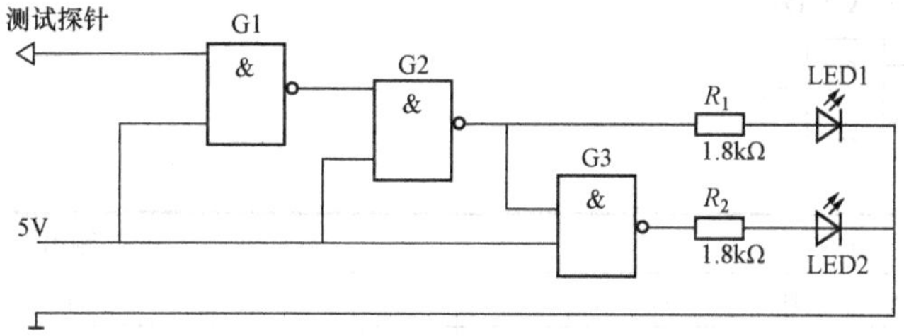

图 1-12-2　逻辑笔电路图

二、教学目标

（1）能够识别与非门电路的逻辑符号。熟练用集成与非门设计组成与门、或门、异或门逻辑电路，写出表达式。

（2）完成 CT74LS00 与非门功能测试；完成用 CT74LS00 与非门设计接成与门、或门、异或门电路的接线与功能测试。

（3）会简易逻辑笔电路原理分析；能够正确识别发光二极管极性；完成简易逻辑笔的接线与调试。

（4）具有排查故障与测试电路的能力；具有安全操作意识。

（5）具有团结合作、组织、语言表达能力；具有任务计划、实施与评价能力。

三、训练设备

训练设备包括电子技术综合实训装置、万用表、导线，色环电阻和发光二极管，如图 1-12-3 所示。

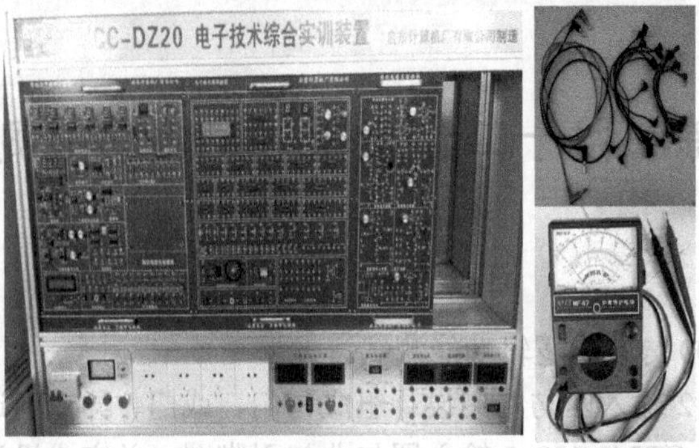

图 1-12-3　基本逻辑门功能测试与逻辑笔电路训练设备

四、教学实施

教学采用理实一体组织实施，教、学、做一体，学生分小组，同时展开学习与动手实践教学过程。

五、学习与实操内容

TTL 集成芯片型号有很多，主要有与门、或门、非门、与非门、或非门等众多系列，与非门是常用的门电路之一，它可以组成与门、或门、异或门……。本项目之一是用与非门设计组成与门、或门、异或门电路，组成方法是学习的重点，分析由与非门组成的应用电路，也是学习的重点。

1. 与门

逻辑表达式：Y=A・B。

逻辑符号：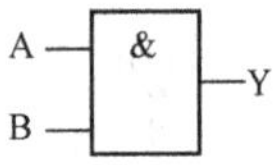

真值表：

输入		输出
A	B	Y
0	0	0
0	1	0
1	0	0
1	1	1

2. 或门

逻辑表达式：Y=A+B。

逻辑符号：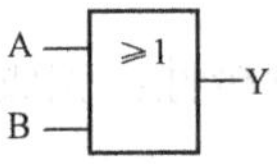

真值表：

输入		输出
0	0	0
0	1	1
1	0	1
1	1	1

3. 异或门

逻辑表达式：$Y = A \oplus B = A\overline{B} + \overline{A}B$。

逻辑符号：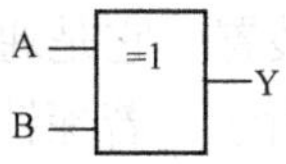

真值表：

输入		输出
A	B	Y
0	0	0
0	1	1
1	0	1
1	1	0

4. TTL 集成与非门 74LS00 芯片认识

74LS00 是 2 输入四与非门，其引脚图如图 1-12-1 所示。

74LS00 的逻辑功能是：当输入端中有一个或一个以上是低电平时，输出端为高电平；只有当输入端全部为高电平时，输出端才是低电平（即有“0”得“1”，全“1”得“0”）。

逻辑表达式：$Y = \overline{AB}$。

逻辑符号：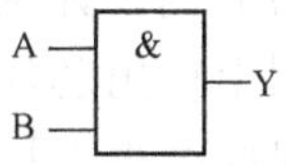

真值表：

输入		输出
A	B	Y
0	0	1
0	1	1
1	0	1
1	1	0

5. 用与非门设计组成与门、或门、异或门方法

（1）相关定律的学习

摩根定律（反演律）：

$$\overline{A \bullet B} = \overline{A} + \overline{B}$$
$$\overline{A + B} = \overline{A}\,\overline{B}$$

（2）相关公式：$A = \overline{\overline{A}}$。

（3）设计方法。

与门用与非门设计组成：$AB = \overline{\overline{AB}}$，既可以用两个与非门来实现，需要 1 个 74LS00 与非门芯片。

或门用与非门设计组成：$A+B = \overline{\overline{A + B}} = \overline{\overline{A}\,\overline{B}}$，即可以用 3 个与非门来实现，需要 1 个 74LS00 与非门芯片。

异或门用与非门设计组成：$Y = A\overline{B} + \overline{A}B = \overline{\overline{A\overline{B} + \overline{A}B}} = \overline{\overline{A\overline{B}}\,\overline{\overline{A}B}}$，可以用 5 个与非门来实现，

需要 2 个 74LS00 与非门芯片。

6. 逻辑笔电路工作原理

逻辑笔是探测数字电路中某点电位是高还是低的逻辑判别装置。它是通过逻辑笔装设的红、绿指示灯的显示来判明、识别的。逻辑笔电路如图 1-12-2 所示。若探针探测到的数字电路中某点电位是高电平，则 G1 与非门输出为低电平“0”，G2 与非门输出为高电平“1”，LED1 指示灯（红色）亮。同理，若探针探测到的数字电路中某点电位是低电平，则 G1 与非门输出为高电平“1”，G2 与非门输出为低电平“0”，G3 与非门输出为高电平“1”，LED2 指示灯（绿色）亮。

7. 实操步骤

（1）74LS00 与非门逻辑功能测试。按图 1-12-1 进行接线，将芯片的 14 脚接直流电源 V_{CC} 的+5V，7 脚接直流电源的负极（即接地），与非门的输入端 1 脚（1A 端）、输入端 2 脚（1B）分别接在两个逻辑开关信号上，输入端 3 脚（1Y 端）接发光二极管，改变逻辑开关高、低电平输入四种逻辑状态，观察发光二极管的亮、灭情况，发光二极管亮输出高电平“1”，发光二极管灭输出低电平“0”，记录输出状态，完成分析报告。

（2）利用 74LS00 与非门设计组成与门、或门、异或门电路，在下面画出电路接线图、完成接线并进行功能测试。

按图 1-12-1 和前面所讲的设计方法，请自己画出 74LS00 与非门设计组成与门、或门、异或门逻辑电路图，画出芯片接线图或在自己设计的逻辑电路图上标出芯片引脚号，按照接线图接线，电路的输出端要接到教学训练设备上的发光二极管组成的电平指示模块，通过发光二极管的亮、灭，来判断输出信号电平的高低。

（3）逻辑笔电路接线与调试。用 CT74LS00 2 输入四与非门、色环电阻和发光二极管按照图 1-12-1、图 1-12-2 进行接线。将芯片的 14 脚接直流电源 V_{CC} 的+5V，7 脚接直流电源的负极（即接地），线路的连接按照所画的接线图，小组共同完成。

探针输入信号接在教学训练装置的逻辑开关信号上，通过开关给出高电平和低电平信号，通过两个发光二极管的亮与灭，来判断输出的正确与否，记录数据，分析结果，完成电路的调试。

用与非门实现
与门电路

训练项目十二　任　务　单

《电子产品安装与调试（第二版）》

训练项目十二 逻辑笔电路功能测试	姓名	学号	班级	组别	成绩

教学目标：

（1）能够识别与非门电路的逻辑符号。熟练用集成与非门设计组成与门、或门、异或门逻辑电路，写出表达式。

（2）完成 CT74LS00 与非门功能测试；完成用 CT74LS00 与非门设计接成与门、或门、异或门电路的接线与功能测试。

（3）会简易逻辑笔电路原理分析；能够正确识别发光二极管极性；完成简易逻辑笔的接线与调试。

（4）具有排查故障与测试电路的能力；具有安全操作意识。

（5）具有团结合作、组织、语言表达能力；具有项目计划、实施与评价能力。

项目描述：

（1）完成 74LS00 与非门逻辑功能测试。

（2）用 CT74LS00　2 输入四与非门设计组成与门、或门、异或门逻辑电路，并写出表达式。按照图 1-12-1 所示 74LS00　2 输入四与非门引脚图，并完成设计的与门、或门、异或门逻辑电路接线与功能测试。

（3）用 CT74LS00　2 输入四与非门、色环电阻和发光二极管按照图 1-12-2 正确接线，并完成电路的调试。

（4）完成小组任务分工计划、实施计划、自我评价、互评、总结报告。

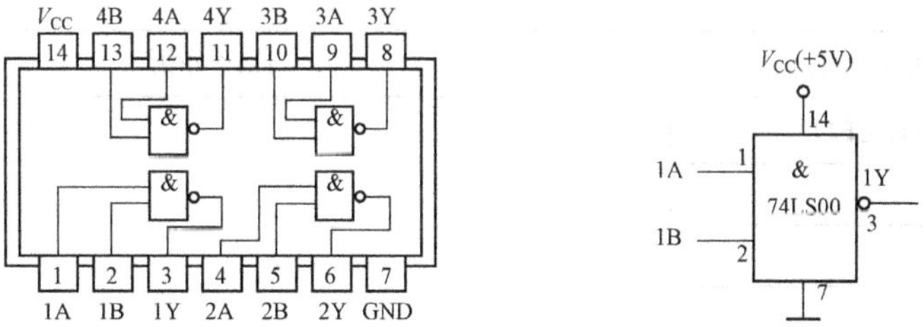

图 1-12-1　74LS00　2 输入四与非门引脚图

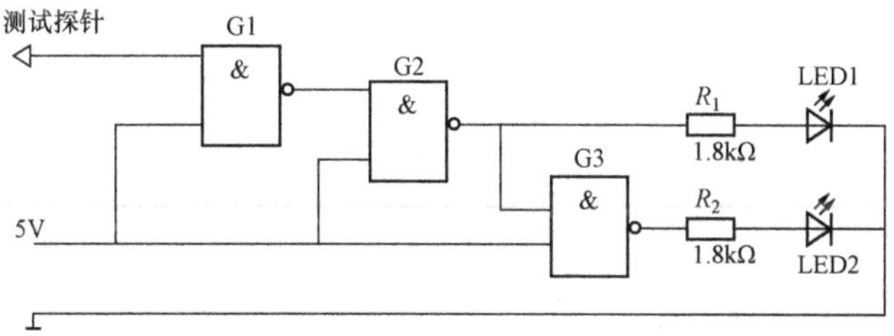

图 1-12-2　逻辑笔电路图

训练项目十二 计 划 单

《电子产品安装与调试（第二版）》

姓名	任务分工	安装工具 测试仪表 与仪器	名称	功能

一、装接步骤与内容

二、由与非门设计组成的与门、或门、异或门逻辑电路图

三、测试数据

与门	或门	异或门
A B Y（测试值）	A B Y（测试值）	A B Y（测试值）
0 0	0 0	0 0
0 1	0 1	0 1
1 0	1 0	1 0
1 1	1 1	1 1

四、逻辑笔电路原理分析与结果分析

逻辑笔测试结果	原理分析
探针 LED1 LED2	
0	
1	
1	
1	

五、总结报告

过程记录				
	记录员签名		日期	

训练项目十二　评　价　单

《电子产品安装与调试（第二版）》

<table>
<tr><td>班级</td><td></td><td>姓名</td><td></td><td>学号</td><td></td><td>组别</td><td></td></tr>
<tr><td colspan="6">训练项目十二　逻辑笔电路功能测试</td><td>小组自评</td><td>教师评价</td></tr>
<tr><td colspan="5">评分标准</td><td>配分</td><td>得分</td><td>得分</td></tr>
<tr><td rowspan="6">一、按图接线与知识的掌握
40 分</td><td colspan="4">（1）发光二极管的识别</td><td>10</td><td></td><td></td></tr>
<tr><td colspan="4">（2）正确排列集成芯片 CT74LS00 引脚</td><td>10</td><td></td><td></td></tr>
<tr><td colspan="4">（3）按原理图正确接线</td><td>10</td><td></td><td></td></tr>
<tr><td colspan="4">（4）有虚接、漏接、错接每处扣 2 分</td><td></td><td></td><td></td></tr>
<tr><td colspan="4">（5）接线时损坏芯片扣 10 分</td><td></td><td></td><td></td></tr>
<tr><td colspan="4">（6）基本门知识的掌握</td><td>10</td><td></td><td></td></tr>
<tr><td rowspan="5">二、调试
30 分</td><td colspan="4">（1）在规定时间内完成接线</td><td>10</td><td></td><td></td></tr>
<tr><td colspan="4">（2）用万用表断电检查法查线并排除故障</td><td>10</td><td></td><td></td></tr>
<tr><td colspan="4">（3）调试逻辑关系正确</td><td>10</td><td></td><td></td></tr>
<tr><td colspan="4">（4）电源短路、烧坏芯片各扣 10 分</td><td></td><td></td><td></td></tr>
<tr><td colspan="4">（5）带电接线、拆线每次扣 5 分</td><td></td><td></td><td></td></tr>
<tr><td>三、汇报与分析报告
10 分</td><td colspan="4">任务完成后，能够正确分析与总结</td><td>10</td><td></td><td></td></tr>
<tr><td rowspan="3">四、安全文明意识
10 分</td><td colspan="4">（1）不遵守操作规程扣 4 分</td><td rowspan="3">10</td><td></td><td></td></tr>
<tr><td colspan="4">（2）不清理现场扣 4 分</td><td></td><td></td></tr>
<tr><td colspan="4">（3）不讲文明礼貌扣 2 分</td><td></td><td></td></tr>
<tr><td colspan="8">

年　　月　　日</td></tr>
</table>

训练项目十三　三人多数表决电路设计、接线与调试

一、项目描述

（1）用与非门设计一个三人多数表决电路，三人分别用 A、B、C 来表示，决议用 Y 来表示，写出设计方法与步骤，要求用 CT74LS10 与非门芯片实现，且电路要最简。

（2）CT74LS10 芯片的引脚图如图 1-13-1 所示。

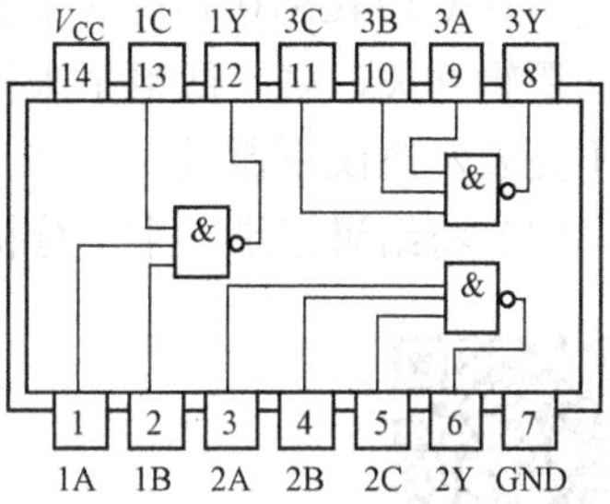

图 1-13-1　74LS10 与非门引脚图

（3）在教学训练装置上用两片 CT74LS10 芯片和发光二极管完成自己所设计的电路接线，并调试。

二、教学目标

（1）学会用门电路设计逻辑电路。

（2）会用卡诺图化简逻辑函数。

（3）能用与非门设计简单的逻辑电路，完成一个三人多数表决电路的设计。

（4）具有三人多数表决电路接线、排查故障与调试能力；具有安全操作意识。

（5）具有团结合作、组织、语言表达能力；具有任务计划、实施与评价能力。

三、训练设备

训练设备包括电子技术综合实训装置、万用表、导线，如图 1-13-2 所示。

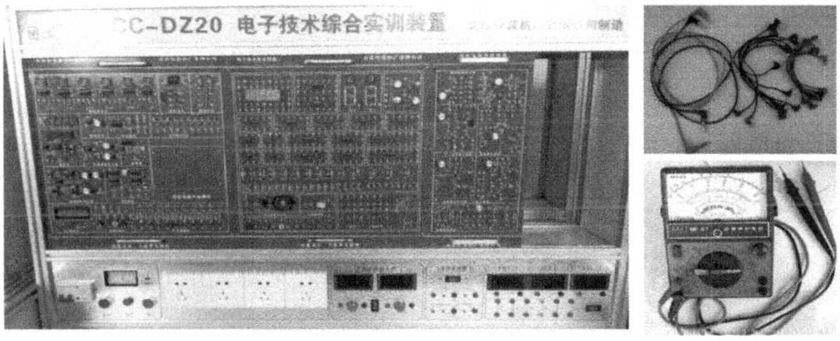

图 1-13-2　三人多数表决电路训练设备

四、教学实施

教学采用理实一体组织实施，教、学、做一体，学生分小组，同时展开学习与动手实践教学过程。

五、学习与实操内容

1. 逻辑电路设计步骤

（1）列真值表。

（2）根据真值表，写出逻辑表达式。

（3）卡诺图化简。

（4）画出逻辑图。

2. 实操步骤

（1）各组同学自行设计，用与非门设计一个三人多数表决电路，三人分别用 A、B、C 来表示，决议用 Y 来表示，要求用 CT74LS10 与非门芯片实现，且电路要最简，写出设计步骤，并画出逻辑题。

（2）按照自己设计的逻辑图，根据 CT74LS10 芯片引脚图，画出接线图；或在设计的逻辑图中，标出引脚号，在教学训练装置上，用两片 CT74LS10 与非门芯片，完成自己所设计的电路的接线，直流电源+5V 均要接两片 CT74LS10 芯片的 14 脚，直流电源负极（接地）均要接两片 CT74LS10 芯片的 7 脚，三人输入信号接到教学训练装置的逻辑开关电平模块上，拨动逻辑开关，高、低电平来模拟同意、不同意。输出接发光二极管，灯亮表示决议通过，灯不亮表示决议不通过。

（3）将结果记录下来，分析总结。

三人表决电路的设计

训练项目十三　任　务　单

《电子产品安装与调试（第二版）》

训练项目十三 三人多数表决电路设计、接线与调试	姓名	学号	班级	组别	成绩

教学目标：

（1）学会用门电路设计逻辑电路。

（2）会用卡诺图化简逻辑函数。

（3）能用与非门设计简单的逻辑电路，完成一个三人多数表决电路的设计。

（4）具有三人多数表决电路接线、排查故障与调试能力；具有安全操作意识。

（5）具有团结合作、组织、语言表达能力；具有任务计划、实施与评价能力。

项目描述：

（1）用与非门设计一个三人多数表决电路，三人分别用 A、B、C 来表示，决议用 Y 来表示，写出设计方法与步骤，要求用 CT74LS10 与非门芯片实现，电路要最简。

（2）查 CT74LS10 芯片的引脚图并画出引脚图，如图 1-13-1 所示。

（3）在教学训练装置上用两片 CT74LS10 芯片完成自己所设计的电路接线，并调试。

（4）完成小组任务分工计划、实施计划、自我评价、互评、总结报告。

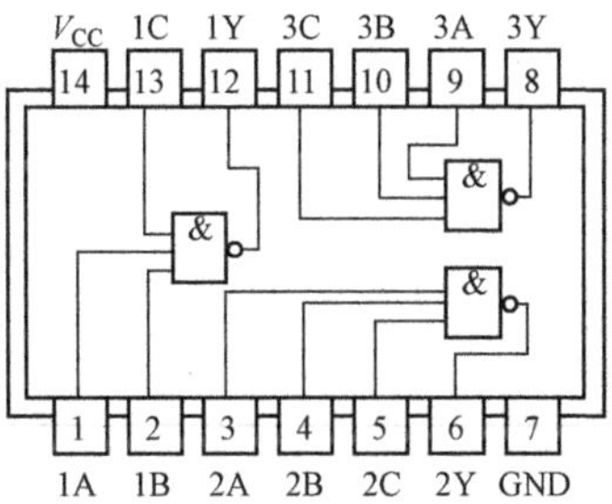

图 1-13-1　74LS10　3 输入 3 与非门引脚图

训练项目十三 计 划 单

《电子产品安装与调试（第二版）》

姓名	任务分工	安装工具测试仪表与仪器	名称	功能

一、设计步骤与逻辑电路图

二、电路接线图

三、测试输出 Y 数据

A	B	C	Y

四、总结报告

过程记录				
	记录员签名		日期	

训练项目十三　评　价　单

《电子产品安装与调试（第二版）》

<table>
<tr><td>班级</td><td></td><td>姓名</td><td></td><td>学号</td><td></td><td>组别</td><td></td></tr>
<tr><td colspan="6">训练项目十三　三人多数表决电路设计、接线与调试</td><td>小组自评</td><td>教师评价</td></tr>
<tr><td colspan="5">评分标准</td><td>配分</td><td>得分</td><td>得分</td></tr>
<tr><td rowspan="6">一、按图接线与知识的掌握
40 分</td><td colspan="4">（1）会电路原理分析并写出设计、方法与步骤</td><td>12</td><td></td><td></td></tr>
<tr><td colspan="4">（2）正确排列集成芯片 CT74LS10 引脚</td><td>8</td><td></td><td></td></tr>
<tr><td colspan="4">（3）按原理图正确接线</td><td>10</td><td></td><td></td></tr>
<tr><td colspan="4">（4）有虚接、漏接、错接每处扣 2 分</td><td></td><td></td><td></td></tr>
<tr><td colspan="4">（5）接线时损坏芯片扣 10 分</td><td></td><td></td><td></td></tr>
<tr><td colspan="4">（6）设计与知识的掌握</td><td>10</td><td></td><td></td></tr>
<tr><td rowspan="5">二、调试
30 分</td><td colspan="4">（1）在规定时间内完成接线</td><td>5</td><td></td><td></td></tr>
<tr><td colspan="4">（2）会用万用表断电检查法查线并排除故障</td><td>10</td><td></td><td></td></tr>
<tr><td colspan="4">（3）会调试，且逻辑关系正确</td><td>15</td><td></td><td></td></tr>
<tr><td colspan="4">（4）电源短路、烧坏芯片各扣 10 分</td><td></td><td></td><td></td></tr>
<tr><td colspan="4">（5）带电接线、拆线每次扣 5 分</td><td></td><td></td><td></td></tr>
<tr><td rowspan="2">三、协作组织
10 分</td><td colspan="4">（1）小组在接线调试过程中，出勤、团结协作，制定分工计划，分工明确，完成任务</td><td>10</td><td></td><td></td></tr>
<tr><td colspan="4">（2）不动手，不协作，扣 5 分</td><td></td><td></td><td></td></tr>
<tr><td>四、汇报与分析报告
10 分</td><td colspan="4">项目完成后，能够正确分析与总结</td><td>10</td><td></td><td></td></tr>
<tr><td rowspan="3">五、安全文明意识
10 分</td><td colspan="4">（1）不遵守操作规程扣 4 分</td><td rowspan="3">10</td><td></td><td></td></tr>
<tr><td colspan="4">（2）不清理现场扣 4 分</td><td></td><td></td></tr>
<tr><td colspan="4">（3）不讲文明礼貌扣 2 分</td><td></td><td></td></tr>
<tr><td colspan="8">年　　月　　日</td></tr>
</table>

训练项目十四　边沿 JK、D 触发器功能测试

一、项目描述

（1）在教学训练装置上，用 D 触发器 SN74LS74AN 完成功能测试任务，其引脚图如图 1-14-1 所示。

（2）将 D 触发器 SN74LS74AN 的 D 端与 $\overline{Q}$ 端连起来，观察输出 Q 状态，并记录 Q 的状态，画出波形图，说明是何种功能。

（3）在教学训练装置上，用 JK 触发器 SN74LS112AN 完成功能测试，其引脚图如图 1-14-2 所示。

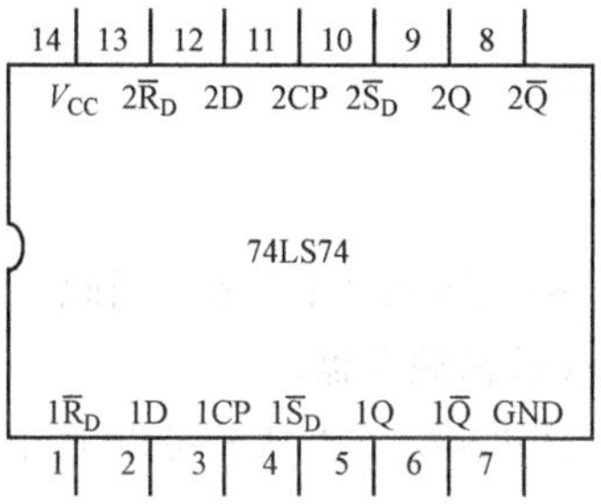

图 1-14-1　D 触发器 SN74LS74AN 引脚图

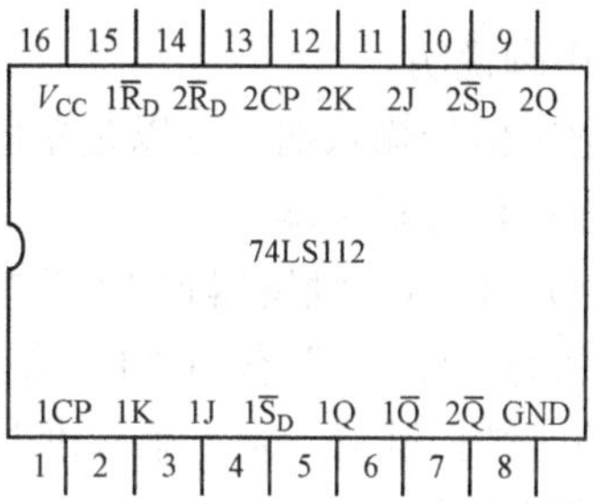

图 1-14-2　JK 触发器 SN74LS112AN 引脚图

二、教学目标

（1）熟记集成 D 触发器和 JK 触发器的逻辑功能及触发方式。

（2）学会训练装置的单脉冲和连续脉冲发生器的使用方法。

（3）具备 D 触发器和 JK 触发器接线、故障排查与测试能力。

（4）具有安全操作意识；具有团结合作、组织、语言表达、计划、实施与评价能力。

三、训练设备

训练设备包括电子技术综合实训装置、万用表、导线，如图 1-14-3 所示。

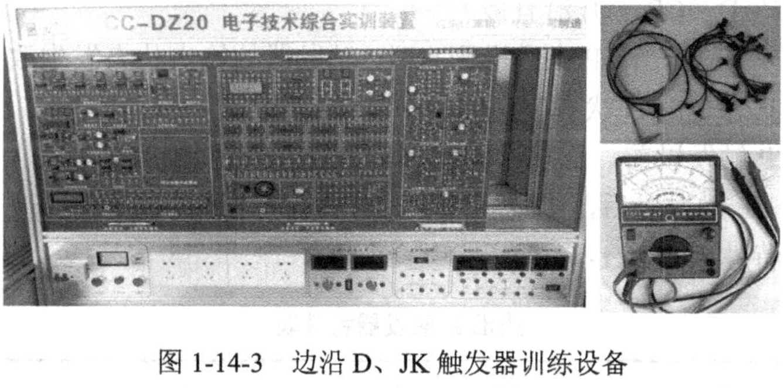

图 1-14-3　边沿 D、JK 触发器训练设备

四、教学实施

教学采用理实一体组织实施，教、学、做一体，学生分小组，同时展开学习与动手实践

教学过程。

五、学习与实操内容

触发器是具有记忆功能的单元电路。根据逻辑功能的不同，触发器可以分为D触发器、JK触发器、RS触发器；按照结构形式的不同，又可分为基本RS触发器、边沿触发器、同步触发器和主从触发器。由于边沿触发器抗干扰能力强，广泛应用于数字控制系统中，可以组成石英手表秒脉冲信号的分频器、抢答器、计数器等实用电子电路。边沿触发器主要有边沿D触发器（也称为维持—阻塞D触发器）、边沿JK触发器和CMOS边沿触发器。

1. 边沿D触发器

（1）符号。

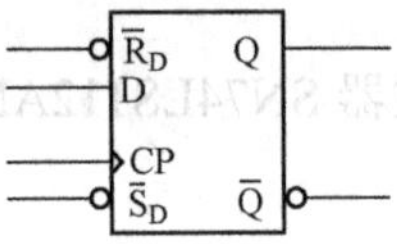

（2）引脚说明。

D—数字信号输入端，可以是单脉冲或一串脉冲。

Q、$\bar{Q}$—信号输出端。

若Q=0，$\bar{Q}$=1，触发器置“0”态；若Q=1，$\bar{Q}$=0，触发器置“1”态。因此，触发器有两个稳定状态，即“0”态和“1”态，故触发器也称为双稳态触发器。

CP为时钟控制端—是一串标准时间脉冲，像时钟一样准确。CP脉冲可以上升沿触发，也可以下降沿触发。

$\bar{R}_D$端—预置“0”端，直接控制触发器Q状态为0，$\bar{R}_D$低电平有效。“$\bar{R}_D$低电平有效”是指当$\bar{R}_D$=0时，使输出状态Q=0，$\bar{Q}$=1，即触发器预置“0”。触发器预置完成以后，$\bar{R}_D$端接高电平，或悬空。

$\bar{S}_D$端—预置“1”端，直接控制触发器Q为1，$\bar{S}_D$低电平有效。“$\bar{S}_D$低电平有效”是指当$\bar{S}_D$=0时，使输出状态Q=1，$\bar{Q}$=0，即触发器预置“1”。触发器预置完成以后，$\bar{S}_D$端接高电平，或悬空。

还有直流电源端和接地端。

（3）逻辑功能。

特性方程：Q^{n+1}=D（CP上升沿有效）

“CP上升沿有效”是指当CP上升沿到来时，触发器的输出状态发生改变，即Q状态 =D也就是说，触发器状态是由D状态决定的。

现态（Q^n）：CP触发以前，触发器的状态称为现态或初始状态。

次态（Q^{n+1}）：CP触发以后，触发器的状态称为次态或新状态。

（4）特性表。特性表见表1-14-1。

表1-14-1　　边沿D触发器特性表

$\bar{R}_D$	$\bar{S}_D$	CP	D	Q^n	Q^{n+1}
0	1	×	×	0	0
0	1	×	×	1	0

续表

$\overline{R}_D$	$\overline{S}_D$	CP	D	Q^n	Q^{n+1}
0	1	×	×	0	0
0	1	×	×	1	0
1	0	×	×	0	1
1	0	×	×	1	1
1	1	↑	0	0	0
1	1	↑	0	1	0
1	1	↑	1	0	1
1	1	↑	1	1	1

注 “×”是指任意值。

（5）组成计数器功能。D 触发器可以构成计数功能，如图 1-14-4 所示为 D 触发器计数功能连接图。

特性方程：$Q^{n+1}=D=\overline{Q^n}$（计数功能）。

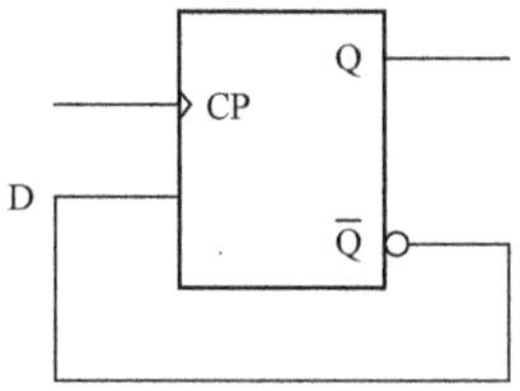

图 1-14-4　D 触发器计数功能连接图

计数就是累计 CP 脉冲的个数。

2. 边沿 JK 触发器

（1）符号。

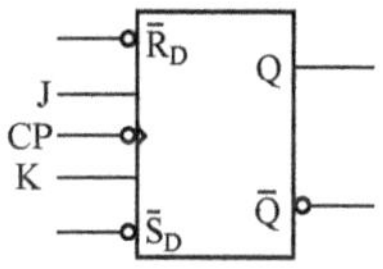

（2）引脚说明。

J、K 为输入端。

CP 时钟控制端，下降沿触发。

$\overline{R}_D$ 端—预置“0”端，直接控制触发器 Q 状态为 0，$\overline{R}_D$ 低电平有效。

$\overline{S}_D$ 端—预置“1”端，直接控制触发器 Q 为 1，$\overline{S}_D$ 低电平有效。

直流电源端和接地端。

（3）逻辑功能。边沿 JK 触发器逻辑功能见表 1-14-2。

表 1-14-2　　边沿 JK 触发器逻辑功能表

$\overline{R}_D$	$\overline{S}_D$	CP	J	K	Q^n	Q^{n+1}	功能
0 0	1 1	× ×	× ×	× ×	0 1	0 0	直接置 0
1 1	0 0	× ×	× ×	× ×	0 1	1 1	直接置 1
1 1	1 1	↓ ↓	0 0	0 0	0 1	0 1	$Q^{n+1}=Q^n$，保持
1 1	1 1	↓ ↓	0 0	1 1	0 1	0 0	Q^{n+1}=J，置 0
1 1	1 1	↓ ↓	1 1	0 0	0 1	1 1	Q^{n+1}=J，置 1
1 1	1 1	↓ ↓	1 1	1 1	0 1	1 0	$Q^{n+1}=\overline{Q^n}$，计数

（4）特性方程。

$$Q^{n+1}=J\overline{Q^n}+\bar{K}Q^n$$（CP 下降沿有效）

3. 实操步骤

（1）按照 D 触发器引脚图，将 D 触发器 SN74LS74AN 的 14 脚接直流电源+5V，7 脚接直流电源负极（接地），CP 脉冲接 3 脚，2 脚接输入端 D，D 端接逻辑开关模块，1、4 脚均接逻辑开关模块，通过开关给出高低电平，5 脚接发光二极管指示灯模块，灯亮为“1”，灯不亮为“0”。接好电路，检查无误后，对 D 触发器进行功能测试，按照功能表给定信号，并测试 Q 状态，记录数据。

（2）将 D 触发器 SN74LS74AN 的 D 端与 $\bar{Q}$ 端连起来，通过 CP 端发出一个、一个单脉冲，观察 D 触发器输出端 Q 状态，并记录 Q 的状态，画出波形图，说明是何种功能。

（3）用同样方法，按照 JK 触发器引脚图，测试 JK 触发器的功能，记录 Q 状态数据。

训练项目十四　任　务　单

《电子产品安装与调试（第二版）》

训练项目十四 边沿 JK、D 触发器功能测试	姓名	学号	班级	组别	成绩

教学目标：

（1）熟记集成 D 触发器和 JK 触发器的逻辑功能及触发方式。

（2）学会训练装置的单脉冲和连续脉冲发生器的使用方法。

（3）具备 D 触发器和 JK 触发器接线、故障排查与测试能力。

（4）具有安全操作意识；具有团结合作、组织、语言表达、计划、实施与评价能力。

项目描述：

（1）在教学训练装置上，用 D 触发器 SN74LS74AN 完成功能测试任务，其引脚图如图 1-14-1 所示。

（2）将 D 触发器 SN74LS74AN 的 D 端与 $\overline{Q}$ 端连起来，观察输出 Q 状态，并记录 Q 的状态，画出波形图，说明是何种功能。

（3）在教学训练装置上，用 JK 触发器 SN74LS112AN 完成功能测试，其引脚图如图 1-14-2 所示。

（4）完成小组任务分工计划、实施计划、自我评价、互评、总结报告。

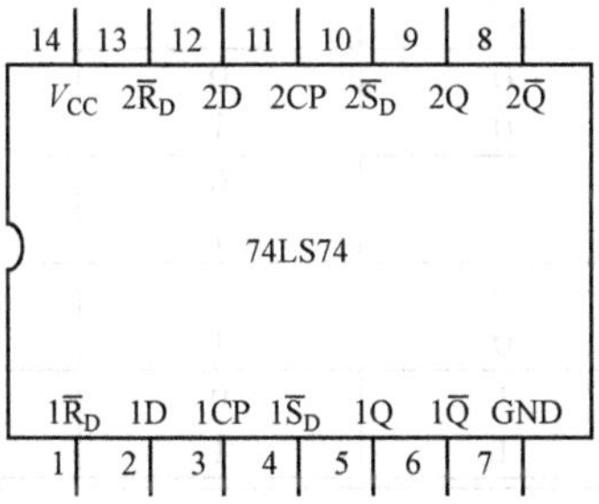

图 1-14-1　D 触发器 SN74LS74AN 引脚图

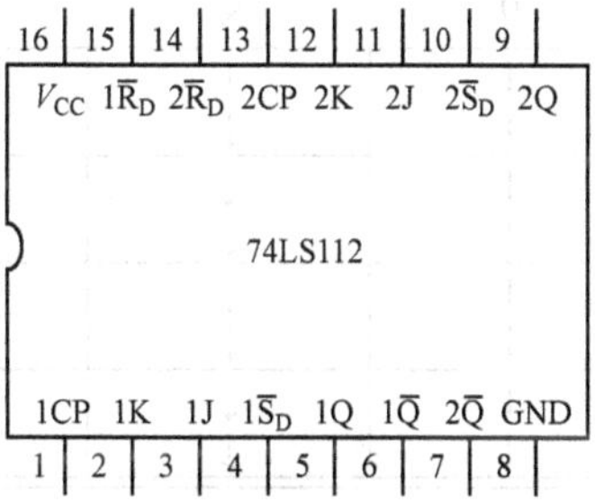

图 1-14-2　JK 触发器 SN74LS112AN 引脚图

训练项目十四 计 划 单

《电子产品安装与调试（第二版）》

姓名	任务分工	安装工具测试仪表与仪器	名称	功能

一、D 触发器功能测试数据

$\overline{R}_D$	$\overline{S}_D$	CP	D	Q^n	Q^{n+1}
0	1	×	×	0	
0	1	×	×	1	
1	0	×	×	0	
1	0	×	×	1	
1	1	↑	0	0	
1	1	↑	0	1	
1	1	↑	1	0	
1	1	↑	1	1	

二、将 D 端与 $\overline{Q}$ 端连起来，若 CP 加入连续脉冲，观察输出 Q 状态，并记录 Q 的状态，画出波形图，说明是何功能？

$\overline{R}_D$	$\overline{S}_D$	CP	Q
1	1	↑	0
1	1	↑	
1	1	↑	
1	1	↑	

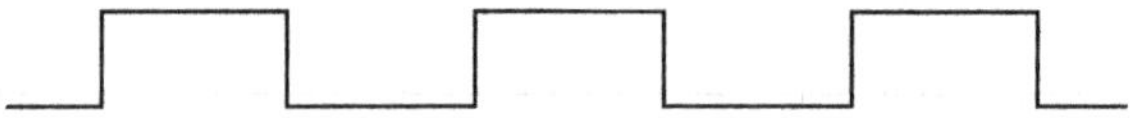

三、JK 触发器功能测试数据

$\overline{R}_D$	$\overline{S}_D$	CP	J	K	Q^n	Q^{n+1}
0	1	×	×	×	0	
0	1	×	×	×	1	
1	0	×	×	×	0	
1	0	×	×	×	1	
1	1	↓	0	0	0	
1	1	↓	0	0	1	
1	1	↓	0	1	0	
1	1	↓	0	1	1	
1	1	↓	1	0	0	
1	1	↓	1	0	1	
1	1	↓	1	1	0	
1	1	↓	1	1	1	

过程记录				
	记录员签名		日期	

训练项目十四　评　价　单

《电子产品安装与调试（第二版）》

<table>
<tr><td>班级</td><td></td><td>姓名</td><td></td><td>学号</td><td></td><td>组别</td><td></td></tr>
<tr><td colspan="6">训练项目十四　边沿 JK、D 触发器功能测试</td><td>小组自评</td><td>教师评价</td></tr>
<tr><td colspan="5">评分标准</td><td>配分</td><td>得分</td><td>得分</td></tr>
<tr><td rowspan="6">一、按图接线与知识的掌握
40 分</td><td colspan="4">（1）会电路原理分析</td><td>12</td><td></td><td></td></tr>
<tr><td colspan="4">（2）正确排列集成芯片 74LS74、双 JK 触发器引脚，并接线正确</td><td>8</td><td></td><td></td></tr>
<tr><td colspan="4">（3）有虚接、漏接、错接每处扣 2 分</td><td>10</td><td></td><td></td></tr>
<tr><td colspan="4">（4）接线时损坏芯片扣 10 分</td><td></td><td></td><td></td></tr>
<tr><td colspan="4">（5）接线时损坏芯片扣 10 分</td><td></td><td></td><td></td></tr>
<tr><td colspan="4">（6）知识的掌握</td><td>10</td><td></td><td></td></tr>
<tr><td rowspan="5">二、调试
30 分</td><td colspan="4">（1）会用实训装置单脉冲和连续脉冲触发器</td><td>10</td><td></td><td></td></tr>
<tr><td colspan="4">（2）调试正确</td><td>10</td><td></td><td></td></tr>
<tr><td colspan="4">（3）电源接线正确</td><td>10</td><td></td><td></td></tr>
<tr><td colspan="4">（4）电源短路、烧坏芯片各扣 10 分</td><td></td><td></td><td></td></tr>
<tr><td colspan="4">（5）带电接线、拆线每次扣 5 分</td><td></td><td></td><td></td></tr>
<tr><td rowspan="2">三、协作组织
10 分</td><td colspan="4">（1）小组在接线调试过程中，出勤、团结协作，制定分工计划，分工明确，完成任务</td><td>10</td><td></td><td></td></tr>
<tr><td colspan="4">（2）不动手，不协作，扣 5 分</td><td></td><td></td><td></td></tr>
<tr><td>四、汇报与分析报告
10 分</td><td colspan="4">项目完成后，能够正确分析与总结</td><td>10</td><td></td><td></td></tr>
<tr><td rowspan="3">五、安全文明意识
10 分</td><td colspan="4">（1）不遵守操作规程扣 4 分</td><td rowspan="3">10</td><td></td><td></td></tr>
<tr><td colspan="4">（2）不清理现场扣 4 分</td><td></td><td></td></tr>
<tr><td colspan="4">（3）不讲文明礼貌扣 2 分</td><td></td><td></td></tr>
<tr><td colspan="8">

年　　月　　日</td></tr>
</table>

训练项目十五 三人抢答器接线与调试

一、项目描述

在教学训练装置上，按照图 1-15-1～图 1-15-3 进行接线。

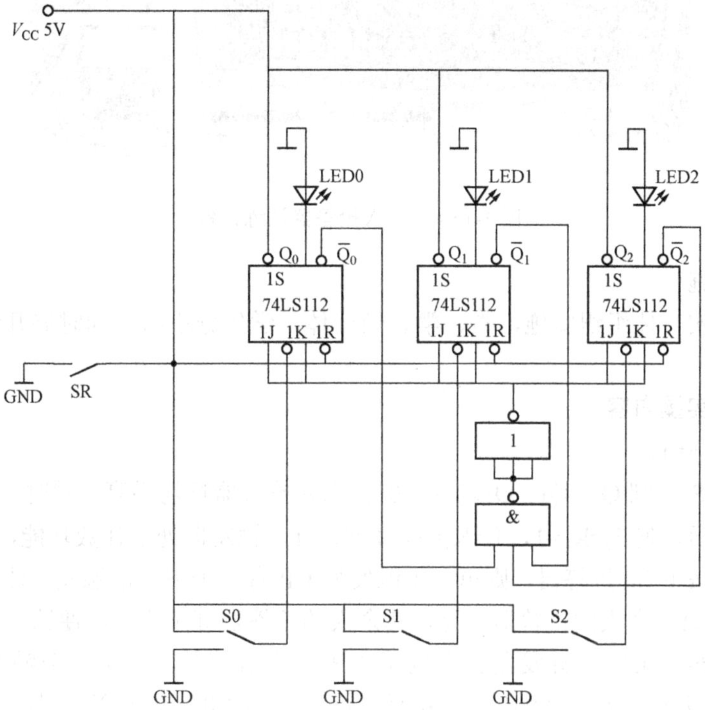

图 1-15-1 三人抢答器原理图

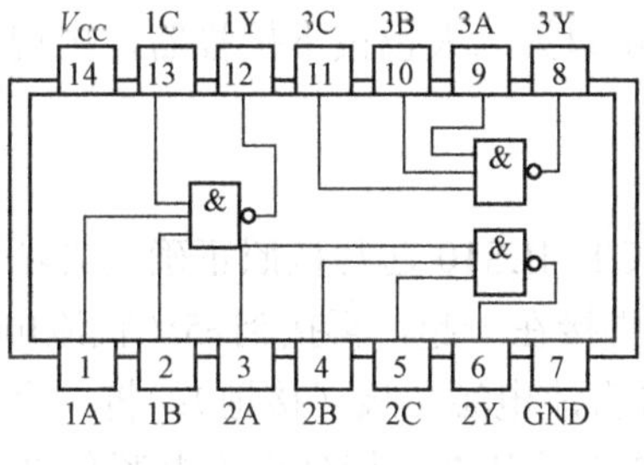

图 1-15-2 三输入与非门 CT74LS10 引脚图

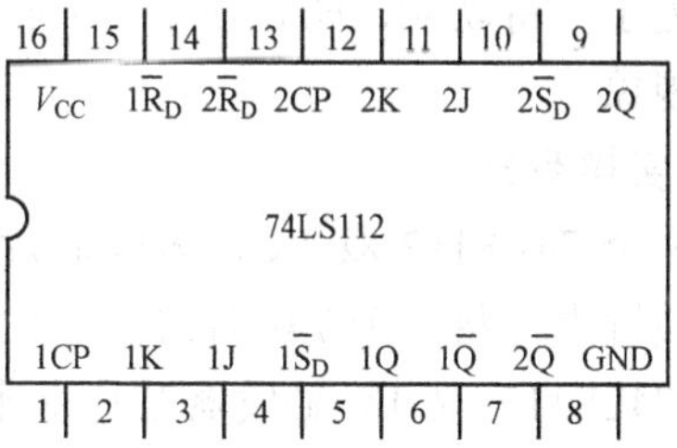

图 1-15-3 JK 触发器 SN74LS112AN 引脚图

二、教学目标

（1）会三人抢答器电路原理分析。

（2）能够借助集成手册查阅 74LS112 双 JK 触发器引脚图及功能。

（3）能够正确在教学训练装置上，完成电路的接线与调试，并能够查线、排查故障。

（4）具有安全操作意识；具有团结合作、组织、语言表达、计划、实施与评价能力。

三、训练设备

训练设备包括电子技术综合实训装置、万用表、导线、三个 74LS112 双 JK 触发器芯片、两个与非门 CT74LS10 芯片，如图 1-15-4 所示。

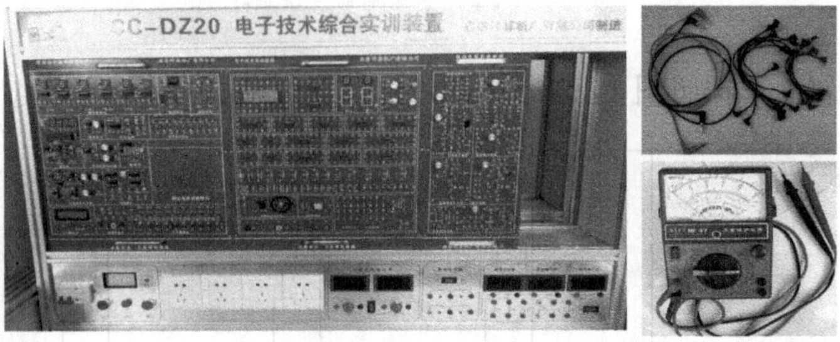

图 1-15-4 三人抢答器训练设备

四、教学实施

教学采用理实一体组织实施，教、学、做一体，学生分小组，同时展开学习与动手实践教学过程。

五、学习与实操内容

1. 工作原理分析

按下复位键 S_R，则 Q_0、Q_1、Q_2 均为“0”，三人抢答器灯均不亮。同时，$\overline{Q}_0=\overline{Q}_1=\overline{Q}_2=1$，经过两个与非门后，使 $J_0=K_0=1$，$J_1=K_1=1$，$J_2=K_2=1$，触发器处于计数功能，为抢答做准备。

若第一个人按下 S0 抢答器，则第一个触发器 CP 有一个下降沿触发，使得第一个触发器翻转，即 $Q_0=1$，第一个人的抢答器灯亮，其余人的抢答器灯不亮。即便第二人在第一人之后也按下 S1 抢答器，第二个触发器也得到了 CP 下降沿触发，但第二个触发器的功能此时已经变成了保持功能，第二个触发器 Q_1 要维持原来的“0”态不变，因此，第二个抢答器灯不会亮。

原因分析如下：当 $Q_0=1$ 时，$\overline{Q}_0=0$，经过两个与非门，使得 $J_0=K_0=0$，$J_1=K_1=0$，$J_2=K_2=0$，触发器处于保持功能，防止在第一人按下抢答器时，随即第二人也按下抢答器，出现两个灯均亮的现象。

2. 实操步骤

将两个 74LS112 双 JK 触发器芯片、一个与非门 CT74LS10 芯片按照正确的方法插在教学实训装置上；将三个 74LS112 双 JK 触发器芯片 16 脚接在一起，再接到+5V 直流电源上；将两个 74LS112 双 JK 触发器芯片 8 脚接在一起再接直流电源负极（接地）；将一个与非门 CT74LS10 芯片 14 脚接到+5V 直流电源上；将 CT74LS10 芯片 7 脚接到直流电源负极（接地）上；将三个触发器 CP 端引脚分别接在三个逻辑开关输出；将三个触发器 Q 输出分别接在实训装置的三个电平指示灯上；其余的接线请小组协助完成。

训练项目十五　任　务　单

《电子产品安装与调试（第二版）》

训练项目十五 三人抢答器接线与调试	姓名	学号	班级	组别	成绩

教学目标：

（1）会三人抢答器电路原理分析。

（2）能够借助集成手册查阅 74LS112 双 JK 触发器引脚图及功能。

（3）能够正确在教学训练装置上，完成电路的接线与调试，能查线、排查故障。

（4）具有安全意识；具有团结合作、组织、语言表达、计划、实施与评价能力。

项目描述：

（1）在教学训练装置上，按照图 1-15-1～图 1-15-3 进行接线与调试。

（2）完成小组任务分工计划、实施计划、自我评价、互评、总结报告。

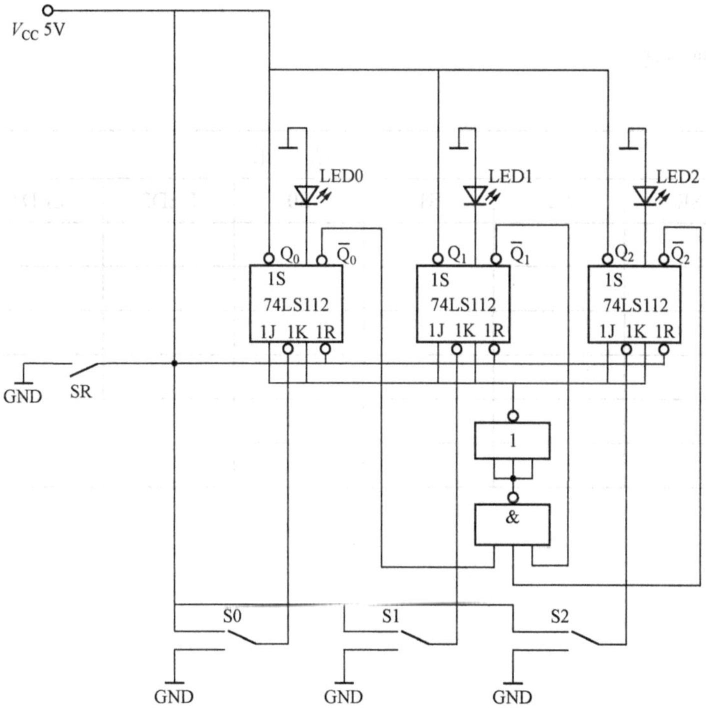

图 1-15-1　三人抢答器原理图

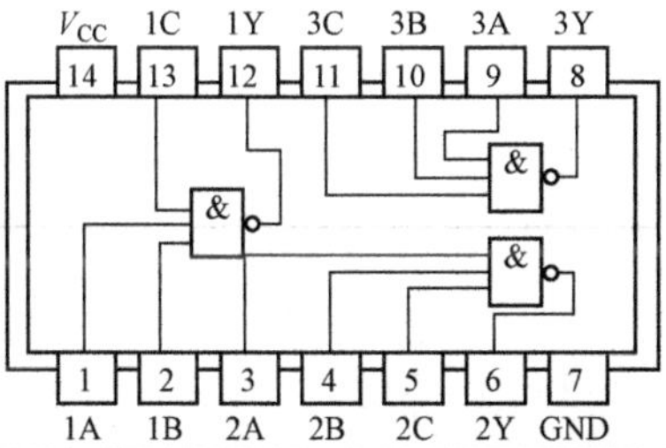

图 1-15-2　与非门 CT74LS10 引脚图

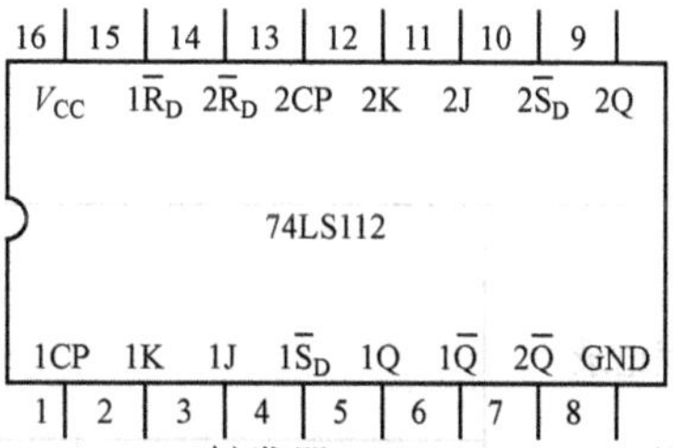

图 1-15-3　JK 触发器 SN74LS112AN 引脚图

训练项目十五 计 划 单

《电子产品安装与调试（第二版）》

姓名	任务分工	安装工具 测试仪表 与仪器	名称	功能

一、三人抢答器工作原理

二、调试过程数据记录

调试顺序	结 果						
	SR	S2	S1	S0	LED2	LED1	LED0

三、总结报告

过程记录			
	记录员签名		日期	

训练项目十五　评　价　单

《电子产品安装与调试（第二版）》

班级		姓名		学号		组别	

<table>
<tr><td colspan="3">训练项目十五　三人抢答器接线与调试</td><td>小组自评</td><td>教师评价</td></tr>
<tr><td colspan="2">评分标准</td><td>配分</td><td>得分</td><td>得分</td></tr>
<tr><td rowspan="6">一、按图接线与知识的掌握
40 分</td><td>（1）会电路原理分析</td><td>12</td><td></td><td></td></tr>
<tr><td>（2）正确排列集成芯片 74LS74、双 JK 触发器引脚，并接线正确</td><td>8</td><td></td><td></td></tr>
<tr><td>（3）有虚接、漏接、错接每处扣 2 分</td><td>10</td><td></td><td></td></tr>
<tr><td>（4）接线时损坏芯片扣 10 分</td><td></td><td></td><td></td></tr>
<tr><td>（5）接线时损坏芯片扣 10 分</td><td></td><td></td><td></td></tr>
<tr><td>（6）知识的掌握</td><td>10</td><td></td><td></td></tr>
<tr><td rowspan="5">二、调试
30 分</td><td>（1）会用实训装置的单脉冲和连续脉冲触发器</td><td>10</td><td></td><td></td></tr>
<tr><td>（2）调试正确</td><td>10</td><td></td><td></td></tr>
<tr><td>（3）电源接线正确</td><td>10</td><td></td><td></td></tr>
<tr><td>（4）电源短路、烧坏芯片各扣 10 分</td><td></td><td></td><td></td></tr>
<tr><td>（5）带电接线、拆线每次扣 5 分</td><td></td><td></td><td></td></tr>
<tr><td rowspan="2">三、协作组织
10 分</td><td>（1）小组在接线调试过程中，出勤、团结协作，制定分工计划，分工明确，完成任务</td><td>10</td><td></td><td></td></tr>
<tr><td>（2）不动手，不协作，扣 5 分</td><td></td><td></td><td></td></tr>
<tr><td>四、汇报与分析报告
10 分</td><td>任务完成后，能够正确分析与总结</td><td>10</td><td></td><td></td></tr>
<tr><td rowspan="3">五、安全文明意识
10 分</td><td>（1）不遵守操作规程扣 4 分</td><td rowspan="3">10</td><td></td><td></td></tr>
<tr><td>（2）不清理现场扣 4 分</td><td></td><td></td></tr>
<tr><td>（3）不讲文明礼貌扣 2 分</td><td></td><td></td></tr>
<tr><td colspan="5">

年　　月　　日</td></tr>
</table>

训练项目十六　74LS138、74LS42 译码器功能测试

一、项目描述

在教学训练装置上，按照图 1-16-1、图 1-16-2 进行功能测试。

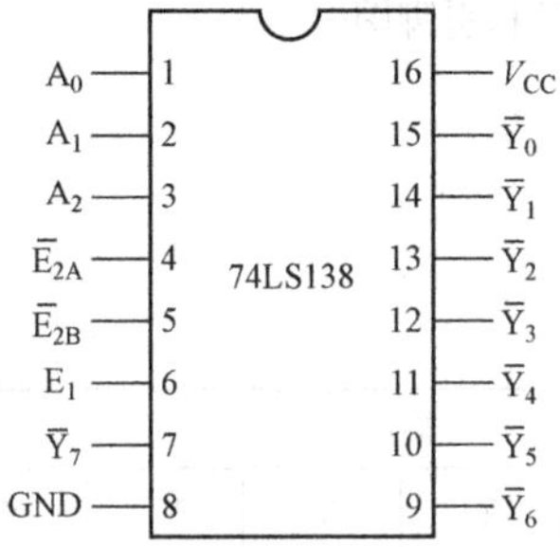

图 1-16-1　74LS138 译码器引脚图

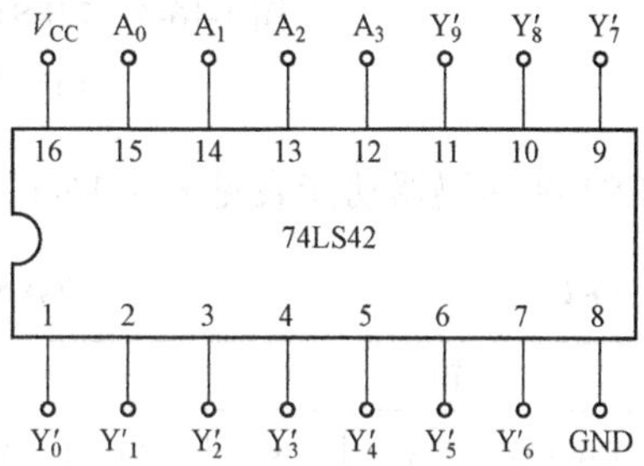

图 1-16-2　74LS42 译码器引脚图

二、教学目标

（1）学会 74LS138 译码器芯片逻辑功能测试方法。

（2）学会 74LS42 芯片使用方法和测试方法。

（3）能够借助集成手册查阅 74LS138、74LS42 引脚图及功能。

（4）具有安全操作意识；具有团结合作、组织、语言表达、计划、实施与评价能力。

三、训练设备

训练设备包括电子技术综合实训装置、万用表、导线、译码器 74LS138 芯片、译码器 74LS42 芯片，如图 1-16-3 所示。

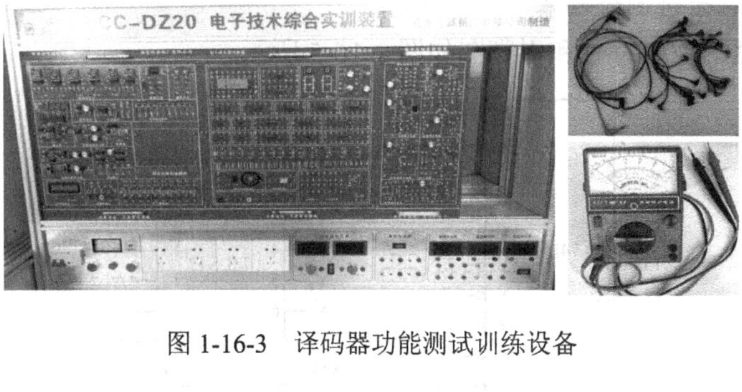

图 1-16-3　译码器功能测试训练设备

四、教学实施

教学采用理实一体组织实施，教、学、做一体，学生分小组，同时展开学习与动手实践教学过程。

五、学习与实操内容

1．74LS138 译码器

74LS138 译码器的逻辑符号和引脚图如图 1-16-4 所示。

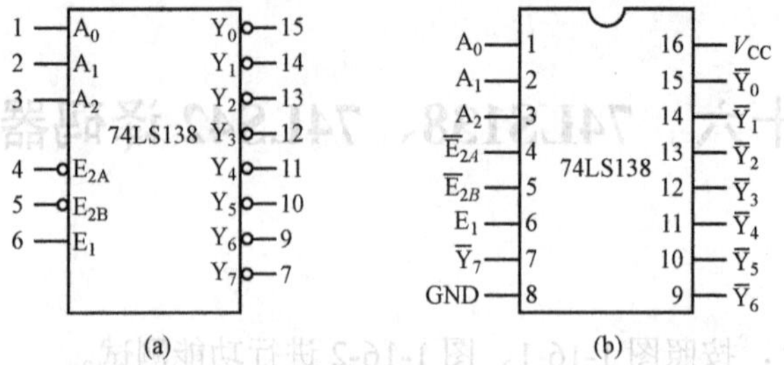

图 1-16-4　74LS138 译码器的逻辑符号和引脚图

（a）逻辑符号；（b）引脚图

74LS138 译码器功能表见表 1-16-1。

表 1-16-1　　　　74LS138 译码器功能表

输入					输出							
E_1	$E_{2A}+E_{2B}$	A_2	A_1	A_0	$\overline{Y}_7$	$\overline{Y}_6$	$\overline{Y}_5$	$\overline{Y}_4$	$\overline{Y}_3$	$\overline{Y}_2$	$\overline{Y}_1$	$\overline{Y}_0$
×	1	×	×	×	1	1	1	1	1	1	1	1
0	×	×	×	×	1	1	1	1	1	1	1	1
1	0	0	0	0	1	1	1	1	1	1	1	0
1	0	0	0	1	1	1	1	1	1	1	0	1
1	0	0	1	0	1	1	1	1	1	0	1	1
1	0	0	1	1	1	1	1	1	0	1	1	1
1	0	1	0	0	1	1	1	0	1	1	1	1
1	0	1	0	1	1	1	0	1	1	1	1	1
1	0	1	1	0	1	0	1	1	1	1	1	1
1	0	1	1	1	0	1	1	1	1	1	1	1

2. 74LS42 二—十进制译码器

74LS42 译码器的逻辑符号和引脚图如图 1-16-5 所示。

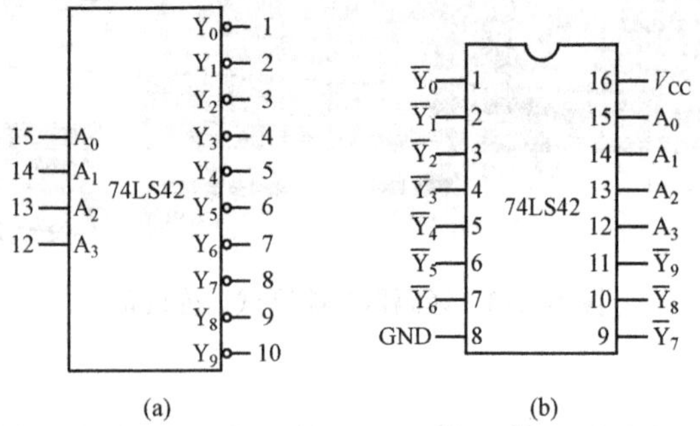

图 1-16-5　74LS42 译码器的逻辑符号和引脚图

（a）逻辑符号；（b）引脚图

74LS42 译码器真值表见表 1-16-2。

表 1-16-2　　　　74LS42 译码器真值表

序号	A_3	A_2	A_1	A_0	$\overline{Y}_0$	$\overline{Y}_1$	$\overline{Y}_2$	$\overline{Y}_3$	$\overline{Y}_4$	$\overline{Y}_5$	$\overline{Y}_6$	$\overline{Y}_7$	$\overline{Y}_8$	$\overline{Y}_9$
0	0	0	0	0	0	1	1	1	1	1	1	1	1	1
1	0	0	0	1	1	0	1	1	1	1	1	1	1	1
2	0	0	1	0	1	1	0	1	1	1	1	1	1	1
3	0	0	1	1	1	1	1	0	1	1	1	1	1	1
4	0	1	0	0	1	1	1	1	0	1	1	1	1	1
5	0	1	0	1	1	1	1	1	1	0	1	1	1	1
6	0	1	1	0	1	1	1	1	1	1	0	1	1	1
7	0	1	1	1	1	1	1	1	1	1	1	0	1	1
8	1	0	0	0	1	1	1	1	1	1	1	1	0	1
9	1	0	0	1	1	1	1	1	1	1	1	1	1	0
伪码	1	0	1	0	1	1	1	1	1	1	1	1	1	1
	1	0	1	1	1	1	1	1	1	1	1	1	1	1
	1	1	0	0	1	1	1	1	1	1	1	1	1	1
	1	1	0	1	1	1	1	1	1	1	1	1	1	1
	1	1	1	0	1	1	1	1	1	1	1	1	1	1
	1	1	1	1	1	1	1	1	1	1	1	1	1	1

3. 实操步骤

（1）按照 74LS138 译码器引脚图，将其 16 脚接直流电源+5V，8 脚接直流电源负极（接地），控制端 E1（6 脚）接逻辑开关高电平，控制端 $\overline{E}_{2A}$、$\overline{E}_{2B}$（2 脚、3 脚）接逻辑开关低电平，地址输入端 A2A1A0 通过逻辑开关输出模块接入，按照功能表给定信号进行输入，8 个输出信号分别接在信号指示模块，通过发光二极管亮与灭，说明输出是高电平，还是低电平。注意 74LS138 译码器输出低电平有效。按照 74LS138 译码器功能表进行测试，记录数据。

（2）按照 74LS42 译码器引脚图，将其 16 脚接直流电源+5V，8 脚接直流电源负极（接地），地址输入端 A3A2A1A0 通过逻辑开关输出模块接入，按照真值表给定信号进行输入，10 个输出信号分别接在信号指示模块，通过发光二极管亮与灭，说明输出是高电平，还是低电平。注意 74LS42 译码器输出低电平有效。 按照 74LS42 译码器真值表进行测试，记录数据。

训练项目十六　任　务　单

《电子产品安装与调试（第二版）》

训练项目十六 74LS138、74LS42 译码器功能测试	姓名	学号	班级	组别	成绩

教学目标：
（1）学会 74LS138 译码器芯片逻辑功能测试方法。
（2）学会 74LS42 芯片使用方法和测试方法。
（3）能够借助集成手册查阅 74LS138、74LS42 引脚图及功能。
（4）具有安全操作意识；具有团结合作、组织、语言表达、计划、实施与评价能力。

项目描述：
（1）在教学训练装置上，按照图 1-16-1、图 1-16-2 进行功能测试。
（2）完成小组任务分工计划、实施计划、自我评价、互评、总结报告。

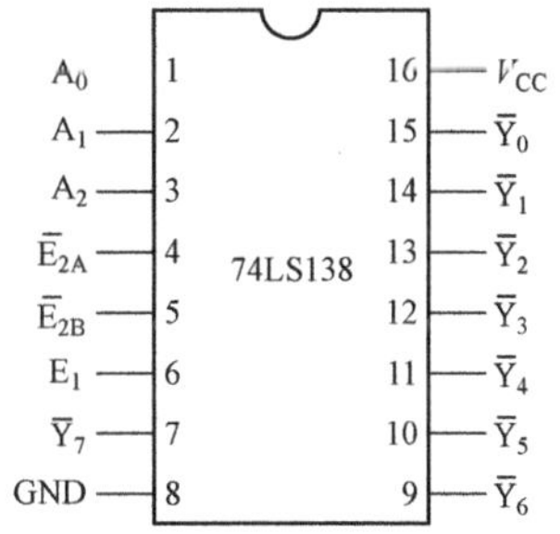

图 1-16-1　译码器 74LS138 引脚图

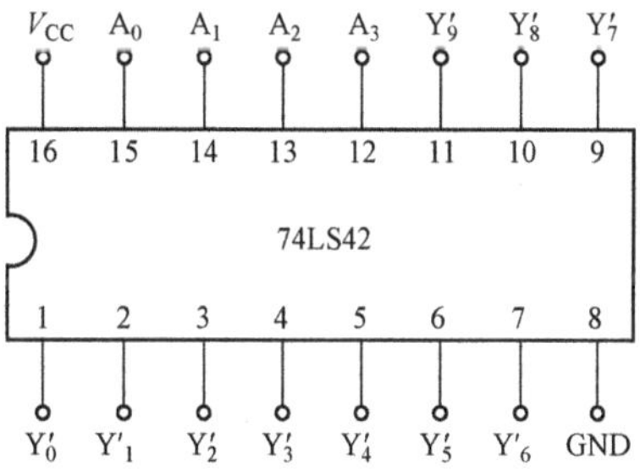

图 1-16-2　译码器 74LS42 引脚图

训练项目十六 计 划 单

《电子产品安装与调试（第二版）》

姓名	任务分工	安装工具 测试仪表 与仪器	名称	功能

一、任务实施步骤

二、74LS138、74LS42 译码器功能测试数据（自己列表记录数据）

三、总结报告

过程记录				
	记录员签名		日期	

训练项目十六　评　价　单

《电子产品安装与调试（第二版）》

班级		姓名		学号		组别	
训练项目十六　74LS138、74LS42 译码器功能测试						小组自评	教师评价
评分标准					配分	得分	得分
一、按图接线与知识的掌握 40 分	（1）芯片功能思路清晰				10		
	（2）正确排列 74LS138 译码器和 74LS20 芯片引脚，并接线正确				20		
	（3）知识掌握				10		
二、调试 30 分	（1）74LS138 译码器和 74LS20 译码器逻辑功能测试正确				20		
	（2）会查线，排查故障				10		
	（3）电源短路、烧坏芯片各扣 10 分						
	（4）带电接线、拆线每次扣 5 分						
三、协作组织 10 分	（1）小组在接线调试过程中，出勤、团结协作，制定分工计划，分工明确，完成任务				10		
	（2）不动手，不协作，扣 5 分						
四、汇报与分析报告 10 分	任务完成后，能够正确分析与总结				10		
五、安全文明意识 10 分	（1）不遵守操作规程扣 4 分				10		
	（2）不清理现场扣 4 分						
	（3）不讲文明礼貌扣 2 分						
年　　月　　日							

训练项目十七 CD4511 七段译码器功能测试与 74LS138 译码器应用

* CD4511 七段译码器功能测试。

* 用 74LS138 译码器、与非门设计监视三台电动机故障情况的电路，并完成接线与调试。设计要求：设用红、绿指示灯进行监视，电动机出故障为“1”，无故障正常运行时为“0”；指示灯亮为“1”，指示灯不亮为“0”。当三台电动机均出现故障时，黄、绿指示灯均亮；当两台电动机均出现故障时，红灯亮；当 1 台电动机出现故障时，绿灯亮。

一、项目描述

（1）在教学实训装置上，用 CD4511 七段译码器驱动共阴极 LED（数码管）显示器，完成其接线与功能测试，CD4511 七段译码器引脚图与 LED 数码显示器如图 1-17-1 所示。

（2）用 74LS138 译码器、与非门 74LS20 芯片设计一个用红、绿灯监视三台电动机故障情况的电路，并完成接线与调试。74LS138 译码器、与非门 74LS20 芯片引脚图如图 1-17-2 所示。

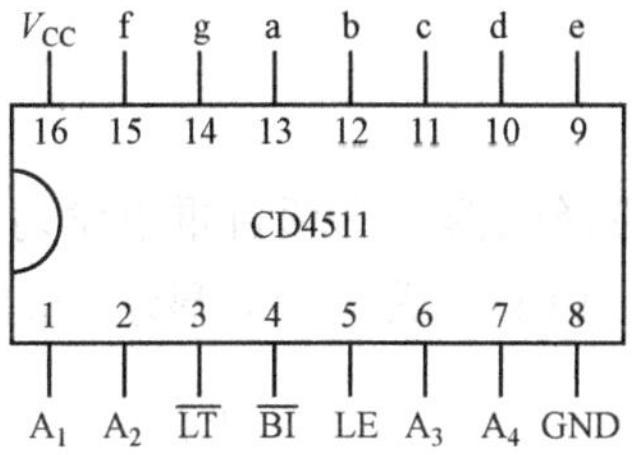

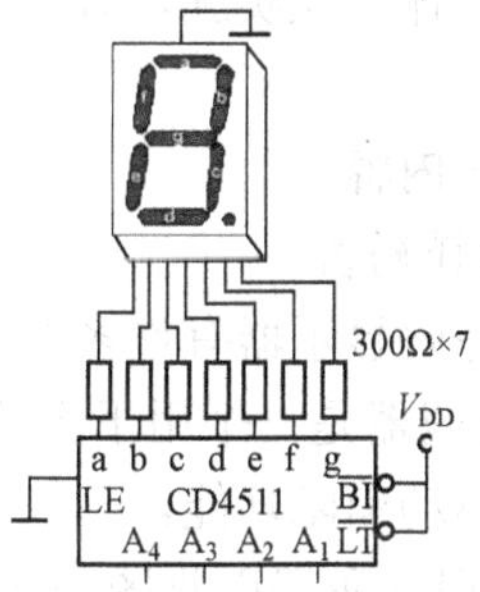

图 1-17-1 CD4511 七段译码器与 LED 数码显示器

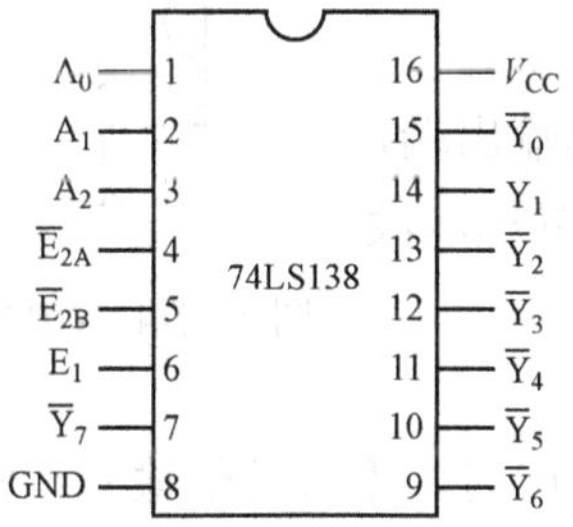

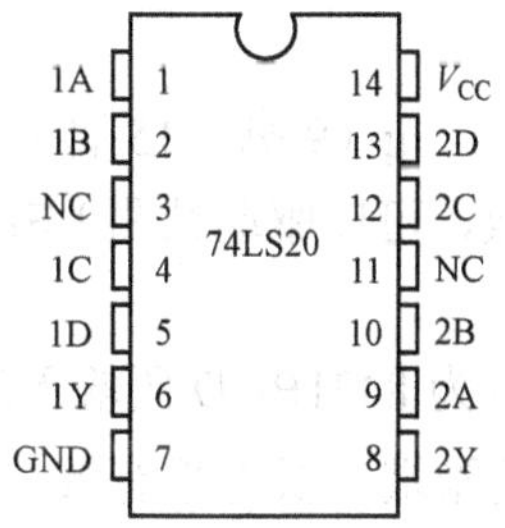

图 1-17-2 74LS138 译码器、与非门 74LS20 芯片引脚图

二、教学目标

（1）学会 CD4511 七段译码器逻辑功能测试方法。

（2）借助集成手册查阅 CD4511 七段译码器、74LS20 引脚图及功能。

（3）具备 CD4511 七段译码器功能测试能力。

（4）具有安全操作意识；具有团结合作、组织、计划、实施与评价能力。

三、训练设备

训练设备包括电子技术综合实训装置、万用表、导线、CD4511 七段译码器芯片、74LS138 译码器芯片、与非门 74LS20，如图 1-17-3 所示。

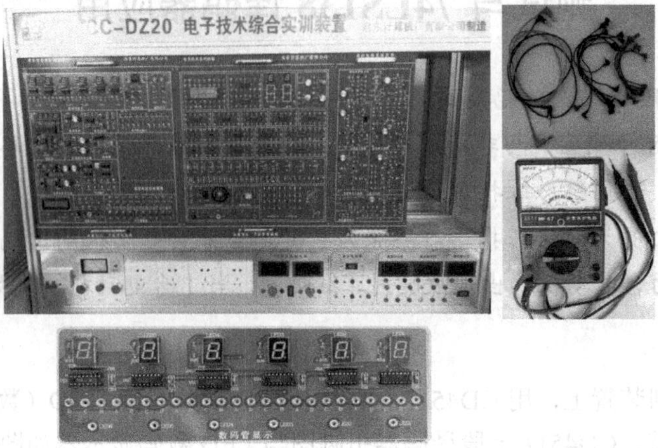

图 1-17-3 训练设备

四、教学实施

教学采用理实一体组织实施，教、学、做一体，学生分小组，同时展开学习与动手实践教学过程。

五、学习与实操内容

1. CD4511 七段译码器

配合各种七段译码显示器有许多专用的七段译码器，本项目重点学习 CD4511 七段译码器。CD4511 七段译码器是一个用于驱动共阴极 LED（数码管）显示器的七段译码器，具有锁存、七段译码及驱动消隐功能。

（1）CD4511 七段译码器引脚图。CD4511 七段译码器引脚图如图 1-17-4 所示。

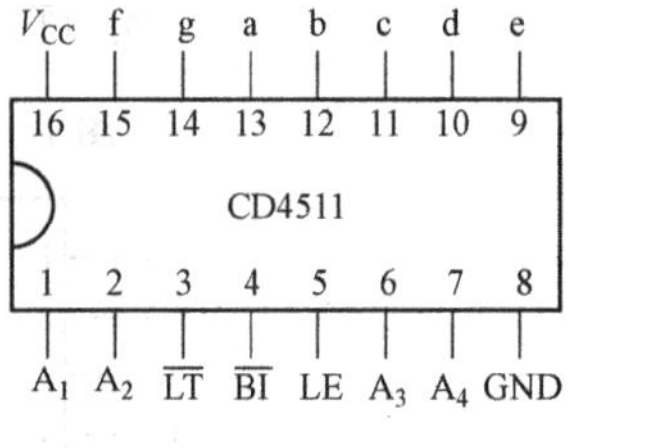

图 1-17-4 CD4511 七段译码器引脚图

（2）功能介绍。

a、b、c、d、e、f、g（9 脚～15 脚）为译码输出端，输出高电平“1”有效，可以驱动共阴 LED 数码管相应段发光。

A_1、A_2、A_3、A_4 为 8421BCD 码输入端。

$\overline{BI}$（4 脚）为消隐端，低电平有效。当 $\overline{BI}$=0 时，不管其他输入端状态如何，七段数码管均处于熄灭（消隐）状态，不显示数字。CD4511 七段译码器正常工作，正常显示时，$\overline{BI}$=1，应加高电平。

$\overline{LT}$（3 脚）为灯测试端。当 $\overline{BI}$=1，$\overline{LT}$=0 时，译码输出全为 1，不管输入 $A_4A_3A_2A_1$ 状态如何，七段显示器每一段均亮，显示“8”字形，用来检测七段数码管是否损坏。当 $\overline{BI}$=1，$\overline{LT}$=1 时，CD4511 七段译码器正常工作，根据输入 $A_4A_3A_2A_1$ 状态，驱动七段显示器正常显示。

LE（5 脚）为锁存控制端。当 LE=0 时，允许译码输出。当 LE=1 时，译码器是锁定保持状态，输出被保持在 LE=0 时的数值。

CD4511 七段译码器正常工作时，要求：$\overline{BI}$=1，$\overline{LT}$=1，LE=0。

（3）CD4511 七段译码器与数码管的连接方式。由于 CD4511 的 CMOS 电路能提供较大的拉电流，可以直接驱动 LED 显示器，也可在输入端与数码管笔段端接上限流电阻就可工作。若选用共阴极数码管，CD4511 七段译码器与数码管（LED）的连接方式如图 1-17-5 所示。

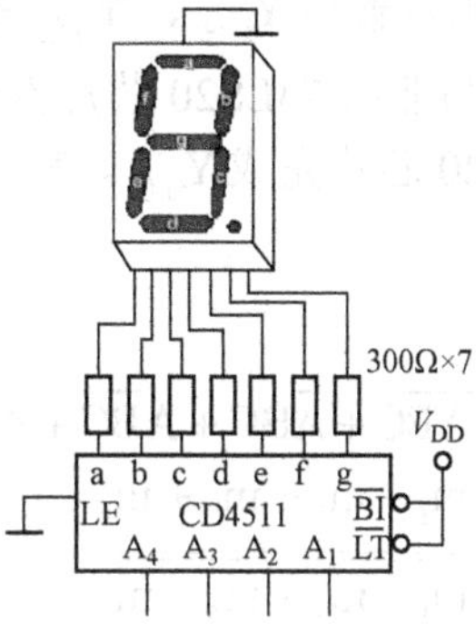

图 1-17-5　CD4511 七段译码器与数码管的连接图

（4）CD4511 七段译码器的真值表。CD4511 七段译码器的真值表见表 1-17-1。

表 1-17-1　　CD4511 七段译码器的真值表

输入							输出							
LE	$\overline{BI}$	$\overline{LT}$	A_4	A_3	A_2	A_1	a	b	c	d	e	f	g	显示
×	×	0	×	×	×	×	1	1	1	1	1	1	1	8
×	0	1	×	×	×	×	0	0	0	0	0	0	0	消隐
0	1	1	0	0	0	0	1	1	1	1	1	1	0	0
0	1	1	0	0	0	1	0	1	1	0	0	0	0	1
0	1	1	0	0	1	0	1	1	0	1	1	0	1	2
0	1	1	0	0	1	1	1	1	1	1	0	0	1	3
0	1	1	0	1	0	0	0	1	1	0	0	1	1	4
0	1	1	0	1	0	1	1	0	1	1	0	1	1	5
0	1	1	0	1	1	0	0	0	1	1	1	1	1	6
0	1	1	0	1	1	1	1	1	1	0	0	0	0	7
0	1	1	1	0	0	0	1	1	1	1	1	1	1	8
0	1	1	1	0	0	1	1	1	1	0	0	1	1	9
1	1	1	×	×	×	×	锁存							锁存

（5）实操步骤。按照 CD4511 七段译码器引脚图，将其 16 脚接直流电源+5V，8 脚接直流电源负极（接地），LE（5 脚）、$\overline{BI}$（4 脚）、$\overline{LT}$（3 脚）及 A_1（1 脚）、A_2（2 脚）、A_3（6 脚）、A_4（7 脚）分别接在逻辑开关模块。a、b、c、d、e、f、g（9 脚～15 脚）分别接在七段数码显示器上。通过 CD4511 真值表给出测试信号，记录七段数码显示器显示的数据。

2. 用 74LS138 译码器设计监视三台电动机故障情况的方法

（1）根据设计要求，列监视三台电动机故障情况真值表。设计要求是：设三台电动机分别用 A、B、C 来表示，用红、绿发光二极管作为指示灯进行监视，红色指示灯用 $Y_{红色}$ 来表示，绿色指示灯用 $Y_{绿色}$ 来表示。电动机出故障为“1”，无故障正常运行时为“0”；指示灯亮为“1”，指示灯不亮为“0”。当三台电动机均出现故障时，红色、绿色指示灯均亮；当两台电动机均出现故障时，红色指示灯亮；当 1 台电动机出现故障时，绿色指示灯亮。根据上述设计要求，列出真值表。

（2）根据所列真值表，分别写出双输出 $Y_{红色}$、$Y_{绿色}$ 逻辑函数表达式。

（3）用 74LS138 译码器芯片、与非门 74LS20 芯片设计电路。通过下面例题的学习，用 74LS138 译码器芯片、与非门 74LS20 芯片完成 $Y_{红色}$、$Y_{绿色}$ 逻辑函数的电路设计，画出 $Y_{红色}$、$Y_{绿色}$ 逻辑函数的电路图。

74LS138 译码器芯片应用例题：

$$
\begin{aligned}
Y &= \overline{A}\overline{B}C + \overline{A}BC + A\overline{B}C + AB\overline{C} \\
&= m_1 + m_3 + m_5 + m_6 \\
&= \overline{\overline{m_1 + m_3 + m_5 + m_6}} \\
&= \overline{\overline{m_1} \cdot \overline{m_3} \cdot \overline{m_5} \cdot \overline{m_6}} \\
&= \overline{\overline{Y_1} \cdot \overline{Y_3} \cdot \overline{Y_5} \cdot \overline{Y_6}}
\end{aligned}
$$

画接线图，如图 1-17-6 所示。

由此可见，采用一个 74LS138 译码器芯片和一个四输入的与非门，四输入的与非门由 $\overline{Y_1}$、$\overline{Y_3}$、$\overline{Y_5}$、$\overline{Y_6}$ 端引入，就可以实现 $Y = \overline{A}\overline{B}C + \overline{A}BC + A\overline{B}C + AB\overline{C}$ 逻辑函数。

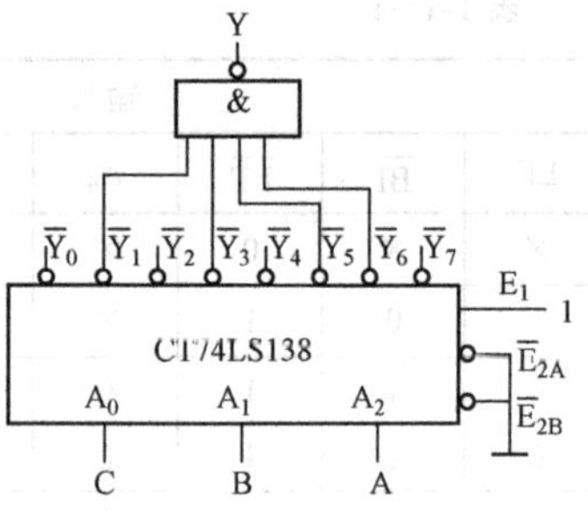

图 1-17-6　74LS138 译码器接线图

（4）按照所设计出的电路图接线、调试。

（5）实操步骤。按照图 1-17-2，将 74LS138 芯片的 16 脚接直流电源+5V，8 脚接直流电源负极（接地）；将与非门 74LS20 芯片的 14 脚接直流电源+5V，7 脚接直流电源负极（接地）。再将 74LS138 芯片的控制端 E1（6 脚）接逻辑开关高电平，控制端 $\overline{E}_{2A}$、$\overline{E}_{2B}$（2 脚、3 脚）接逻辑开关低电平。地址输入端 $A_2A_1A_0$=ABC，通过逻辑开关输出模块接入，按照自己设计的真值表给出 ABC 输入信号。两个输出信号 $Y_{红色}$、$Y_{绿色}$ 分别接在信号指示模块上，按照自己设计的真值表给出 ABC 输入信号，观察并记录输出信号 $Y_{红色}$、$Y_{绿色}$ 数据，判明正确与否。

训练项目十七　任　务　单

《电子产品安装与调试（第二版）》

训练项目十七 CD4511 七段译码器功能测试与 74LS138 译码器应用	姓名	学号	班级	组别	成绩

教学目标：

（1）学会 CD4511 七段译码器逻辑功能测试方法。

（2）借助集成手册查阅 CD4511、74LS20 引脚图及功能。

（3）具备 CD4511 七段译码器功能测试

（4）具有用 74LS138 译码器设计电路的能力，并能接线与调试。

（5）具有安全操作意识；具有团结合作、组织、计划、实施与评价能力。

项目描述：

（1）在教学实训装置上，用 CD4511 七段译码器驱动共阴极 LED（数码管）显示器，完成其接线与功能测试，CD4511 七段译码器引脚图与 LED 数码显示器如图 1-17-1 所示。

（2）用 74LS138 译码器、与非门 74LS20 芯片设计一个用红、绿灯监视三台电动机故障情况的电路，并完成接线与调试。设计要求：设用红、绿指示灯进行监视，电动机出故障为“1”，无故障正常运行时为“0”；指示灯亮为“1”，指示灯不亮为“0”。当三台电动机均出现故障时，红、绿指示灯均亮；当两台电动机均出现故障时，红灯亮；当 1 台电动机出现故障时，绿灯亮。74LS138 译码器、与非门 74LS20 芯片引脚图如图 1-17-2 所示。

（3）完成小组任务分工计划、实施计划、自我评价、互评、总结报告。

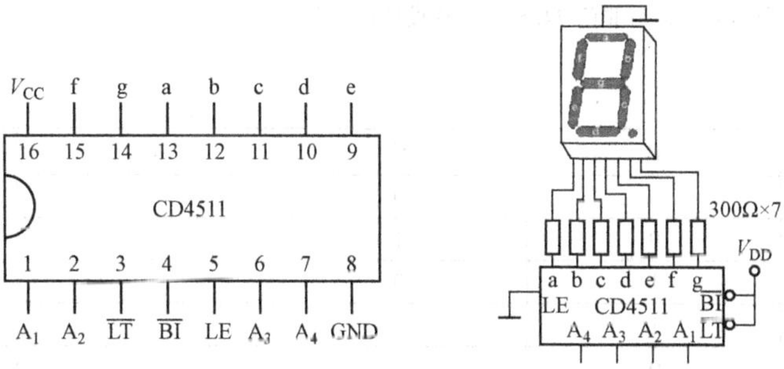

图 1-17-1　CD4511 七段译码器与 LED 数码显示器

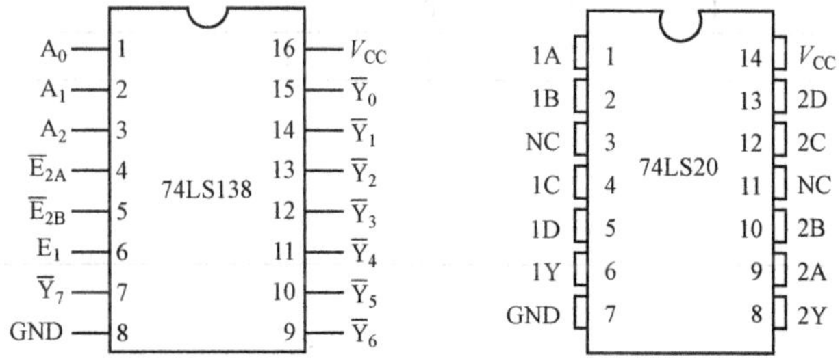

图 1-17-2　74LS138 译码器、与非门 74LS20 芯片引脚图

训练项目十七　计　划　单

《电子产品安装与调试（第二版）》

姓名	任务分工	安装工具 测试仪表	名称	功能

一、CD4511 七段译码器功能测试

输入							输出							
LE	$\overline{BI}$	$\overline{LT}$	A_4	A_3	A_2	A_1	a	b	c	d	e	f	g	测试结果显示
×	×	0	×	×	×	×	1	1	1	1	1	1	1	
×	0	1	×	×	×	×	0	0	0	0	0	0	0	
0	1	1	0	0	0	0	1	1	1	1	1	1	0	
0	1	1	0	0	0	1	0	1	1	0	0	0	0	
0	1	1	0	0	1	0	1	1	0	1	1	0	1	
0	1	1	0	0	1	1	1	1	1	1	0	0	1	
0	1	1	0	1	0	0	0	1	1	0	0	1	1	
0	1	1	0	1	0	1	1	0	1	1	0	1	1	
0	1	1	0	1	1	0	0	0	1	1	1	1	1	
0	1	1	0	1	1	1	1	1	1	0	0	0	0	
0	1	1	1	0	0	0	1	1	1	1	1	1	1	
0	1	1	1	0	0	1	1	1	1	0	0	1	1	

二、画出用 74LS138 译码器芯片、与非门 74LS20 芯片设计电路图

三、调试数据

A	B	C	$Y_{红}$	$Y_{绿}$
0	0	0		
0	0	1		
0	1	0		
0	1	1		
1	0	0		
1	0	1		
1	1	0		
1	1	1		

四、总结报告

过程记录				
	记录员签名		日期	

训练项目十七　评　价　单

《电子产品安装与调试（第二版）》

<table>
<tr><td>班级</td><td></td><td>姓名</td><td></td><td>学号</td><td></td><td>组别</td><td></td></tr>
</table>

<table>
<tr><td colspan="3">训练项目十七　CD4511 七段译码器功能测试与 74LS138 译码器应用</td><td>小组自评</td><td>教师评价</td></tr>
<tr><td colspan="2">评分标准</td><td>配分</td><td>得分</td><td>得分</td></tr>
<tr><td rowspan="6">一、按图接线与知识的掌握
40 分</td><td>（1）芯片功能测试方法正确</td><td>10</td><td></td><td></td></tr>
<tr><td>（2）正确排列 CD4511 七段译码器和 74LS20 芯片引脚，并接线正确</td><td>10</td><td></td><td></td></tr>
<tr><td>（3）设计正确，电路图正确</td><td>10</td><td></td><td></td></tr>
<tr><td>（4）按设计电路正确接线</td><td>10</td><td></td><td></td></tr>
<tr><td>（5）有虚接、漏接、错接每处扣 5 分</td><td></td><td></td><td></td></tr>
<tr><td>（6）接线时损坏芯片扣 10 分</td><td></td><td></td><td></td></tr>
<tr><td rowspan="4">二、调试
30 分</td><td>（1）独立完成 CD4511 七段译码器逻辑功能测试</td><td>15</td><td></td><td></td></tr>
<tr><td>（2）三台电动机故障情况电路调试方法正确</td><td>15</td><td></td><td></td></tr>
<tr><td>（3）电源短路、烧坏芯片各扣 10 分</td><td></td><td></td><td></td></tr>
<tr><td>（4）带电接线、拆线每次扣 5 分</td><td></td><td></td><td></td></tr>
<tr><td rowspan="2">三、协作组织
10 分</td><td>（1）小组在接线调试过程中，出勤、团结协作，制定分工计划，分工明确，完成任务</td><td>10</td><td></td><td></td></tr>
<tr><td>（2）不动手，不协作，扣 5 分</td><td></td><td></td><td></td></tr>
<tr><td>四、汇报与分析报告
10 分</td><td>任务完成后，能够正确分析与总结</td><td>10</td><td></td><td></td></tr>
<tr><td rowspan="3">五、安全文明意识
10 分</td><td>（1）不遵守操作规程扣 4 分</td><td rowspan="3">10</td><td></td><td></td></tr>
<tr><td>（2）不清理现场扣 4 分</td><td></td><td></td></tr>
<tr><td>（3）不讲文明礼貌扣 2 分</td><td></td><td></td></tr>
<tr><td colspan="5">

年　　月　　日</td></tr>
</table>

训练项目十八 集成计数器设计、装接与调试

一、项目描述

（1）用 CT74LS160（162）同步置数功能（$\overline{LD}$ 端），设计一个 8 进制和 24 进制计数器，并画出芯片接线图。

（2）按照所设计的计数器电路图，在综合实训装置上完成 8 进制和 24 进制计数器（带七段数码显示）的接线与调试任务。CT74LS160（162）、CD4511、74LS20 引脚图如图 1-18-1～图 1-18-3 所示，CD4511 与七段数码显示器连接图如图 1-18-4 所示。

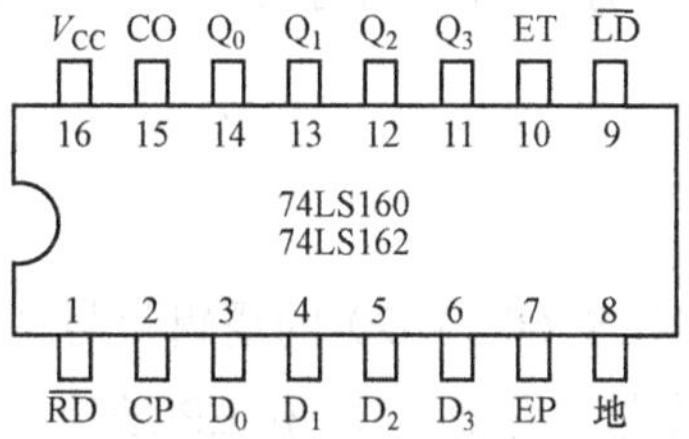

图 1-18-1 CT74LS160（162）引脚图

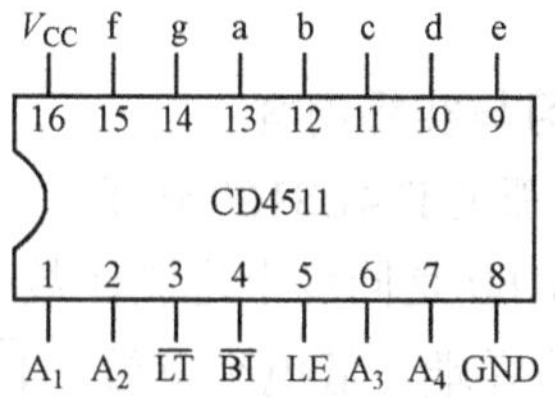

图 1-18-2 CD4511 引脚图

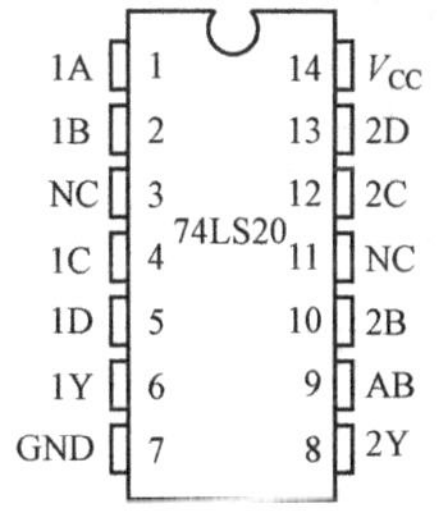

图 1-18-3 74LS20 引脚图

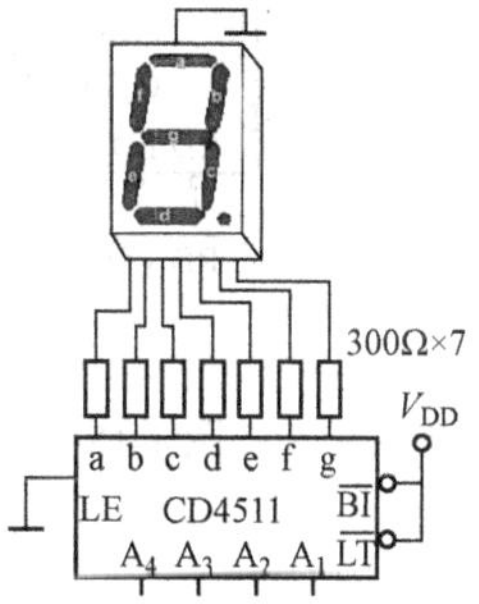

图 1-18-4 CD4511 与七段数码显示器连接图

二、教学目标

（1）具备集成计数器设计 N 进制计数器能力。

（2）能看懂 CT74LS160（162）功能表；能正确排列芯片引脚。

（3）能完成 8 进制、24 进制计数器的设计任务，并在综合实训装置上按照设计图进行接线与调试。

（4）借助集成手册能查阅 CD4511、74LS20 引脚图及功能。

（5）具有安全操作意识；具有团结合作、组织、计划、实施与评价能力。

三、训练设备

训练设备包括电子技术综合实训装置、万用表、导线、显示译码器 CD4511 芯片、计数

器 CT74LS160（162）芯片、与非门 74LS20，如图 1-18-5 所示。

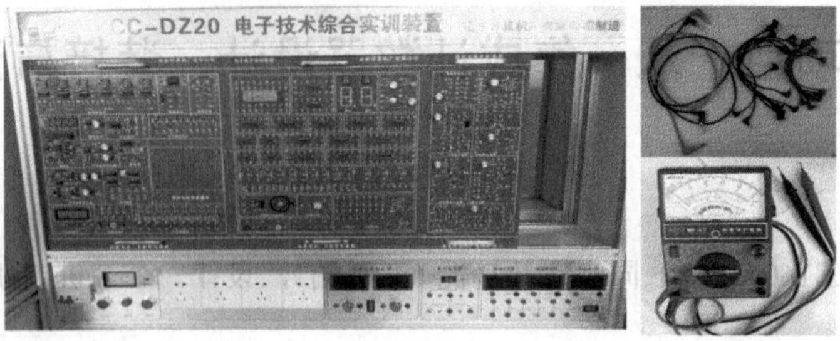

图 1-18-5 计数器训练设备

四、教学实施

教学采用理实一体组织实施，教、学、做一体，学生分小组，同时展开学习与动手实践教学过程。

五、学习与实操内容

1. 计数器 CT74LS160 认识

CT74LS160 是同步十进制计数器。图 1-18-6 是 CT74LS160（162）的逻辑符号和引脚图。$\overline{RD}$ 是异步清零端，低电平有效。$\overline{LD}$ 是同步置数端，低电平有效。ET 和 EP 是使能控制端，CP 是计数脉冲输入端，CO 是进位输出端。D_0、D_1、D_2、D_3 是并行数据输入端。

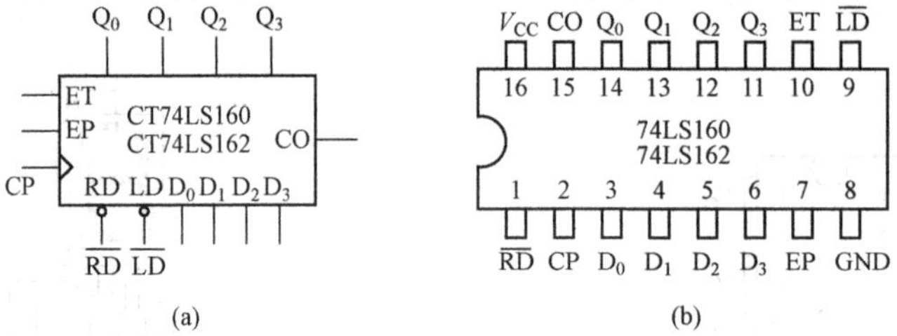

图 1-18-6 CT74LS160（162）的逻辑符号和引脚图

（a）逻辑符号；（b）引脚图

2. 集成同步十进制计数器 CT74LS160 逻辑功能

CT74LS160 的功能表见表 1-18-1，可知 CT74LS160 具有以下功能。

表 1-18-1 **CT74LS160 的功能表**

输入									输出				说明
$\overline{RD}$	$\overline{LD}$	ET	EP	CP	D_3	D_2	D_1	D_0	Q_3	Q_2	Q_1	Q_0	
0	×	×	×	×	×	×	×	×	0	0	0	0	异步置 0
1	0	×	×	↑	D_3	D_2	D_1	D_0	D_3	D_2	D_1	D_0	$CO=ET\cdot Q_3Q_0$
1	1	1	1	↑	×	×	×	×	计数				$CO=Q_3Q_0$
1	1	0	×	×	×	×	×	×	保持				$CO=ET\cdot Q_3Q_0$
1	1	×	0	×	×	×	×	×	保持				

（1）异步置 0 功能。当 $\overline{RD}=0$ 时，不论有无时钟脉冲 CP 和其他信号输入，计数器都置 0，即 $Q_3Q_2Q_1Q_0=0000$。

（2）同步并行置数功能。当 $\overline{RD}=1$、$\overline{LD}=0$ 时，在 CP 上升沿到来时，并行输入的数据 D_3～D_0 被置入计数器的输出端 $Q_3Q_2Q_1Q_0$，即 $Q_3Q_2Q_1Q_0=D_3D_2D_1D_0$。

（3）计数功能。当 $\overline{RD}=\overline{LD}=1$，ET=EP=1 时，在 CP 的上升沿到来时，计数器进行二进制加法计数功能。

（4）保持功能。当 $\overline{RD}=\overline{LD}=1$，且 ET 或 EP 中有 0 时，则计数器保持原来的状态不变。

3. 集成同步十进制计数器 CT74LS162

集成同步十进制计数器 CT74LS162 逻辑符号和引脚图如图 1-18-6 所示，其功能表见表 1-18-2。由该表可以看出，CT74LS162 为同步置 0，这就是说，在同步置 0 控制端 $\overline{RD}$ 为低电平 0 时，计数器并不能被置 0，还需再输入一个计数脉冲 CP 才能被置 0，而 CT74LS160 则为异步置 0，这是这两种芯片的主要区别，它们的其他功能及逻辑功能完全相同。

表 1-18-2　　CT74LS162 的功能表

输入									输出				说明
$\overline{RD}$	$\overline{LD}$	ET	EP	CP	D_3	D_2	D_1	D_0	Q_3	Q_2	Q_1	Q_0	
0	×	×	×	↑	×	×	×	×	0	0	0	0	同步置 0
1	0	×	×	↑	D_3	D_2	D_1	D_0	D_3	D_2	D_1	D_0	$CO=ET\cdot Q_3Q_2Q_1Q_0$
1	1	1	1	↑	×	×	×	×	计数				$CO=Q_3Q_2Q_1Q_0$
1	1	0	×	×	×	×	×	×	保持				$CO=ET\cdot Q_3Q_2Q_1Q_0$
1	1	×	0	×	×	×	×	×	保持				

4. 任意进制计数器的设计方法

以 7、30 进制计数器设计方法为例，说明计数器的设计方法。

（1）用 74LS160 的同步置数法实现 7 进制计数器。

设计步骤：

1）写二进制代码 S_{N-1}：$S_{N-1}=S_6=0110$。

2）写反馈置数函数：$\overline{LD}=\overline{Q_2Q_1}$，令 $D_3D_2D_1D_0=0000$。

3）画连线图，如图 1-18-7 所示。

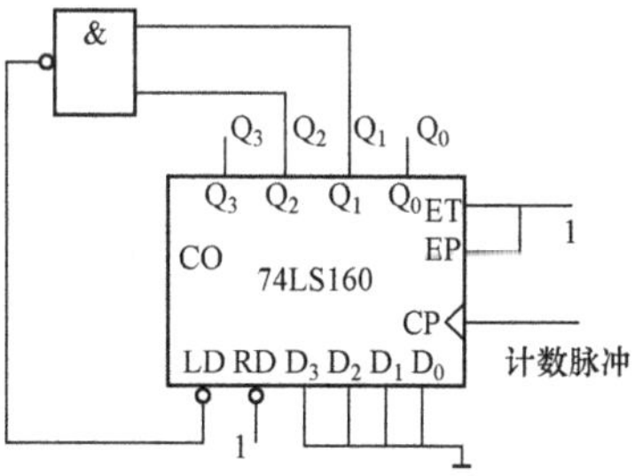

图 1-18-7　连线图

（2）用 CT74160 两片构成 30 进制计数器。

设计步骤：

1）写二进制代码 S_{N-1}：$S_{N-1}=S_{29}=00101001$。

2）写反馈置数函数：$\overline{LD}=\overline{Q_1'Q_3Q_0}$，令 $D_3D_2D_1D_0=0000$。

3）画连线图，如图 1-18-8 所示。

5. 实操步骤

（1）用上述方法设计一个 8 进制和 24 进制计数器，并画出连接图，根据计数器 74LS160、与非门 74LS20 芯片引脚图画出接线图。

（2）装接电路时，为了更好地观察计数结果，可以加上显示电路，这就需要在计数器集成芯片的输出端接上四线—七段译码器和七段数码管，如图 1-18-9 所示。译码器和七段数码管可根据实际情况选择型号。

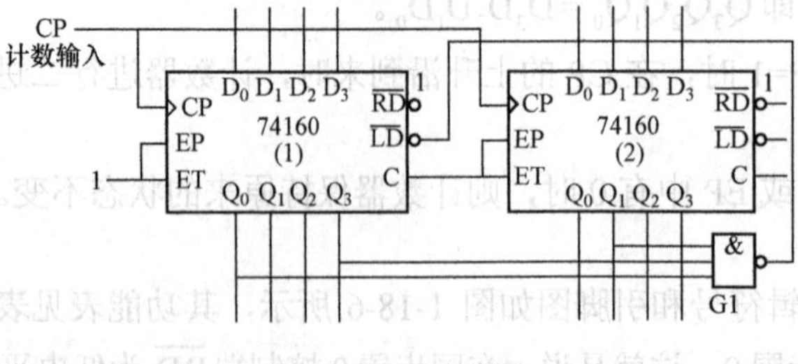

图 1-18-8 连线图

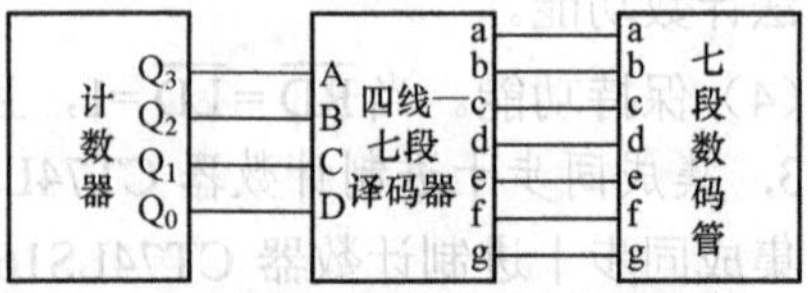

图 1-18-9 电路装接框图

（3）按照所设计的计数器电路图，在综合实训装置上完成 8 进制和 24 进制计数器（带七段数码显示）的接线与调试任务。CT74LS160（162）、CD4511、74LS20 引脚图如图 1-18-1～图 1-18-3 所示，CD4511 与七段数码显示器连接图如图 1-18-4 所示。芯片的接线、芯片与芯片之间的连接按照以前训练项目所讲的方法进行，在这里不再详述。

训练项目十八　任　务　单

《电子产品安装与调试（第二版）》

训练项目十八 集成计数器设计、装接与调试	姓名	学号	班级	组别	成绩

教学目标：

（1）学会七段译码器 CD4511 逻辑功能测试方法。

（2）借助集成手册查阅 CD4511、74LS20 引脚图及功能。

（3）具备七段译码器 CD4511 功能测试能力。

（4）具有用 74LS138 译码器设计电路的能力，并能接线与调试。

（5）具有安全操作意识；具有团结合作、组织、计划、实施与评价能力。

项目描述：

（1）用 CT74LS160（162）同步置数功能（$\overline{LD}$ 端），设计一个 8 进制和 24 进制计数器，并画出芯片接线图。

（2）按照所设计的计数器电路图，在综合实训装置上完成 8 进制和 24 进制计数器（带七段数码显示）的接线与调试任务，CT74LS160（162）、CD4511、74LS20 引脚图如图 1-18-1～图 1-18-3 所示，CD4511 与七段数码显示器连接图如图 1-18-4 所示。完成小组任务分工计划、实施计划、自我评价、互评、总结报告。

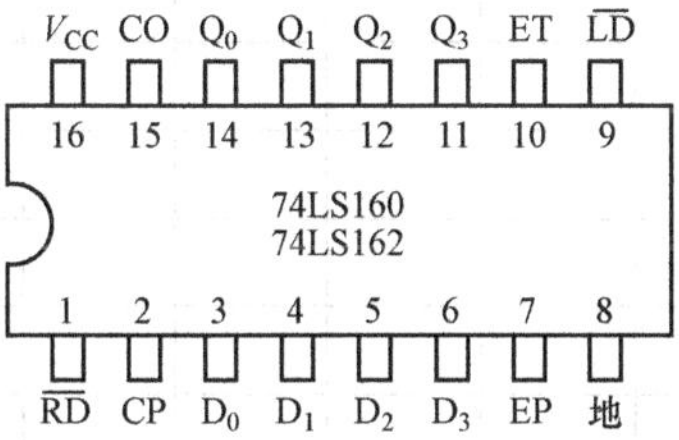

图 1-18-1　CT74LS160（162）引脚图

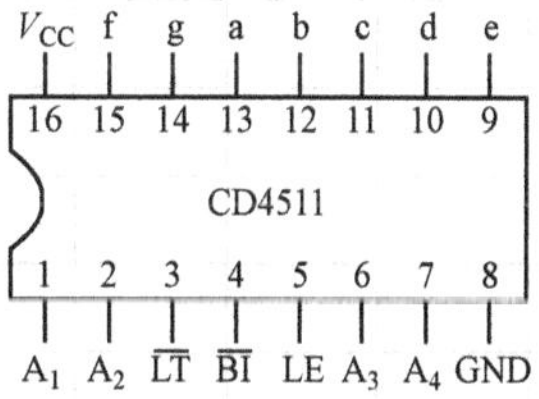

图 1-18-2　CD4511 引脚图

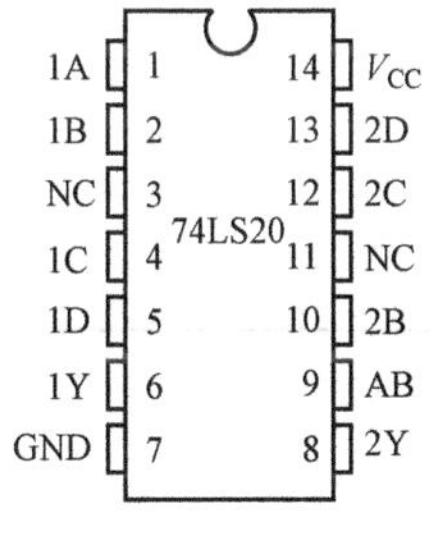

图 1-18-3　74LS20 引脚图

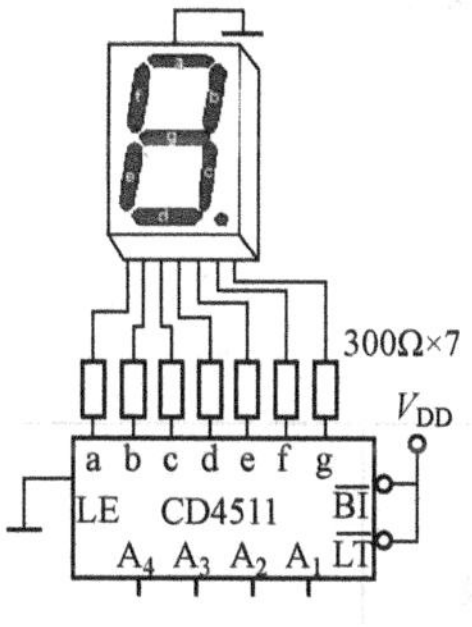

图 1-18-4　CD4511 与七段数码显示器连接图

训练项目十八 计划单

《电子产品安装与调试（第二版）》

姓名	任务分工	安装工具 测试仪表	名称	功能

一、用 CT74LS160（162）同步置数功能（$\overline{LD}$ 端）设计的 8 进制和 24 进制计数器电路图，并在图中标上引脚号。

二、调试数据（记录 8 进制计数器数据）

输入									输出			
$\overline{RD}$	$\overline{LD}$	ET	EP	CP	D_3	D_2	D_1	D_0	Q_3	Q_2	Q_1	Q_0
0	×	×	×	×								
1	1	1	1	↑								

三、总结报告

过程记录				
	记录员签名		日期	

训练项目十八　评　价　单

《电子产品安装与调试（第二版）》

<table>
<tr><td>班级</td><td></td><td>姓名</td><td></td><td>学号</td><td></td><td>组别</td><td></td></tr>
<tr><td colspan="6">训练项目十八　集成计数器设计、装接与调试</td><td>小组自评</td><td>教师评价</td></tr>
<tr><td colspan="5">评分标准</td><td>配分</td><td>得分</td><td>得分</td></tr>
<tr><td colspan="2" rowspan="7">一、按图接线与知识的掌握
40 分</td><td colspan="3">（1）会电路原理分析</td><td>5</td><td></td><td></td></tr>
<tr><td colspan="3">（2）设计 8 进制计数器正确</td><td>10</td><td></td><td></td></tr>
<tr><td colspan="3">（3）设计 24 进制计数器正确</td><td>10</td><td></td><td></td></tr>
<tr><td colspan="3">（4）正确排列集成芯片 CT74LS160、CT74LS20 和 7 段显示器芯片引脚图</td><td>10</td><td></td><td></td></tr>
<tr><td colspan="3">（5）接线正确</td><td>5</td><td></td><td></td></tr>
<tr><td colspan="3">（6）有虚接、漏接、错接每处扣 2 分</td><td></td><td></td><td></td></tr>
<tr><td colspan="3">（7）接线时损坏芯片扣 10 分</td><td></td><td></td><td></td></tr>
<tr><td colspan="2" rowspan="4">二、调试
30 分</td><td colspan="3">（1）8 进制计数器调试结果正确</td><td>15</td><td></td><td></td></tr>
<tr><td colspan="3">（2）24 进制计数器调试结果正确</td><td>15</td><td></td><td></td></tr>
<tr><td colspan="3">（3）电源短路、烧坏芯片各扣 10 分</td><td></td><td></td><td></td></tr>
<tr><td colspan="3">（4）带电接线、拆线每次扣 5 分</td><td></td><td></td><td></td></tr>
<tr><td colspan="2" rowspan="2">三、协作组织
10 分</td><td colspan="3">（1）小组在接线调试过程中，出勤、团结协作，制定分工计划，分工明确，完成任务</td><td>10</td><td></td><td></td></tr>
<tr><td colspan="3">（2）不动手，不协作，扣 5 分</td><td></td><td></td><td></td></tr>
<tr><td colspan="2">四、汇报与分析报告
10 分</td><td colspan="3">项目完成后，能够正确分析与总结</td><td>10</td><td></td><td></td></tr>
<tr><td colspan="2" rowspan="3">五、安全文明意识
10 分</td><td colspan="3">（1）不遵守操作规程扣 4 分</td><td rowspan="3">10</td><td></td><td></td></tr>
<tr><td colspan="3">（2）不清理现场扣 4 分</td><td></td><td></td></tr>
<tr><td colspan="3">（3）不讲文明礼貌扣 2 分</td><td></td><td></td></tr>
<tr><td colspan="8">

年　　月　　日</td></tr>
</table>

训练项目十九　电子门铃电路接线与调试

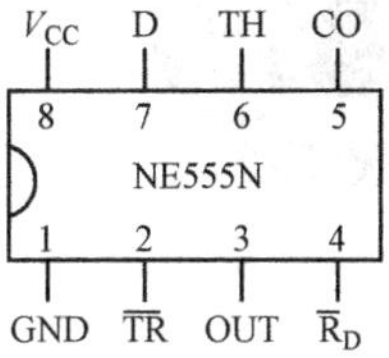

图 1-19-1　555 定时器引脚图

一、项目描述

（1）正确选择元器件、正确识别芯片引脚，在原理图标好引脚号，并在面包板（或综合实训装置）上按照图 1-19-1、图 1-19-2 所示电路完成电子门铃电路接线。

（2）学会万用表断电检查电路的方法。

（3）电路无误后，通电调试，学会调试及操作方法，并能解决调试中出现的问题。

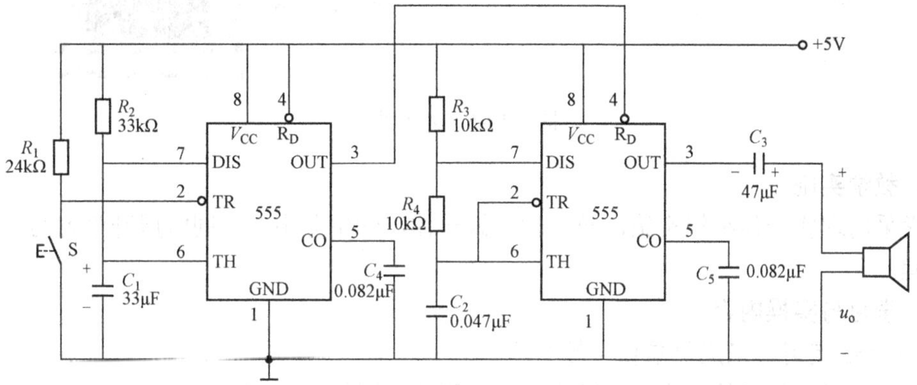

图 1-19-2　电子门铃电路

二、教学目标

（1）能分析 555 定时器组成定时电子门铃电路工作原理；会画接线图。

（2）能借助手册，查阅电子元器件及材料的有关数据。

（3）正确选择元器件，正确识别芯片引脚，在原理图上标好引脚号，并在面包板（或综合实训装置）上完成接线、查线与调试任务。

（4）学会 555 定时器的使用方法。

三、训练设备

（1）电子门铃训练设备 1。它包括电子技术综合实训装置、导线、万用表，如图 1-19-3 所示。

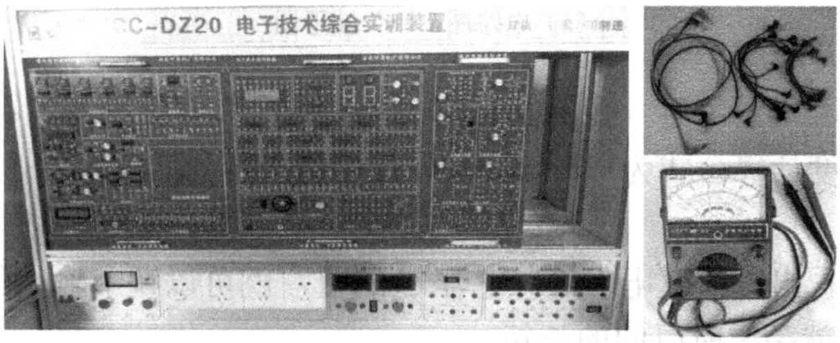

图 1-19-3　电子门铃训练设备 1

（2）电子门铃训练设备 2。它包括多功能接线板、镊子、切线钳子、导线、万用表，如图 1-19-4 所示。

图 1-19-4　电子门铃训练设备 2

（3）元器件。它包括 555 芯片、色环电阻、电容、8Ω扬声器等，如图 1-19-5 所示。

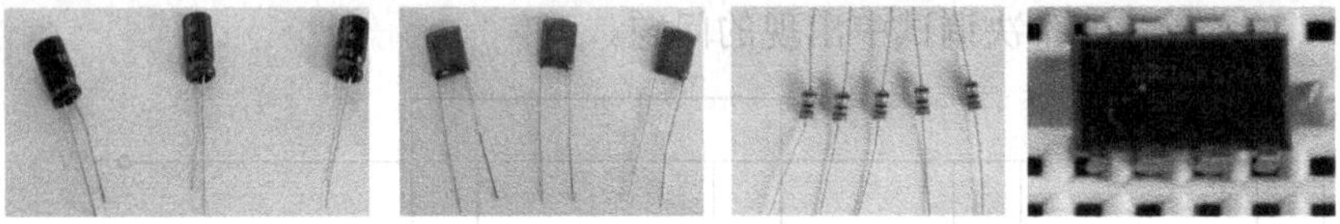

图 1-19-5　元器件

四、教学实施

教学采用理实一体组织实施，教、学、做一体，学生分小组，同时展开学习与动手实践教学过程。

五、学习与实操内容

1. 由 555 定时器组成的单稳态触发器

由 555 定时器组成的单稳态触发器的电路和波形图如图 1-19-6 所示。

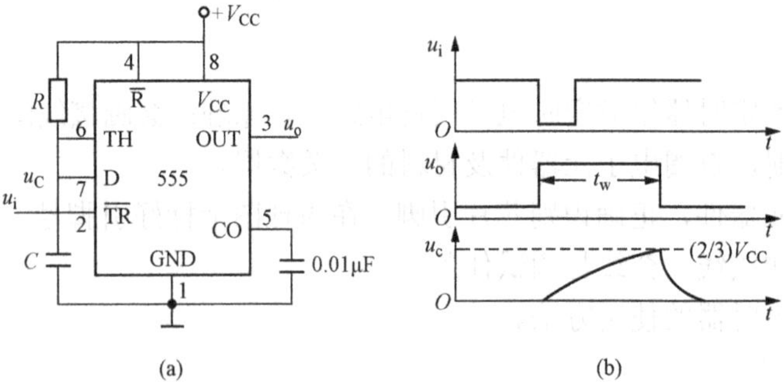

图 1-19-6　由 555 定时器组成的单稳态触发器的电路和波形图

（a）电路图；（b）波形图

单稳态触发器一般用做定时、整形及延时，调整 RC 的值可以得到不同的定时值。

输出信号脉冲宽度计算公式为

$$t_w \approx 1.1RC$$

由计算公式可以看出，改变电阻 R、电容 C 的值，就可以调节输出信号的脉冲宽度 t_w，脉冲宽度 t_w 的宽窄，就是定时时间的长短。

由 555 定时器组成的单稳态触发器要求由窄脉冲，并且是负脉冲触发，负脉冲的宽度应小于暂稳态的时间，电路才能正常工作。

2. 由 555 定时器组成的多谐振荡器

多谐振荡器是一种常用的脉冲波形发生器，触发器和时序电路中的时钟脉冲一般是由多谐振荡器产生的。由 555 定时器组成的多谐振荡器电路图、电容充电电压与输出电压波形图，如图 1-19-7 所示。

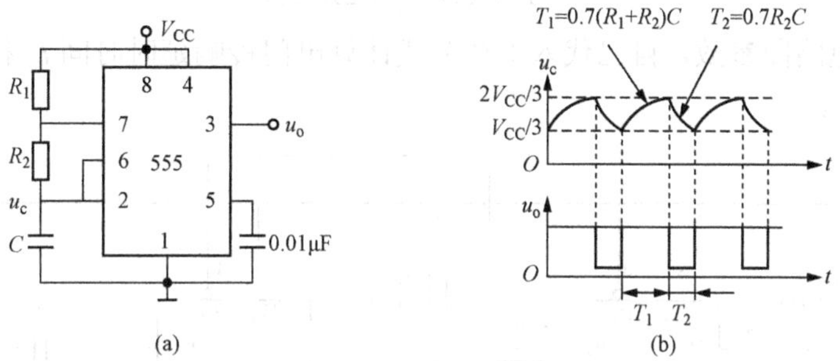

图 1-19-7　由 555 定时器组成的多谐振荡器电路图和波形图

（a）电路图；（b）波形图

多谐振荡器接通工作电源 V_{CC} 后，不需外加触发信号和输入信号源 u_i，就能产生一定频率的矩形波信号。由于输出矩形波中含有丰富的谐波，因此称为多谐振荡器。

输出电压 u_o 波形的振荡周期

$$T=T_1+T_2$$

式中：T_1 为电容充电时间；T_2 为电容放电时间。

$$T_1\approx 0.7(R_1+R_2)C$$

$$T_2\approx 0.7R_2C$$

振荡周期

$$T=T_1+T_2\approx 0.7(R_1+2R_2)C$$

振荡频率

$$f=\frac{1}{T}\approx\frac{1}{0.7(R_1+2R_2)C}$$

占空比

$$D=\frac{T_1}{T_2}=\frac{T_1}{T_1+T_2}\times 100\%=\frac{R_1+R_2}{R_1+2R_2}\times 100\%$$

3. 电子门铃电路工作原理分析

电子门铃电路工作原理分析图如图 1-19-8 所示，电子门铃电路的第一个芯片是由 555 定时器组成单稳态触发器，第二个芯片是由 555 定时器组成的多谐振荡器；门铃按钮 S 按下时产生一个由“1”到“0”下降沿触发负脉冲；8Ω的扬声器产生一定频率的音频信号。第一个芯片的输出 u_{o1} 接第二个芯片的置“0”控制端，低电平有效；当 u_{o1}=0 时，即 $\overline{R}_{D2}$=0，控制第二个芯片输出 u_o=0，完成铃声的延时控制。

按下门铃按钮 S，第一个芯片 2 脚产生一个下降沿触发的负脉冲，使得第一个芯片的单稳态触发器输出数字脉冲电压 u_{o1}，脉宽为 t_W，t_W 为延时时间，在 t_W 作用时间内，控制第二个

芯片的 $\overline{R}_{D2}=1$，使第二个芯片持续产生一定频率的振荡信号 u_o，驱动扬声器工作，发出门铃声；当 $u_{o1}=0$ 时，即 $\overline{R}_{D2}=0$，直接控制第二个芯片输出 $u_o=0$，扬声器停止工作。单稳态触发器产生的 u_{o1} 数字脉冲输出信号控制门铃铃声的长短，脉宽 t_W 计算公式为

$$t_W \approx 1.1R_2C_1$$

第二个芯片多谐振荡器产生的振荡频率为

$$f=\frac{1}{T}\approx\frac{1}{0.7(R_3+2R_4)C_2}$$

请大家根据电路图参数，自己代入上述公式计算出门铃响延时时间 t_W 和多谐振荡器产生的振荡频率 f 的值。

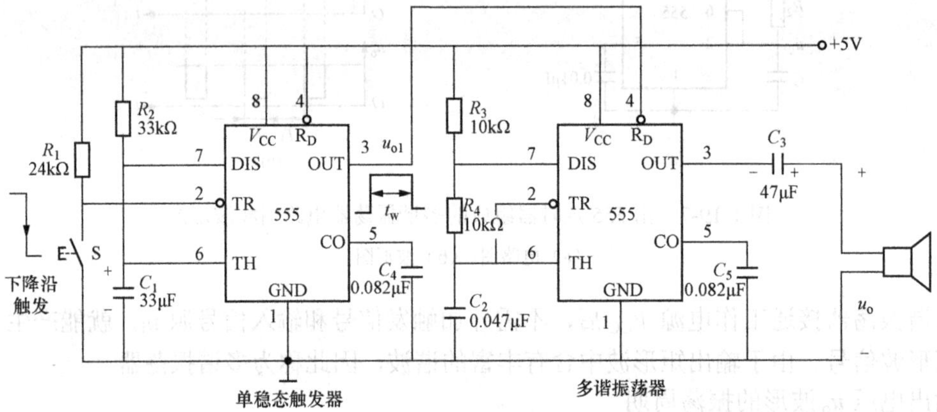

图 1-19-8　电子门铃电路工作原理分析图

训练项目十九　任　务　单

《电子产品安装与调试（第二版）》

训练项目十九 电子门铃电路接线与调试	姓名	学号	班级	组别	成绩

教学目标：

（1）能分析 555 定时器组成定时电子门铃电路工作原理；会画接线图。

（2）能借助手册查阅电子元器件及材料的有关数据。

（3）正确选择元器件，正确识别芯片引脚，在原理图上标好引脚号，并在面包板（或综合实训装置）上完成接线、查线与调试任务。

（4）学会 555 定时器的使用方法。

（5）具有安全操作意识；具有团结合作、组织、计划、实施与评价能力。

项目描述：

（1）正确选择元器件，正确识别芯片引脚，在原理图上标好引脚号，并在面包板（或综合实训装置）上按照图 1-19-1、图 1-19-2 所示电路，完成电子门铃电路接线。

（2）学会万用表断电检查电路的方法。

（3）电路无误后，通电调试，学会调试及操作方法，并能解决调试中出现的问题。

（4）完成小组任务分工计划、实施计划、自我评价、互评、总结报告。

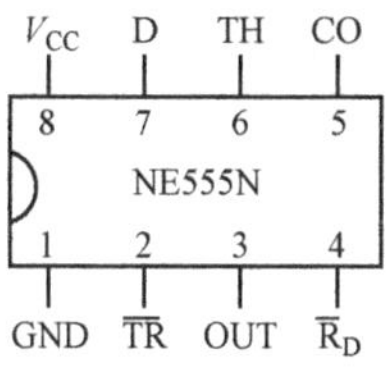

图 1-19-1　555 定时器引脚图

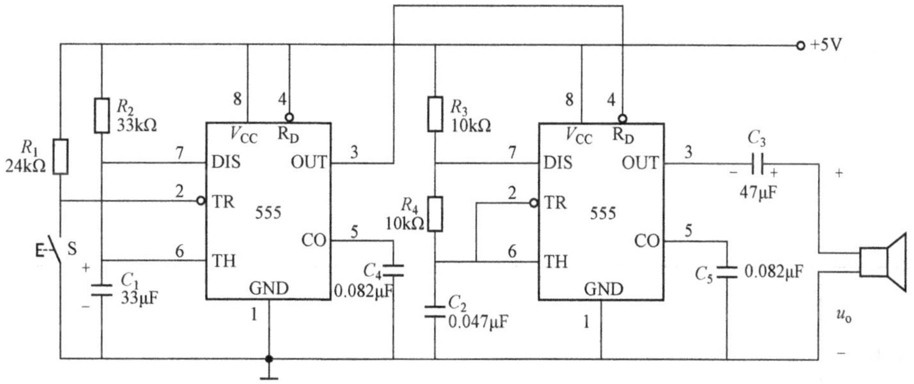

图 1-19-2　电子门铃电路

训练项目十九 计 划 单

《电子产品安装与调试（第二版）》

<table>
<tr><td>姓名</td><td>任务分工</td><td rowspan="5">安装工具
测试仪表</td><td>名称</td><td>功能</td></tr>
<tr><td></td><td></td><td></td><td></td></tr>
<tr><td></td><td></td><td></td><td></td></tr>
<tr><td></td><td></td><td></td><td></td></tr>
<tr><td></td><td></td><td></td><td></td></tr>
</table>

一、工作原理分析

二、装接步骤、调试过程出现问题及解决办法

三、按下门铃，铃响延时时间计算公式与数据

四、总结报告

<table>
<tr><td rowspan="2">过程记录</td><td colspan="4"></td></tr>
<tr><td>记录员签名</td><td></td><td>日期</td><td></td></tr>
</table>

训练项目十九　评　价　单

《电子产品安装与调试（第二版）》

<table>
<tr><td>班级</td><td></td><td>姓名</td><td></td><td>学号</td><td></td><td>组别</td><td></td></tr>
<tr><td colspan="6">训练项目十九　电子门铃电路接线与调试</td><td>小组自评</td><td>教师评价</td></tr>
<tr><td colspan="5">评分标准</td><td>配分</td><td>得分</td><td>得分</td></tr>
<tr><td rowspan="6">一、按图接线
40 分</td><td colspan="4">（1）会 555 定时器组成多谐振荡器和单稳态触发器电路工作原理分析</td><td>10</td><td></td><td></td></tr>
<tr><td colspan="4">（2）会 555 定时器引脚排列及使用方法正确</td><td>10</td><td></td><td></td></tr>
<tr><td colspan="4">（3）能分析 555 定时器组成定时电子门铃电路工作原理</td><td>10</td><td></td><td></td></tr>
<tr><td colspan="4">（4）正确接线</td><td>10</td><td></td><td></td></tr>
<tr><td colspan="4">（5）有虚接、漏接、错接每处扣 2 分</td><td></td><td></td><td></td></tr>
<tr><td colspan="4">（6）接线时损坏芯片扣 10 分</td><td></td><td></td><td></td></tr>
<tr><td rowspan="5">二、调试
30 分</td><td colspan="4">（1）按照规定时间，完成接线与调试任务，结果正确</td><td>15</td><td></td><td></td></tr>
<tr><td colspan="4">（2）两个芯片工作均正常</td><td>15</td><td></td><td></td></tr>
<tr><td colspan="4">（3）电源短路、烧坏芯片各扣 10 分</td><td></td><td></td><td></td></tr>
<tr><td colspan="4">（4）带电接线、拆线每次扣 5 分</td><td></td><td></td><td></td></tr>
<tr><td colspan="4">（5）线路正常，但不会操作与调试扣 10 分</td><td></td><td></td><td></td></tr>
<tr><td rowspan="2">三、协作组织
10 分</td><td colspan="4">（1）小组在接线调试过程中，出勤、团结协作，制定分工计划，分工明确，完成任务</td><td>10</td><td></td><td></td></tr>
<tr><td colspan="4">（2）不动手，不协作，扣 5 分</td><td></td><td></td><td></td></tr>
<tr><td>四、汇报与分析报告
10 分</td><td colspan="4">任务完成后，能够正确分析与总结</td><td>10</td><td></td><td></td></tr>
<tr><td rowspan="3">五、安全文明意识
10 分</td><td colspan="4">（1）不遵守操作规程扣 4 分</td><td rowspan="3">10</td><td></td><td></td></tr>
<tr><td colspan="4">（2）不清理现场扣 4 分</td><td></td><td></td></tr>
<tr><td colspan="4">（3）不讲文明礼貌扣 2 分</td><td></td><td></td></tr>
<tr><td colspan="8">
年　　月　　日</td></tr>
</table>

第二部分　综　合　实　训

综合实训一　串联型稳压电源装接与调试

一、项目描述

（1）按照图 2-1-1，正确选择元器件与电阻；测试二极管、稳压管、电解电容的好坏，按照电路图，在面包板上装接实物电路。

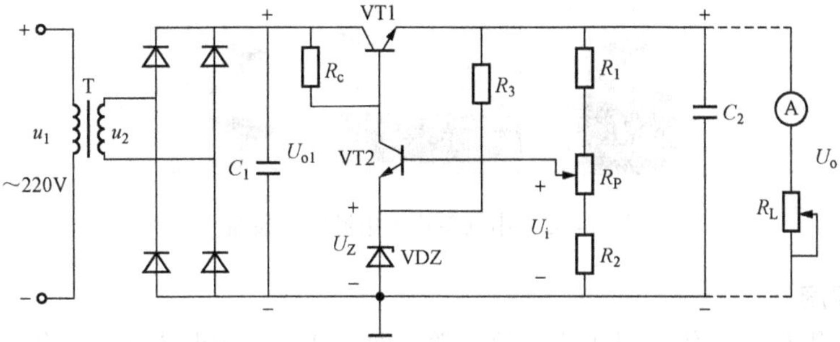

图 2-1-1　串联型稳压电源原理图

主要器件参数：

V_{D1}～V_{D4}—IN4007；C_1、C_2—1000μF/50V；VDZ—2CW15；VT1—3DG12A；VT2—3DG6；R_c—2.4kΩ；R_3—430Ω；R_1—56Ω；R_2—270Ω；R_P—470Ω（电位器）；R_L—200Ω（滑线电阻）。

（2）线路接完后，用万用表断电检查法检查电路。

（3）电路无误后，调试串联型稳压电源电路。

1）对照电路图，检查接线是否正确，线路无误后，在老师的指导下通电。

2）调节调压器使 u_2=15V。

3）电路接上负载 200Ω的滑线变阻器，并且串接 500mA 的电流表。

4）调节 R_L，使 I_M=80mA。

（4）记录测试结果，作出分析报告。

1）电压调节范围：u_2 不变，调节 R_P，使输出最小电压 U_{oL}=______________；最大电压 U_{oH}=__________。

2）电压调节率：将输出 U_o 调到 9V，再将 u_2 由 15V 变到 8V，测试输出电压 U_o=_______，$S_u=\Delta U_o/\Delta u_2\times 100\%$=___________。

3）测量波纹电压=__________mV。

二、教学目标

（1）具有电子元器件识别、判断、测试能力；具有万用表正确使用与测试能力。

（2）能够识读串联型稳压电源电路原理图，具有电路工作原理的分析能力。

（3）具有面包板的使用能力；具有电路的安装、调试与排除故障能力。

三、实训设备

实训设备包括万用表，二极管 IN4007，稳压管 2CW15（稳压为 7～8.8V，同 2CW56），1000μF/50V 电解电容，2.4kΩ、270Ω、56Ω、430Ω电阻，470Ω电位器，200Ω滑线电阻，导线、镊子、切线钳子、面包板、自耦变压器、毫伏表等，如图 2-1-2 所示。

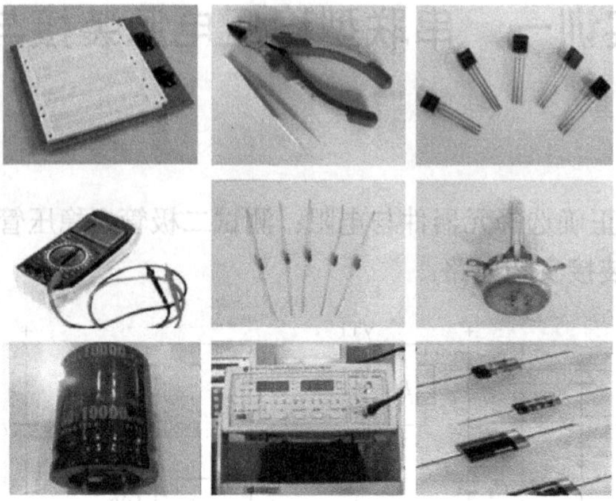

图 2-1-2 串联型稳压电源实训设备

四、教学实施

教师教学采用理实一体组织实施，教、学、做一体，学生两人一个小组，完成接线与调试任务。

五、学习与实训内容

1. 电路组成

如图 2-1-1 所示的电路中，串联型稳压电源是由自耦变压器、二极管桥式整流电容滤波电路、串联型稳压电源电路及负载 R_L 滑线电阻等几部分组成的。串联型稳压电路是由取样电路、基准电压、比较放大器、调整电路等部分组成的。

（1）T 是自耦变压器：输入 220V，输出 0～250V 可调，u_2 可根据实训要求调整。

（2）四只整流二极管 IN4007 接成桥式整流电路，经电容 C_1 滤波。

（3）R_1、R_2、R_P 组成取样电路，R_2、R_P 组成分压器，取样电压用 U_i 来表示，用来反映输出电压 U_o 的变化。

因为 $U_z \approx U_i$，取样电压 $U_i=U_o(R_P+R_2)/(R_1+R_P+R_2)$，所以 $U_o=U_z \times (R_1+R_P+R_2)/(R_2+R_P)$。

（4）由稳压管 VDZ 及限流电阻 R_3 组成的稳压电路，提供一个基准电压 U_Z，此稳压电路叫作基准电压电路，这个电压 U_z 与取样电压 U_i 相比较，产生一个差值信号，送给三极管 VT2（放大管）进行放大、调整。

（5）VT2 作为放大管，R_c 是放大器的集电极电阻，它们组成放大电路，主要作用是将差值信号放大，以推动调整管工作。

（6）VT1 为调整管，与负载串联，故称为串联型稳压电源。其基极电流受比较放大电路输出信号的控制，在比较放大电路的控制下，改变调整管两端的压降，使输出电压 U_o 稳定。

2. 串联型稳压电源工作原理

（1）桥式整流电容滤波电路。如图 2-1-1 所示电路，二极管桥式整流电容滤波电路在前面学习中已经重点分析过，在这里重点学习串联型稳压电源稳压调节原理。u_2为变压器二次电压瞬时值，U_2为变压器二次侧电压有效值。u_{o1}为桥式整流电容滤波输出脉动直流电压，U_o为稳压电路输出的直流电压，其值大小由选择的稳压器决定的。如图2-1-3所示为桥式整流电容滤波、稳压电路输出波形。

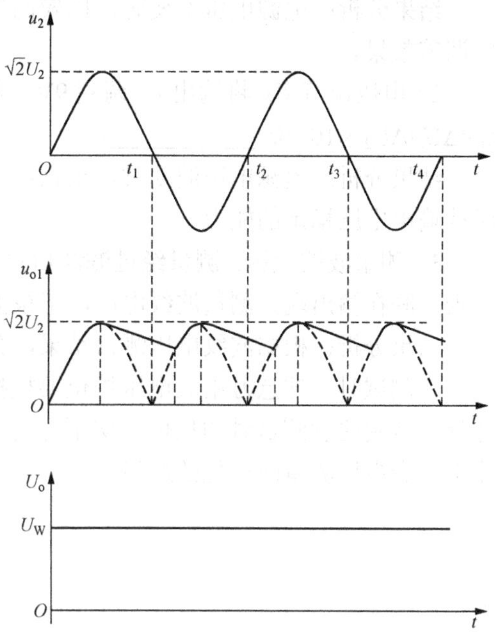

图2-1-3　桥式整流电容滤波、稳压电路输出波形

桥式整流电容滤波电路输出电压 $U_{o1}\approx 1.2U_2$，U_2为变压器二次侧电压有效值。

（2）串联型稳压电路。图2-1-4是由分立元件组成的串联型稳压电路，输出电压 U_o可由电位器 R_P进行调节。因为 $U_z\approx U_i$，所以，取样电压 $U_i=U_o(R_{P2}+R_2)/(R_1+R_P+R_2)$，可得

$$U_o=U_z\times(R_1+R_P+R_2)/(R_2+R_{P2})$$

式中：R_{P1}、R_{P2}分别为电位器 R_P的上部分、下部分电阻值。调节电位器 R_P，R_{P2}改变，就可以调节输出电压 U_o。

稳压电路稳压原理如下。

当电网电压或负载变动引起输出电压 U_o变化时，取样电路 U_i将输出电压 U_o的一部分馈送回比较VT2的基极，并与基准电压 U_z进行比较，产生的差值电压ΔU，再经比较VT2放大后，去控制调整管VT1的基极电流，再控制调整管VT1的发射极电流，从而改变 U_o的值，使输出电压 U_o基本不变。

当电网电压波动或负载变化时，使输出电压 U_o上升或下降，利用负反馈原理使其稳定，调节原理如下。

为了使输出电压 U_o不变，假设因电网电压波动或负载变化，使输出电压 U_o上升，即 $U_o\uparrow\rightarrow U_i\uparrow\rightarrow U_{b1}(U_{c2})\downarrow\rightarrow U_o\downarrow$，抑制输出电压 U_o的变化，使其近似不变。

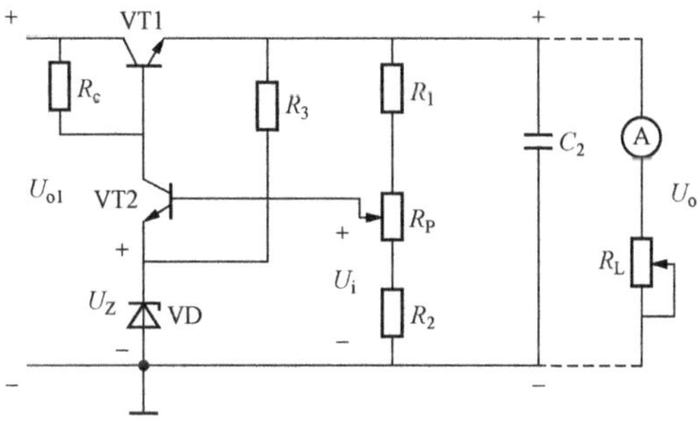

图2-1-4　串联型稳压电路

3. 实训步骤

（1）按照给定串联型稳压电源原理图如图2-1-1所示，正确选择元器件与电阻；并测试二极管、稳压管、电解电容的好坏，按照电路图，在面包板装接实物电路。

（2）线路接完后，用万用表断电检查法检查电路。

（3）电路无误后，调试串联型稳压电源电路。

1）对照电路图，检查电路连接是否正确，线路无误后，在老师的指导下通电。

2）调节调压器使 u_2=15V。

3）电路接上负载200Ω的滑线变阻器，并且串接500mA的电流表。

4）调节 R_L，使 I_M=80mA。

（4）记录测试结果，作出分析报告。

1）电压调节范围：u_2不变，调节R_P，使输出最小U_{oL}=________；最大U_{oH}=________。

结果分析：电源电压不变时，比较两次输出电压值测试结果，分析串联型稳压电源的电压调节效果。

2）电压调节率：将输出U_o调到9V，再将u_2由15V变到8V，测试输出电压U_o=________，$S_u=\Delta U_o/\Delta U_2\times 100\%$=____________。

结果分析：电源电压波动时，根据电压调节率，分析串联型稳压电源输入电压波动时，保持输出电压稳定的能力。

3）测量波纹电压：测量经过滤波后直流电压中的交流分量，即波纹电压，将交流电压毫伏表并联在输出端，测量波纹电压，记录波纹电压测试值为：________ mV。

结果分析：根据波纹电压测试结果，分析串联型稳压电源的滤波效果。

在测试时，注意万用表电压挡位要根据交流、直流进行转换，电压挡的量程要合理进行选择，特别注意测试时的挡位，切不可用电阻挡测试电压，否则要烧坏万用表。注意毫伏交流电压表电压测量时量程的选择。

综合实训一　任　务　单

《电子产品安装与调试（第二版）》

综合实训一 串联型稳压电源装接与调试	姓名	学号	班级	组别	成绩

教学目标：

（1）具有电子元器件识别、判断、测试能力；具有万用表正确使用与测试能力。

（2）能够识读串联型稳压电源电路原理图，具有电路工作原理的分析能力。

（3）具有面包板的使用能力；具有电路的安装、调试与排除故障能力。

项目描述：

（1）按照图 2-1-1，正确选择元器件与电阻；测试二极管、稳压管、电解电容的好坏，按照电路图，在面包板上装接实物电路。

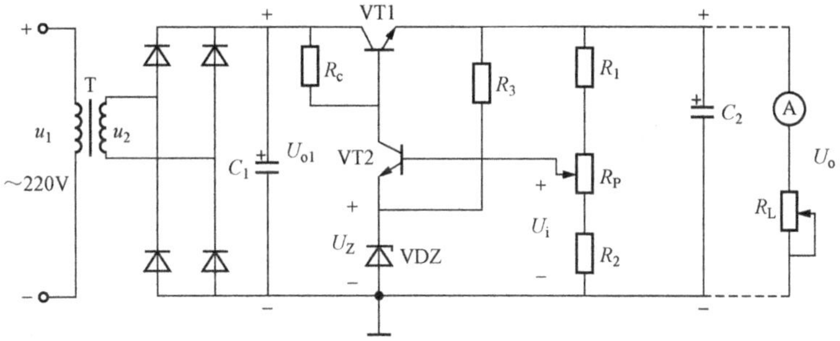

图 2-1-1　串联型稳压电源原理图

（2）线路接完后，用万用表断电检查法检查电路。

（3）电路无误后，调试串联型稳压电路。

1）对照电路图，检查接线是否正确，线路无误后，在老师的指导下通电。

2）调节调压器使 u_2=15V。

3）电路接上负载 200Ω的滑线变阻器，并且串接 500mA 的电流表。

4）调节 R_L，使 I_M–80mA。

5）电压调节范围：u_2 不变，调节 R_P，使输出最小电压 U_{oL}=________；最大电压 U_{oH}=________。

6）电压调节率：将输出电压 U_o 调到 9V，再将 u_2 由 15V 变到 8V，测电压 U_o=________，$S_u=\Delta U_o/\Delta U_2\times 100\%$=___________。

7）测量波纹电压= __________ mV。

（4）完成小组任务分工计划与实施计划。

（5）完成任务自我评价与互评。

（6）写出实训总结报告。

综合实训一 报 告 单

《电子产品安装与调试（第二版）》

姓名	任务分工	安装工具 测试仪表 与仪器	名称	功能

一、装接与调试步骤

二、测试结果

（1）电压调节范围：u_2不变，调节 R_P 使输出最小电压 U_{oL}=________；最大输出电压 U_{oH}=_________。

（2）电压调节率：将 U_o 调到 9V，再将 U_2 由 15V 变到 8V，测电压 U_o=__________，$S_u=\Delta U_o/\Delta U_2\times$100%=____________。

（3）测量波纹电压= __________ mV。

续表

<table>
<tr><td colspan="5">三、总结报告</td></tr>
<tr><td rowspan="2">测试过程记录</td><td colspan="4"></td></tr>
<tr><td>记录员签名</td><td></td><td>日期</td><td></td></tr>
</table>

综合实训一 评 价 单

《电子产品安装与调试（第二版）》

<table>
<tr><td>班级</td><td></td><td>姓名</td><td></td><td>学号</td><td></td><td>组别</td><td></td></tr>
<tr><td colspan="6">综合实训一　串联型稳压电源装接与调试</td><td>小组自评</td><td>教师评价</td></tr>
<tr><td colspan="5">评分标准</td><td>配分</td><td>得分</td><td>得分</td></tr>
<tr><td rowspan="5">一、知识的掌握
40 分</td><td colspan="4">（1）能分析稳压电源电路原理</td><td>10</td><td></td><td></td></tr>
<tr><td colspan="4">（2）熟识电路元器件</td><td>10</td><td></td><td></td></tr>
<tr><td colspan="4">（3）测试方法、面包板使用正确</td><td>10</td><td></td><td></td></tr>
<tr><td colspan="4">（4）稳压电路知识的掌握</td><td>10</td><td></td><td></td></tr>
<tr><td colspan="4">（5）原理不清楚，有一处扣 5 分</td><td></td><td></td><td></td></tr>
<tr><td rowspan="5">二、调试
30 分</td><td colspan="4">（1）在规定时间内完成接线</td><td>10</td><td></td><td></td></tr>
<tr><td colspan="4">（2）能正确连接仪器、仪表进行调试</td><td>10</td><td></td><td></td></tr>
<tr><td colspan="4">（3）调试结果正确、思路清晰</td><td>10</td><td></td><td></td></tr>
<tr><td colspan="4">（4）调试过程中仪器、仪表挡位错、过量限，每次扣 5 分</td><td></td><td></td><td></td></tr>
<tr><td colspan="4">（5）带电接线、拆线每次扣 5 分</td><td></td><td></td><td></td></tr>
<tr><td rowspan="2">三、协作组织
10 分</td><td colspan="4">（1）小组在任务实施过程中，出勤、团结协作，制定分工计划，分工明确，完成任务</td><td>10</td><td></td><td></td></tr>
<tr><td colspan="4">（2）不动手，不协作，扣 5 分</td><td></td><td></td><td></td></tr>
<tr><td>四、汇报与分析报告
10 分</td><td colspan="4">任务完成后，能够正确分析与总结，报告完整</td><td>10</td><td></td><td></td></tr>
<tr><td rowspan="3">五、安全文明意识
10 分</td><td colspan="4">（1）不遵守操作规程扣 4 分</td><td rowspan="3">10</td><td></td><td></td></tr>
<tr><td colspan="4">（2）不清理现场扣 4 分</td><td></td><td></td></tr>
<tr><td colspan="4">（3）不讲文明礼貌扣 2 分</td><td></td><td></td></tr>
<tr><td colspan="8">
年　　月　　日</td></tr>
</table>

综合实训二　功率放大器装接与调试

一、项目描述

（1）按照图 2-2-1，正确选择元器件，测试二极管、电解电容好坏，按照电路图在面包板上，接实物电路。

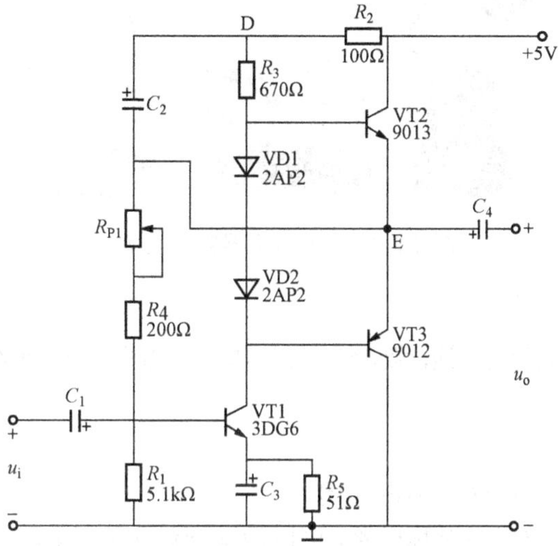

图 2-2-1　功率放大器原理图

主要器件参数如图 2-2-1 所示，其中 C_1—10μF/25V；C_2—100μF/25V；C_3—100μF/16V；C_4—220μF/16V；R_{P1}—100kΩ。

（2）线路接完后用万用表断电检查电路。

（3）电路无误后，调试互补对称式功率放大器电路。

1）对照电路图，用万用表检测电路正确无误后，经教师允许方可通电。

2）接通直流电源 5V。（不加信号 u_i）。

3）调整电位器，使 $V_E=V_{CC}/2=2.5V$。

4）在调好静态工作点的基础上，加 1kHz 正弦小信号 u_i，用示波器观察负载（扬声器 8Ω）上的电压波形。调节 u_i 幅度由小至大，使不失真处于最大不失真时，用毫伏表测量并计算输出功率 P_o。

（4）记录测试结果，作出实训报告。

二、教学目标

（1）具有功率放大器电路工作原理分析能力。

（2）具有调整和测试电路的静态工作点能力。

（3）用示波器观测、调试功率放大电路能力。

（4）具有分析负载变化对输出功率的影响的能力。

三、实训设备

实训设备包括万用表、交流毫伏表、电阻、电容、导线、镊子、切线钳子、面包板、电位器、三极管、示波器、二极管2AP2、8Ω扬声器，如图2-2-2所示。

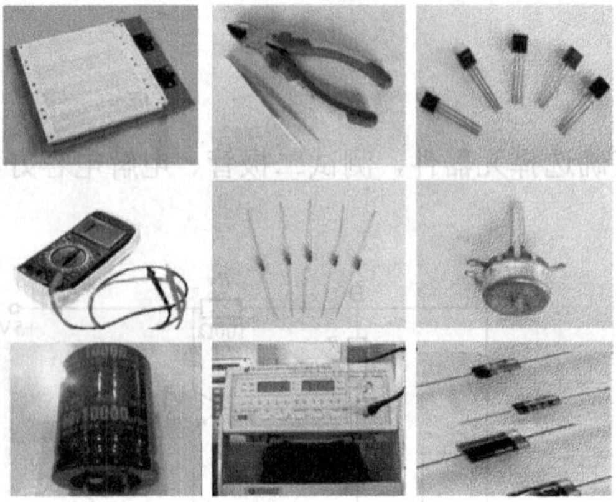

图2-2-2 功率放大器实训设备

四、教学实施

教师教学采用理实一体组织实施，教、学、做一体，学生两人一个小组，完成接线与调试任务。

五、学习与实训内容

1. 工作原理

参考前面讲过的内容，在这里不再详述。

本实训电路采用甲乙类互补对称电路，可以消除交越失真，电路如图2-2-1所示。图2-2-1中的VT3组成前置放大级，VT2和VT1组成互补对称功率放大输出级。静态时，在VD1、VD2上产生的很小的直流压降，为VT1、VT2提供了一个适当的偏压，使两个管子处于微导通状态，工作在电路工作状态为甲乙类状态，调节基极偏置电阻，可使E点静态电位$V_E=V_{CC}/2$。当加入信号u_i时，在信号的负半周，VT1导电，有电流通过负载R_L，同时向C充电；在信号的正半周，VT2导电，则已充电的电容C起着电源的作用，通过负载R_L放电。采用一个电源的甲乙类互补对称功率放大电路，每个管子的工作直流电压为$V_{CC}/2$。

R_3、C_3组成的自举电路，其作用使D点电位升高。

值得指出的是，采用一个电源的互补对称电路，由于每个管子的工作电压不是原来的V_{CC}，而是$V_{CC}/2$，即输出电压幅值V_{om}最大也只能达到约$V_{CC}/2$，所以前面导出的计算P_{om}、耗管P_{C1M}、P_{C2M}的最大值公式，必须加以修正才能使用。修正的方法也很简单，只要以$V_{CC}/2$代替原来的公式中的V_{CC}即可。

2. 实训步骤

（1）按照电路原理图接线，完成后用万用表断电检查电路。

（2）接通直流电源5V（不加信号u_i）。

（3）调整电位器，用万用表直流电压挡测量，使$V_E=V_{CC}/2=2.5V$。

（4）在调好静态工作点的基础上，加1kHz正弦小信号u_i，用示波器观察负载（扬声器8Ω）上的电压波形。调节u_i幅度由小至大，使不失真处于最大不失真时，用毫伏表测量u_o，并计算输出功率P_o。

综合实训二　任　务　单

《电子产品安装与调试（第二版）》

综合实训二 功率放大器装接与调试	姓名	学号	班级	组别	成绩

教学目标：
（1）电子元器件识别、判断与测试能力；万用表正确使用与测试能力。
（2）串联型稳压电路原理图识读及工作原理分析能力。
（3）电路的安装、调试及排除故障能力。
（4）电子仪器仪表使用及对电路进行调试的能力。

项目描述：
（1）按照图 2-2-1，正确选择元器件，测试二极管、电解电容好坏，按照电路图在面包板上，接实物电路。

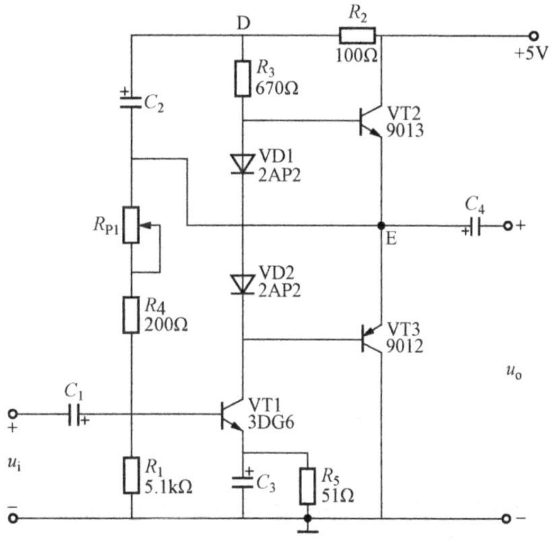

图 2-2-1　功率放大器原理图

（2）线路接完后用万用表断电检查电路。
（3）电路无误后，调试互补对称式功率放大器电路。
1）对照电路图，用万用表检测电路正确无误后，经教师允许方可通电。
2）接通直流电源 5V（不加信号 u_i）。
3）调整电位器，使 $V_E=V_{CC}/2=2.5V$。
4）在调好静态工作点的基础上，加 1kHz 正弦小信号 u_i，用示波器观察负载（扬声器 8Ω）上的电压波形。调节 u_i 幅度由小至大，使不失真处于最大不失真时，用毫伏表测量并计算输出功率 P_o。
（4）完成小组任务分工计划与实施计划；完成任务自我评价、互评及实训报告。

综合实训二 报告单

《电子产品安装与调试（第二版）》

姓名	任务分工		名称	功能
		安装工具 测试仪表 与仪器		

一、装接与调试步骤

二、测试结果

加 1kHz 正弦小信号 u_i，用示波器观察负载（扬声器 8Ω）上的电压波形。调节 u_i 幅度由小至大，使不失真处于最大不失真时，用交流毫伏表测量并计算输出功率 P_o。

续表

<table>
<tr><td colspan="5">三、总结报告</td></tr>
<tr><td rowspan="2">测试过程记录</td><td colspan="4"></td></tr>
<tr><td>记录员签名</td><td></td><td>日期</td><td></td></tr>
</table>

综合实训二 评 价 单

《电子产品安装与调试（第二版）》

班级		姓名		学号		组别	

综合实训二 功率放大器装接与调试			小组自评	教师评价
评分标准		配分	得分	得分
一、知识的掌握 40 分	（1）能分析功率放大器原理	10		
	（2）熟识电路元器件	10		
	（3）测试方法正确	10		
	（4）功率放大器知识的掌握	10		
	（5）原理不清楚，有一处扣 5 分			
二、调试 30 分	（1）在规定时间内完成接线	10		
	（2）能正确连接仪器、仪表进行调试	10		
	（3）调试结果正确	10		
	（4）调试过程中仪器、仪表挡位错、过量限，每次扣 5 分			
	（5）带电接线、拆线每次扣 5 分			
三、协作组织 10 分	（1）小组在任务实施过程中，出勤、团结协作，制定分工计划，分工明确，完成任务	10		
	（2）不动手，不协作，扣 5 分			
四、汇报与分析报告 10 分	任务完成后，能够正确分析与总结，报告完整	10		
五、安全文明意识 10 分	（1）不遵守操作规程扣 4 分	10		
	（2）不清理现场扣 4 分			
	（3）不讲文明礼貌扣 2 分			
年 月 日				

综合实训三　自动循环彩灯控制电路装接与调试

一、项目描述

（1）按照图 2-3-1 所示，正确选择元器件，测试发光二极管好坏，按照电路图在面包板上接线。74LS175 D 触发器芯片引脚图、7411 与门引脚图、555 定时器引脚图、由 555 定时器组成的多谐振荡器电路图如图 2-3-2～图 2-3-5 所示。

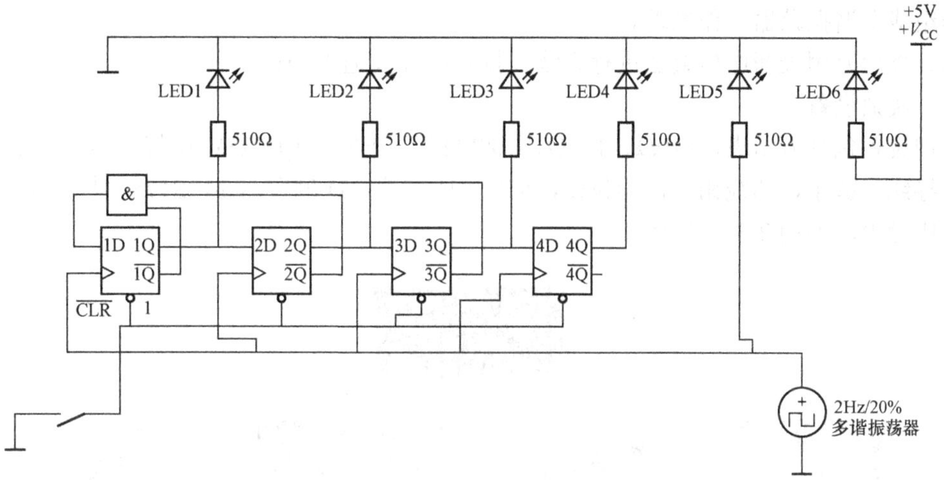

图 2-3-1　自动循环彩灯控制电路原理图

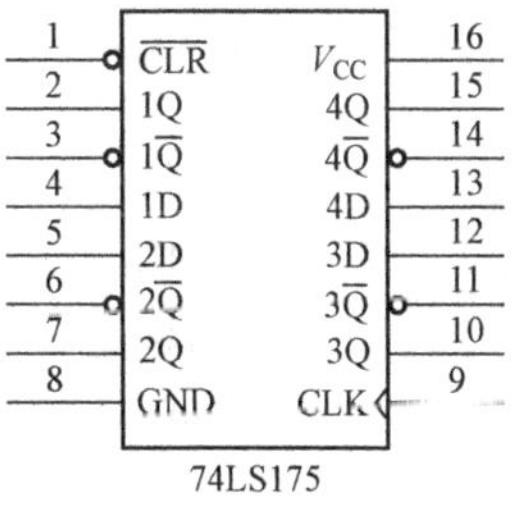

图 2-3-2　74LS175 D 触发器芯片引脚图

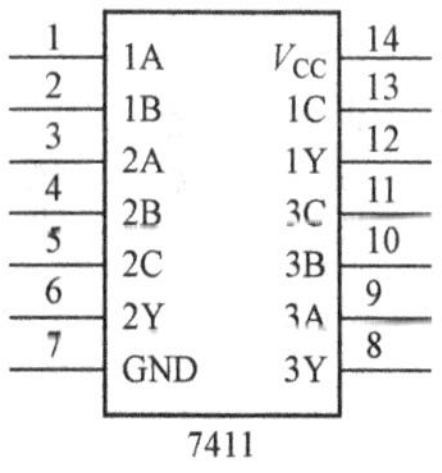

图 2-3-3　7411 与门引脚图

（2）线路接完后，用万用表断电检查电路。

（3）电路无误后，调试自动循环彩灯控制电路。

（4）观察测试结果，作出报告。

二、教学目标

（1）能读懂电路图，能画接线图。

（2）会借助手册查阅电子元器件及芯片的有关数据。

（3）会正确选择、使用元器件及集成芯片。

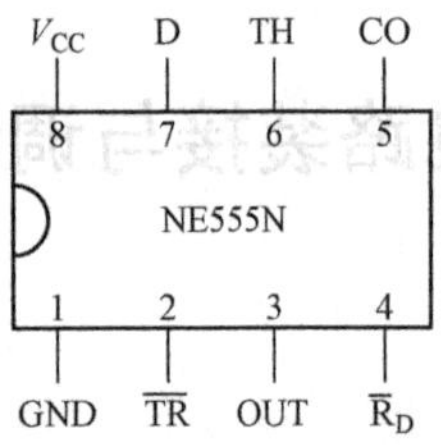

图 2-3-4 555 定时器引脚图

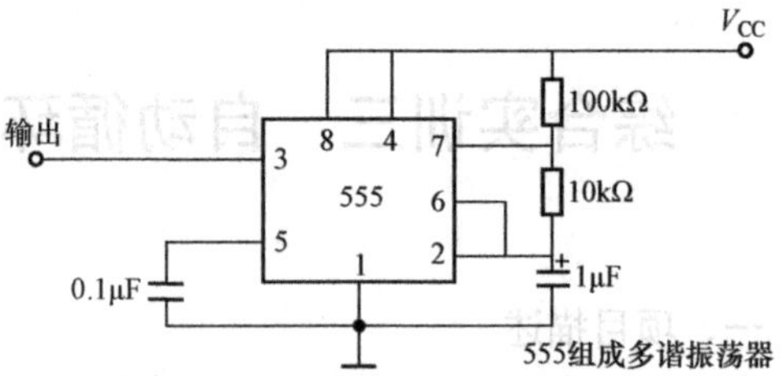

图 2-3-5 由 555 定时器组成的多谐振荡器电路图

（4）能分析 D 触发器 74LS175、与门 74LS11 组成的自循环移彩灯工作原理；能分析 555 定时器组成多谐振荡器工作原理。

（5）能用万用表断电检查法进行查线、排查故障及通电调试。

三、实训设备

实训设备包括万用表，510Ω、10kΩ、100kΩ色环电阻，1μF/25V 电解电容，0.1μF 涤纶电容，导线，镊子，切线钳子，面包板，555 集成芯片，D 触发器 74LS175，与门 74LS11，发光二极管等，如图 2-3-6 所示。

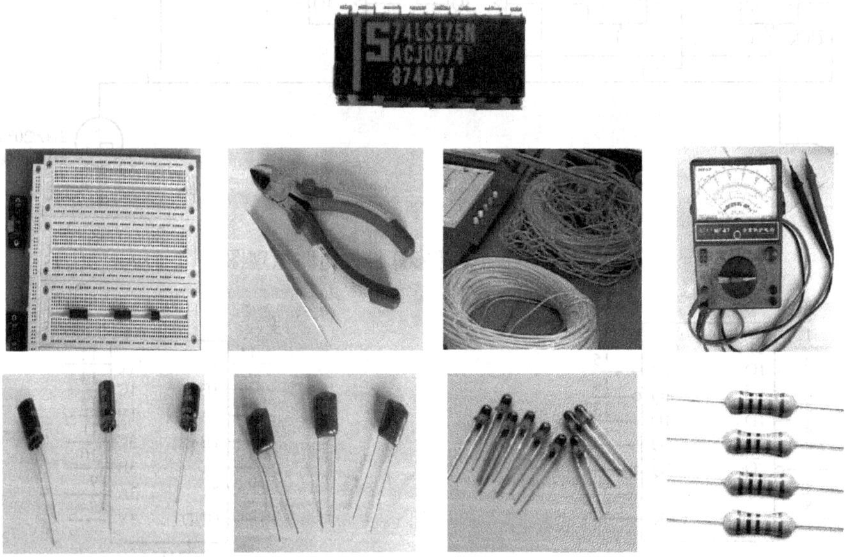

图 2-3-6 自动循环彩灯控制电路实训设备

四、教学实施

教学采用理实一体组织实施，教、学、做一体，学生两人一个小组，完成接线与调试任务。

五、学习与实训内容

1. 74LS175 边沿 D 触发器

74LS175 D 触发器为 16 脚芯片，含有 4 个 D 触发器，有 1 个公共的 CP 脉冲端，为上升沿触发，9 脚为 CP 脉冲端；有一个置“0”端（即 $\overline{CLR}$ 端），$\overline{CLR}$ 端为 1 脚，且低电平有效。

74LS175 D 触发器的逻辑符号和 74LS175 D 触发器芯片引脚图分别如图 2-3-7、图 2-3-8 所示。

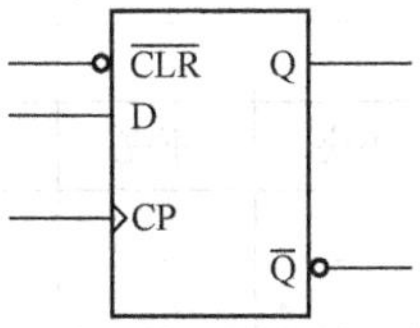

图 2-3-7　D 触发器的逻辑符号

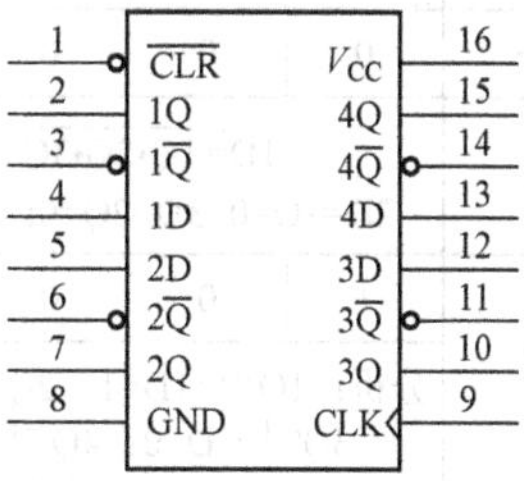

图 2-3-8　74LS175 D 触发器芯片引脚图

74LS175 D 触发器的功能表见表 2-3-1。

表 2-3-1　　74LS175 D 触发器的功能表

$\overline{CLR}$	CP	1D	2D	3D	4D	1Q	2Q	3Q	4Q
0	×	×	×	×	×	0	0	0	0
1	↑	1D	2D	3D	4D	1D	2D	3D	4D
1	1	×	×	×	×	保　持			
1	0	×	×	×	×	保　持			

2. 7411 与门

7411 与门有三个 3 输入与门，其引脚图见图 2-3-3 所示，其逻辑符号见图 2-3-9 所示。

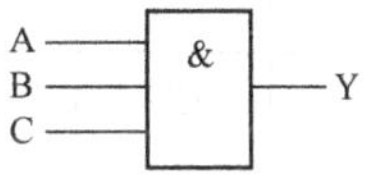

图 2-3-9　7411 与门逻辑符号

与门逻辑表达式：Y=ABC。

3. 555 定时器组成的多谐振荡器

74LS175 D 触发器的时钟脉冲是由多谐振荡器产生的。多谐振荡器接通电源后，不需外加触发信号和输入信号，就能产生一定频率的矩形波信号。多谐振荡器是一种常用的脉冲波形发生器，555 定时器引脚图如图 2-3-4 所示，由 555 定时器组成的多谐振荡器电路图如图 2-3-5 所示。

振荡周期

$$T \approx 0.7(100+2\times10)\times 1\times10^{3}\times10^{-6}\,(\mathrm{s})$$

振荡频率

$$f=\frac{1}{T}(\mathrm{Hz})$$

555 定时器组成的多谐振荡器工作原理参见前面所讲的内容进行分析。

4. 自动循环彩灯控制原理分析

自动循环彩灯控制原理分析见表 2-3-2。

表 2-3-2　　自动循环彩灯控制原理分析

$\overline{CLR}$	CP	1Q	2Q	3Q	4Q	LED1	LED2	LED3	LED4	LED5	LED6
0	—	0	0	0	0	不亮	不亮	不亮	不亮	闪烁	常亮
—	—	1D= $\overline{1Q}\cdot\overline{2Q}\cdot\overline{3Q}$ =1 2D=1Q=0; 3D=2Q=0; 4D=3Q=0				—	—	—	—	—	—
1	↑	1	0	0	0	亮	不亮	不亮	不亮	闪烁	常亮
		分析：$1Q^{n+1}$=1D=1；$2Q^{n+1}$=2D=0； $3Q^{n+1}$=3D=0；$4Q^{n+1}$=4D=0				—	—	—	—	—	—
—	—	1D= $\overline{1Q}\cdot\overline{2Q}\cdot\overline{3Q}$ =0 2D=1Q=1; 3D=2Q=0; 4D=3Q=0				—	—	—	—	—	—
1	↑	0	1	0	0	不亮	亮	不亮	不亮	闪烁	常亮
		$1Q^{n+1}$=1D=0；$2Q^{n+1}$=2D=1； $3Q^{n+1}$=3D=0；$4Q^{n+1}$=4D=0				—	—	—	—	—	—
—	—	1D= $\overline{1Q}\cdot\overline{2Q}\cdot\overline{3Q}$ =0 2D=1Q=0; 3D=2Q=1; 4D=3Q=0				—	—	—	—	—	—
1	↑	0	0	1	0	不亮	不亮	亮	不亮	闪烁	常亮
		$1Q^{n+1}$=1D=0；$2Q^{n+1}$=2D=0； $3Q^{n+1}$=3D=1；$4Q^{n+1}$=4D=0				—	—	—	—	—	—
—	—	1D= $\overline{1Q}\cdot\overline{2Q}\cdot\overline{3Q}$ =0 2D=1Q=0; 3D=2Q=0; 4D=3Q=1				—	—	—	—	—	—
1	↑	0	0	0	1	不亮	不亮	不亮	亮	闪烁	常亮
		$1Q^{n+1}$=1D=0；$2Q^{n+1}$=2D=0； $3Q^{n+1}$=3D=0；$4Q^{n+1}$=4D=1				—	—	—	—	—	—
—	—	1D= $\overline{1Q}\cdot\overline{2Q}\cdot\overline{3Q}$ =1 2D=1Q=0; 3D=2Q=0; 4D=3Q=0				—	—	—	—	—	—
1	↑	1	0	0	0	亮	不亮	不亮	不亮	闪烁	常亮
		$1Q^{n+1}$=1D=1；$2Q^{n+1}$=2D=0； $3Q^{n+1}$=3D=0；$4Q^{n+1}$=4D=0				—	—	—	—	—	—

5. 实训步骤

实训步骤按照项目描述的步骤进行，此处不再详述。

综合实训三　任　务　单

《电子产品安装与调试（第二版）》

综合实训三 自动循环彩灯控制电路装接与调试	姓名	学号	班级	组别	成绩

教学目标：

（1）能读懂电路图，能画接线图。

（2）会借助手册查阅电子元器件及芯片的有关数据。

（3）会正确选择、使用元器件及集成芯片。

（4）能分析 D 触发器 74LS175、与门 74LS11 组成的自动循环彩灯工作原理；能分析 555 定时器组成多谐振荡器原理；能用万用表断电检查法进行查线、排查故障及调试。

项目描述：

（1）按照图 2-3-1，正确选择元器件，测试发光二极管好坏，按照电路图在面包板上接线。74LS175 D 触发器芯片引脚图、7411 与门引脚图、555 定时器引脚图、由 555 定时器组成的多谐振荡器电路图如图 2-3-2～图 2-3-5 所示。

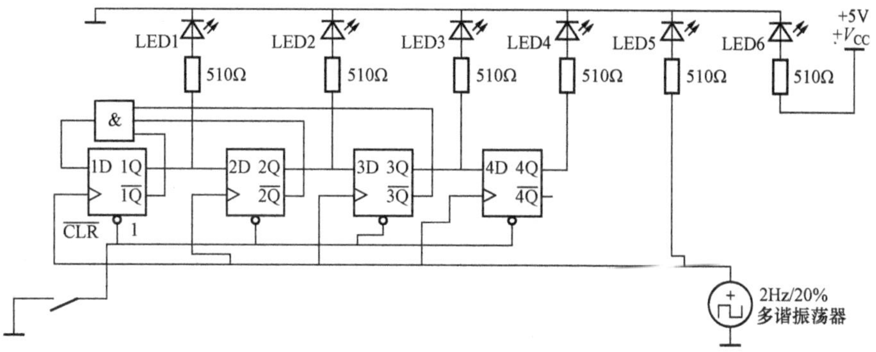

图 2-3-1　自动循环彩灯控制电路原理图

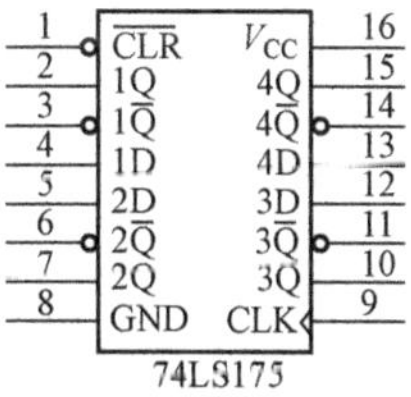

图 2-3-2　74LS175 D 触发器芯片引脚图

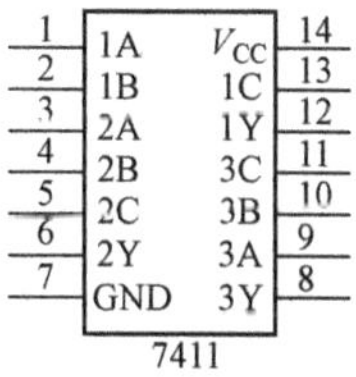

图 2-3-3　7411 与门引脚图

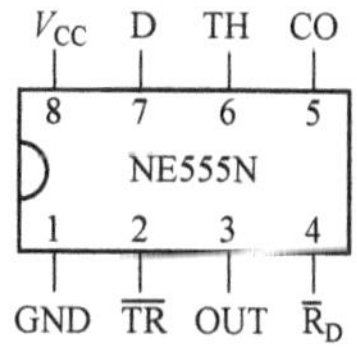

图 2-3-4　555 定时器引脚图

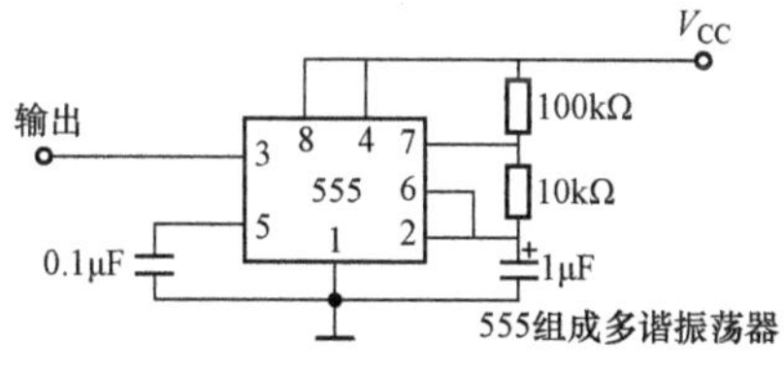

图 2-3-5　由 555 定时器组成的多谐振荡器电路图

（2）线路接完后，用万用表断电检查电路。

（3）电路无误后，调试自动循环彩灯控制电路。

（4）观察测试结果，作出报告。

自动循环彩灯电路装接

综合实训三 报 告 单

自动循环移位彩灯控制电路

《电子产品安装与调试（第二版）》

姓名	任务分工		名称	功能
		安装工具 测试仪表 与仪器		

一、画出电路芯片接线图

续表

<table>
<tr><td colspan="5">二、原理分析

三、总结报告</td></tr>
<tr><td rowspan="2">测试过程记录</td><td colspan="4"></td></tr>
<tr><td>记录员签名</td><td></td><td>日期</td><td></td></tr>
</table>

综合训练三 评 价 单

《电子产品安装与调试（第二版）》

<table>
<tr><td>班级</td><td></td><td>姓名</td><td></td><td>学号</td><td></td><td>组别</td><td></td></tr>
<tr><td colspan="6">综合实训三 自动循环彩灯控制电路接线与调试</td><td>小组自评</td><td>教师评价</td></tr>
<tr><td colspan="5">评分标准</td><td>配分</td><td>得分</td><td>得分</td></tr>
<tr><td rowspan="5">一、知识的掌握
40 分</td><td colspan="4">（1）能分析原理</td><td>10</td><td></td><td></td></tr>
<tr><td colspan="4">（2）熟识电路元器件</td><td>10</td><td></td><td></td></tr>
<tr><td colspan="4">（3）测试方法正确</td><td>10</td><td></td><td></td></tr>
<tr><td colspan="4">（4）D 触发器知识的掌握</td><td>10</td><td></td><td></td></tr>
<tr><td colspan="4">（5）原理不清楚，有一处扣 5 分</td><td></td><td></td><td></td></tr>
<tr><td rowspan="5">二、调试
30 分</td><td colspan="4">（1）在规定时间内完成接线</td><td>10</td><td></td><td></td></tr>
<tr><td colspan="4">（2）能正确连接仪器、仪表进行调试</td><td>10</td><td></td><td></td></tr>
<tr><td colspan="4">（3）调试结果正确</td><td>10</td><td></td><td></td></tr>
<tr><td colspan="4">（4）调试过程中仪器、仪表挡位错、过量限，每次扣 5 分</td><td></td><td></td><td></td></tr>
<tr><td colspan="4">（5）带电接线、拆线每次扣 5 分</td><td></td><td></td><td></td></tr>
<tr><td rowspan="2">三、协作组织
10 分</td><td colspan="4">（1）小组在任务实施过程中，出勤、团结协作，制定分工计划，分工明确，完成任务</td><td>10</td><td></td><td></td></tr>
<tr><td colspan="4">（2）不动手，不协作，扣 5 分</td><td></td><td></td><td></td></tr>
<tr><td>四、汇报与分析报告
10 分</td><td colspan="4">任务完成后，能够正确分析与总结，报告完整</td><td>10</td><td></td><td></td></tr>
<tr><td rowspan="3">五、安全文明意识
10 分</td><td colspan="4">（1）不遵守操作规程扣 4 分</td><td rowspan="3">10</td><td></td><td></td></tr>
<tr><td colspan="4">（2）不清理现场扣 4 分</td><td></td><td></td></tr>
<tr><td colspan="4">（3）不讲文明礼貌扣 2 分</td><td></td><td></td></tr>
<tr><td colspan="8">年 月 日</td></tr>
</table>

综合实训四　手机万能充电器的组装与调试

一、项目描述

（1）按照图 2-4-1 所示的手机万能充电器电路原理图及组装元器件、电路板，正确选择元器件，正确在电路板上插好元器件；并测试所有元器件的好坏，按照图 2-4-1 焊接实物电路，完成手机万能充电器组装任务。

（2）线路安装、焊接完成后，用万用表断电检查法检查电路并排查故障。

（3）电路正确无误后，调试手机万能充电器。

（4）作出实训分析报告。

二、教学目标

（1）学会手机万能充电器的测试方法。

（2）会分析手机万能充电器的工作原理。

（3）能够根据手机万能充电器的电路图正确组装、焊接实物电路。

（4）能够正确完成手机万能充电器的功能测试与调试任务。

（5）能够排除故障，并作出实训报告。

三、实训设备

实训设备包括万用表、切线钳子、镊子、电烙铁、手机万能充电器实训散件及电路板，如图 2-4-2 所示。

四、教学实施

教学采用理实一体组织实施，教、学、做一体，学生每人一套组装件，独立完成组装、焊接与调试任务。

五、学习与实训内容

（一）手机万能充电器电路

1. 电路组成

从图 2-4-1 中可知，该手机万能充电器实质是一个小型开关电源电路，整个电路大致可分为输入整流滤波电路、开关振荡电路、过压保护电路、次级整流滤波电路、稳压输出电路、自动识别极性及充电电路、充电指示电路等几部分。

2. 开关电源

开关电源就是利用电子开关器件（如晶体管、场效应管、可控硅闸流管等），通过控制电路，使电子开关器件不停地“接通”和“关断”，让电子开关器件对输入电压进行脉冲调制，从而实现 DC/AC、DC/DC 电压变换，以及输出电压可调和自动稳压。

开关电源一般有三种工作模式，即频率、脉冲宽度固定模式，频率固定、脉冲宽度可变模式，频率、脉冲宽度可变模式。第一种工作模式多用于 DC/AC 逆变电源，或 DC/DC 电压变换；第二、三种工作模式多用于开关稳压电源。另外，开关电源输出电压也有直接输出电压方式、平均值输出电压方式、幅值输出电压方式三种工作方式。同样，第一种工作方式多用于 DC/AC 逆变电源，或 DC/DC 电压变换；第二、三种工作方式多用于开关稳压电源。

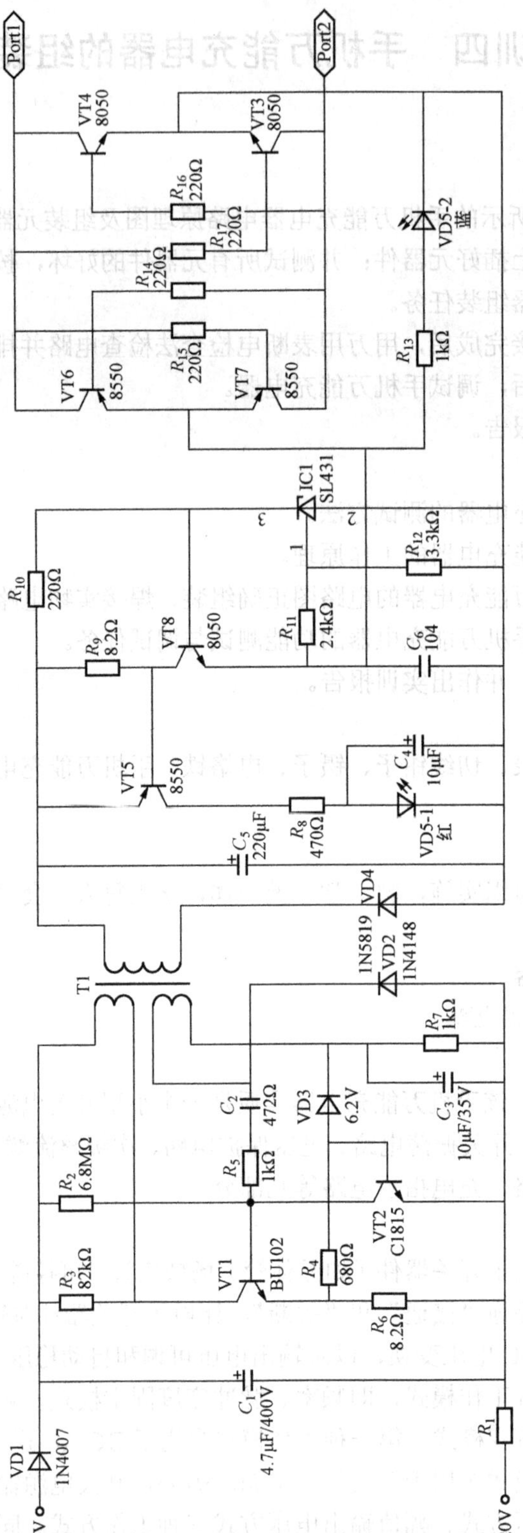

图 2-4-1 手机万能充电器电路原理图

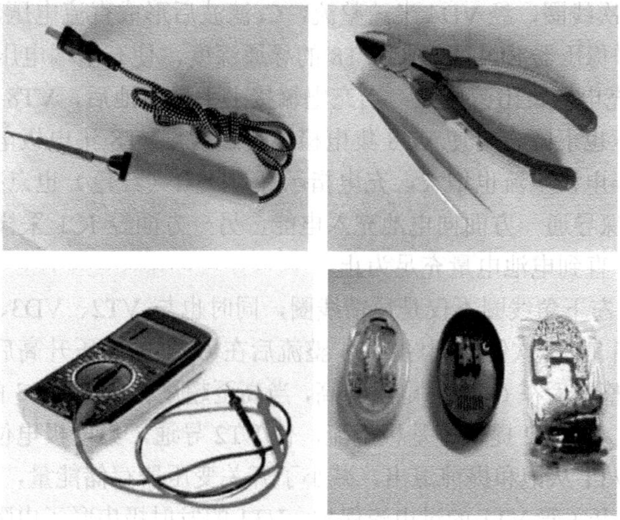

图 2-4-2　手机万能充电器散件与组装工具

根据开关器件在电路中连接的方式，目前比较广泛使用的开关电源大体上可分为串联式开关电源、并联式开关电源、变压器式开关电源三大类。其中，变压器式开关电源（后面简称变压器开关电源）还可以进一步分成推挽式、半桥式、全桥式等多种；根据变压器的激励和输出电压的相位，又可以分成正激式、反激式、单激式和双激式等多种；如果从用途上来分，还可以分成更多种类。

3. 电路工作原理

当充电器接到交流电源上后，220V 交流电压经 VD1 半波整流、C_1 滤波，得到约 300V 的直流电压。由 VT1、T1、R_2、R_3、R_4、R_5、C_2 等元件组成的开关振荡电路将直流转换为高频交流，振荡过程如下。

通电瞬间，+300V 电压通过启动电阻 R_2 为 VT1 提供从无到有增大的基极电流 I_B，VT1 集电极也随之产生从无到有增大的集电极电流 I_C，该电流流经开关变压器 T1 的左上角绕组，产生上正下负的自感应电动势，同时在 T1 的正反馈绕组（左下角绕组）中也感应出上正下负的互感电动势，该电动势经 R_5、C_2 等反馈到 VT1 的基极，使 I_B 进一步增大，这是一个强烈的正反馈过程，即：

I_B↑→I_C↑→T1（ 左上角、左下角绕组）感应电动势极性→I_B↑

在这个正反馈的作用下，VT1 迅速进入饱和状态，变压器 T1 储存磁场能量。此后正反馈绕组不断地对电容 C_2 充电，极性为左负右正，从而使 VT1 基极电压不断下降，最后使 VT1 退出饱和状态，T1 左上角绕组的电流呈减小趋势，T1 各绕组的感应电动势全部翻转，此时 T1 左下角绕组的感应电动势极性为上负下正，该电动势反馈到 VT1 的基极后，使 I_B 进一步减小，如此循环，进入另一个强烈正反馈过程，使 VT1 迅速截止。随后 C_2 在自身放电及+300V 对它的反向充电的作用下，又使 VT1 基极电压回升，进入下一轮循环，从而产生周期性的振荡，使 VT1 工作在不断地开、关状态下。

综上所述，由 VT1、VT2、T1 及外围相关元件组成高频振荡电路，产生高频脉冲电压，耦合到变压器 T1 二次线圈，经 VD4 半波整流，C_5滤波后形成直流电压，当充电端开路或电池电量充足时，并联稳压器 SL431 控制 VT8 的导通深度，使充电端电压恒定在 4.2V 左右，同时 VD5-2 点亮，充电器发出蓝色光；当充电端接上手机电池后，VT8 发射极电压被拉低，此时 IC1 采样端电压也下降，迫使 VT8 集电极电流加大，VT8 集电极电位降低，使 VT5 基极电流增大，VT5 集电极电流也增大，充电指示灯 VD5-1（红色）也点亮，充电器发出紫色光；但此时 VT8 的深导通一方面向电池充入电能，另一方面经 IC1 采样后又将促使 VT8 电流减小，如此反复，直到电池电量充足为止。

开关变压器 T1 左下角线圈不仅是反馈线圈，同时也与 VT2、VD3、VD2、C_3一起组成过电压保护电路。当 T1 二次侧线圈经 VD4 整流后在 C_5上的电压升高后，同时也表现为 T1 左下角线圈经 VD2 整流后在 C_3上的电压升高，当高至超过稳压管 VD3 的稳压值（6.2V）时，VD3 反向击穿导通，给 VT2 提供了基极电流，使 VT2 导通，集电极电位下降，也使 VT1 基极电位下降，促使 VT1 从饱和提前退出，减小了开关变压器存储能量，使输出电压降低。

电路中还设置了开关管 VT1 的过电流保护，VT1 的发射极串联了电阻 R_6，当 VT1 发射极电流太大时，R_6两端的电压也相应的增大，这个电压经 R_4反馈到 VT2 的基极使其导通，其基电极电位下降，VT1 的基极电位也开始下降，VT1 的集电极电流就会下降，起到了保护作用。

电路右上角为电池极性自适应电路，VT4～VT7 及外围元件组成能自动切换极性的充电回路，被充电的手机电池接到 Port1 与 Port2 之间时，当电池极性为上正下负的时候，位于对角线上的 VT3 与 VT6 将导通，VT4 与 VT7 截止；当电池反接时，则 VT3 与 VT7 导通、VT4 与 VT7 截止，充电电流方向与刚才相反。即无论电池极性如何，该电路均能保证按正确的极性为电池充电。

（二）实训步骤

（1）对照图 2-4-1，检查元器件参数与数量，检查二极管、三极管、发光二极管的好坏，检查色环电阻及阻值是否正确。

（2）按照图 2-4-1 在电路板上进行实物组装与焊接。

（3）组装、焊接完成后，用万用表检查线路，并排除故障。

（4）线路检查无误后，对手机万能充电器电路进行功能调试。

（三）安装注意事项

（1）由于线路板设计尺寸比较小巧，因此大部分元器件采用卧式安装，在安装元器件时一定要注意，引脚一旦剪得过短将很难安装。安装时只要对照说明书上的原理图，结合线路板上的元器件标识对号入座即可。

（2）二极管、三极管及电解电容安装时一定要注意型号和极性，对于线路板上的标识不理解的，应仔细核对原理图，确定准确后方可安装，否则反装将使电路无法正常工作。

1）本项目中，VD1、VD2、VD4 三只二极管外形、颜色相同，体积小，型号字迹不易辨认，其中 VD1 型号为 1N4007，VD2 型号为 1N4148，VD3 型号为 1N5819。

2）由于本项目采用分立元器件，一共有 8 只三极管，其中 VT3、VT4、VT8 为 S8050，VT5、VT6、VT7 为 S8550，各 3 只，前者为 NPN 管，后者为 PNP 管，很容易看错。

3）电容 C1 采用卧式安装，其余电容均采用立式安装。

（3）充电电极与引线焊接时，一定要先将电极上用刀片刮除氧化层，这样方便焊接，同时焊时锡不要太多，另外要注意焊接时间不要过长，由于外壳是塑料件，温度过高会熔化塑料，造成变形，焊好后用手按动一下正面夹子弹簧，看能否灵活运动。

（4）双色发光管引出三个引脚，中间的为公共端，两边两个引脚分别对应两种色彩发光二极管的阳极，焊接时，若无法确定安装方向，可先用 5V 直流电源串一只 2kΩ左右的电阻查看哪个引脚是蓝光，哪个引脚是红光，然后将蓝光引脚与 R_{13} 相连的焊点对应起来焊接，这样便可以准确确定双色管的安装方向，由于两种色彩的发光二极管电气参数不一样，因此反装的话将使充电器无法正常工作，若装好后接上电板，没有插上市电也出现红灯闪亮，说明双色管的方向装反，可拆下换个方向再装并试机。

（5）由于市电引入脚与线路板的连接是通过插头极片完成的，如果安装接触不良的话，将使充电器无法正常工作，在线路板焊接时必须在安装电极的线路板上上锡（线路板上可看到几条铜线没有上阻焊层的），放入外壳前，先将引脚固定螺丝松开，然后将线路板平整地放入外壳中，再拧紧固定螺栓，这一步骤完成后，再用万用表电阻挡测量引脚与线路板是否接触可靠，若电阻无穷大，应仔细调整。

（四）功能调试

（1）全部元器件安装完成后，应仔细检查，确认元器件安装无误后便可以通电检测。

（2）由于本项目采用的是 220V 供电，因此从安全的角度考虑，可以先用直流电源进行充电电路的调试，其方法为：准备一台输出电流不小于 1A 的可调直流稳压电源，将 VD4 一个引脚与线路板上断开，然后将直流稳压电源调整到输出 5.6V，接于 C_5 两端，此时可以看到蓝色指示灯亮，取一手机电板，将充电电极引脚间距调整到正好与电板上的正、负极距离相当，松开充电夹子，将电板放入其中，若电板电量不足，此时可看到充电红灯闪亮，如果符合这些规律，说明充电电路基本正常。

（3）所有元器件全部装好，接入市电进行测试。注意此时手不要去碰开关电源部分元器件，否则容易发生触电事故。用万用表测量 C_5 两端电压，正常应在 5.6～6V 之间（由于元器件参数不同，实际电压值也略有差别），测量充电电极间电压，应为 4.3V 左右，极性是随机的，当接上电板后，C_5 两端电压在 5.2～5.5V 之间，而充电电极间的电压则为电板两端电压值。

（4）将需要充电的手机电池装上充电器，蓝色指示灯亮，插上市电，此时可看到蓝灯常亮，红灯闪亮，这表示充电器正对电池进行充电；当电板电量充足后，红灯停止闪亮，蓝灯常亮。若整个过程符合上述规律，便可判断充电器工作正常。

（五）元器件清单

元器件清单见表 2-4-1。

表 2-4-1　　元 器 件 清 单

序号	标识	元器件名称	型号规格	数量	序号	标识	元器件名称	型号规格	数量
1	R_1	电阻	1Ω	1	8	R_{10}、R_{14}～R_{17}	电阻	220Ω	5
2	R_2	电阻	6.8MΩ	1	9	R_{11}	电阻	2.4kΩ	1
3	R_3	电阻	82kΩ	1	10	R_{12}	电阻	3.3kΩ	1
4	R_4	电阻	680Ω	1	11	C_1	电解电容	4.7μF/400V	1
5	R_5、R_7、R_{13}	电阻	1kΩ	3	12	C_2	瓷片电容	472F	1
6	R_6、R_9	电阻	8.2Ω	2	13	C_3、C_4	电解电容	10μF/35V	2
7	R_8	电阻	470Ω	1	14	C_5	电解电容	220μF	1

续表

序号	标识	元器件名称	型号规格	数量	序号	标识	元器件名称	型号规格	数量
15	C_6	瓷片电容	104	1	24	VT5、VT6、VT7	三极管	8550	3
16	VD1	二极管	1N4007	1	25	IC1	并联稳压器	SL431	1
17	VD2	二极管	1N4148	1	26	T1	变压器	—	1
18	VD3	稳压二极管	6.2V	1	27	—	导线	—	2
19	VD4	二极管	5819	1	28	—	自攻螺钉	—	2
20	VD5	双色发光管	$\phi5$	1	29	—	外壳	—	1
21	VT1	三极管	BU102	1	30	—	线路板	WFS403	1
22	VT2	三极管	C1815	1	31	—	说明书	WFS403	1
23	VT3、VT4、VT8	三极管	8050	3					

综合实训四　任　务　单

《电子产品安装与调试（第二版）》

综合实训四 手机万能充电器的组装与调试	姓名	学号	班级	日期	成绩

教学目标：

（1）学会手机万能充电器的测试方法。

（2）会分析手机万能充电器的工作原理。

（3）能够根据手机万能充电器的电路图正确安装并焊接实物电路。

（4）能够正确完成手机万能充电器的功能测试、调试任务。

（5）能够排除故障并作出实训报告。

项目描述：

（1）按照图 2-4-1 所示的手机万能充电器电路原理图及组装元器件、电路板，正确选择元器件、正确在电路板上插好元器件；并测试所有元器件的好坏，按照图 2-4-1 焊接实物电路，完成手机万能充电器组装任务。

（2）线路安装、焊接完成后，用万用表断电检查法检查电路并排查故障。

（3）电路正确无误后，调试手机万能充电器。

（4）作出实训报告。

（5）完成任务自我评价与互评。

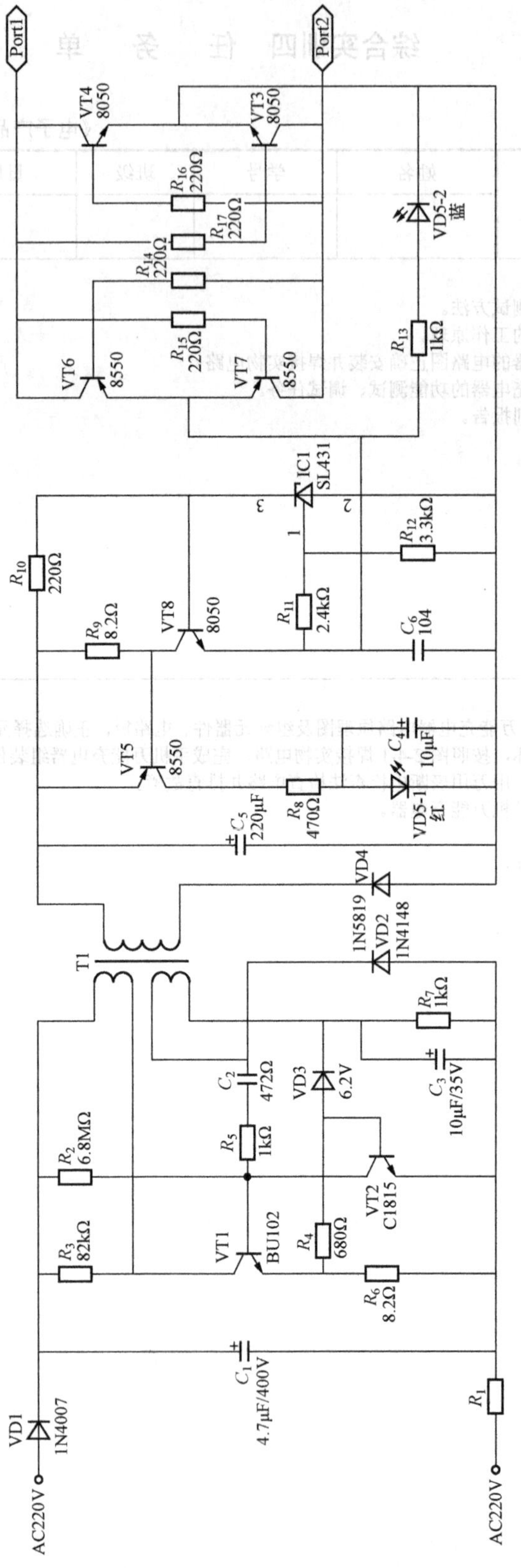

图 2-4-1 手机万能充电器电路原理图

元器件清单见表 2-4-1。

表 2-4-1　　元器件清单列表

序号	标识	元器件名称	型号规格	数量	序号	标识	元器件名称	型号规格	数量
1	R_1	电阻	1Ω	1	17	VD2	二极管	1N4148	1
2	R_2	电阻	6.8MΩ	1	18	VD3	稳压二极管	6.2V	1
3	R_3	电阻	82kΩ	1	19	VD4	二极管	5819	1
4	R_4	电阻	680Ω	1	20	VD5	双色发光管	$\phi5$	1
5	R_5、R_7、R_{13}	电阻	1kΩ	3	21	VT1	三极管	BU102	1
6	R_6、R_9	电阻	8.2Ω	2	22	VT2	三极管	C1815	1
7	R_8	电阻	470Ω	1	23	VT3、VT4、VT8	三极管	8050	3
8	R_{10}、R_{14}～R_{17}	电阻	220Ω	5	24	VT5、VT6、VT7	三极管	8550	3
9	R_{11}	电阻	2.4kΩ	1	25	IC1	并联稳压器	SL431	1
10	R_{12}	电阻	3.3kΩ	1	26	T1	变压器	—	1
11	C_1	电解电容	4.7μF/400V	1	27	—	导线	—	2
12	C_2	瓷片电容	472	1	28	—	自攻螺钉	—	2
13	C_3、C_4	电解电容	10μF/35V	2	29	—	外壳	—	1
14	C_5	电解电容	220μF	1	30	—	线路板	WFS403	1
15	C_6	瓷片电容	104	1	31	—	说明书	WFS403	1
16	VD1	二极管	IN4007	1					

综合实训四 报 告 单

《电子产品安装与调试（第二版）》

姓名	班级	学号	安装工具 测试仪表 与仪器	名称	功能

一、手机万能充电器工作原理

二、组装、调试步骤

续表

<table>
<tr><td colspan="5">三、调试结果（手机万能充电器具有的功能）

四、总结报告</td></tr>
<tr><td rowspan="2">装接过程问题记录</td><td colspan="4"></td></tr>
<tr><td>签名</td><td></td><td>日期</td><td></td></tr>
</table>

综合实训四 评 价 单

《电子产品安装与调试（第二版）》

<table>
<tr><td>班级</td><td></td><td>姓名</td><td></td><td>学号</td><td></td><td>日期</td><td></td></tr>
<tr><td colspan="6">综合实训四 手机万能充电器组装与调试</td><td>小组自评</td><td>教师评价</td></tr>
<tr><td colspan="5">评分标准</td><td>配分</td><td>得分</td><td>得分</td></tr>
<tr><td rowspan="5">一、知识的掌握
40 分</td><td colspan="4">（1）能分析手机万能充电器电路原理</td><td>10</td><td></td><td></td></tr>
<tr><td colspan="4">（2）熟识电路元器件</td><td>10</td><td></td><td></td></tr>
<tr><td colspan="4">（3）插件正确、测试方法正确</td><td>10</td><td></td><td></td></tr>
<tr><td colspan="4">（4）充电器电路知识的掌握</td><td>10</td><td></td><td></td></tr>
<tr><td colspan="4">（5）原理不清楚，有一处扣 5 分</td><td></td><td></td><td></td></tr>
<tr><td rowspan="5">二、调试
30 分</td><td colspan="4">（1）在规定时间内完成接线</td><td>10</td><td></td><td></td></tr>
<tr><td colspan="4">（2）能正确调试</td><td>10</td><td></td><td></td></tr>
<tr><td colspan="4">（3）调试结果正确</td><td>10</td><td></td><td></td></tr>
<tr><td colspan="4">（4）调试过程中仪器、仪表挡位错、过量限，每次扣 5 分</td><td></td><td></td><td></td></tr>
<tr><td colspan="4">（5）带电接线、拆线每次扣 5 分</td><td></td><td></td><td></td></tr>
<tr><td rowspan="2">三、协作组织
10 分</td><td colspan="4">（1）小组在任务实施过程中，出勤、团结协作，制定分工计划，分工明确，完成任务</td><td>10</td><td></td><td></td></tr>
<tr><td colspan="4">（2）不动手，不协作，扣 5 分</td><td></td><td></td><td></td></tr>
<tr><td>四、汇报与分析报告
10 分</td><td colspan="4">任务完成后，能够正确分析与总结，报告完整</td><td>10</td><td></td><td></td></tr>
<tr><td rowspan="3">五、安全文明意识
10 分</td><td colspan="4">（1）不遵守操作规程扣 4 分</td><td rowspan="3">10</td><td></td><td></td></tr>
<tr><td colspan="4">（2）不清理现场扣 4 分</td><td></td><td></td></tr>
<tr><td colspan="4">（3）不讲文明礼貌扣 2 分</td><td></td><td></td></tr>
<tr><td colspan="8">

年 月 日</td></tr>
</table>

综合实训五　声光控延时开关的组装与调试

一、项目描述

（1）按照图 2-5-1 所示的声光控延时开关电路原理图、组装用的元器件及电路板，正确选择元器件，测试二极管、三极管、电解电容、驻极体话筒好坏，正确在电路板上插好元器件，按照图 2-5-1 安装、焊接实物电路，完成声光控延时开关组装任务。

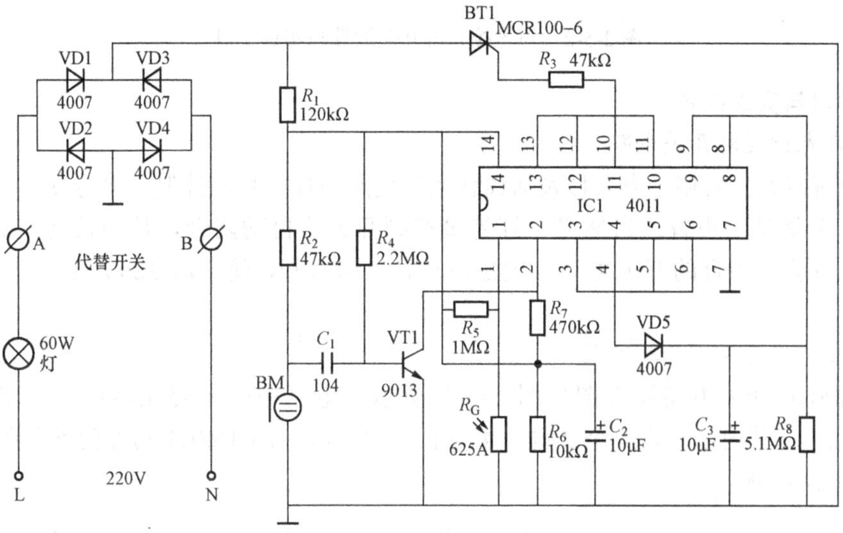

图 2-5-1　声光控延时开关电路原理图

（2）线路安装、焊接完成后，用万用表断电检查法，检查电路并排查故障。

（3）电路正确无误后，调试声光控延时开关。

（4）作出实训分析报告。

二、教学目标

（1）具有声光控延时开关的测试能力。

（2）具有分析声光控延时开关工作原理的能力。

（3）能够根据声光控延时开关的电路图，具有正确安装、焊接实物电路的能力。

（4）能够正确完成声光控延时开关的测试与调试任务，并能排除故障。

三、实训设备

实训设备包括万用表、切线钳子、镊子、电烙铁、声光控延时开关实训散件、声光控延时开关电路板，如图 2-5-2 所示。

四、教学实施

教学采用理实一体组织实施，教、学、做一体，学生每人一套组装件，独立完成组装、焊接与调试任务。

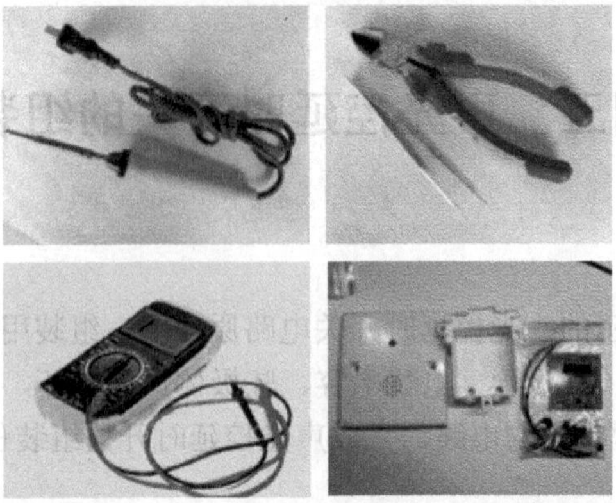

图 2-5-2 声光控延时开关散件与实训工具

五、学习与实训内容

（一）声光控延时开关电路

声光控延时开关常用于办公楼及居民住宅楼道照明灯的自动控制，既方便，又节能。声光控延时开关就是用声音或自然光、灯光来控制开关的自动闭合，从而接通交流 220V 照明灯电路，灯亮，闭合的开关再经一定延时后，自动断开，使交流 220V 照明灯电路断开，灯灭。

1. 集成芯片 CD4011 与非门

声光控延时开关电路原理图如图 2-5-1 所示。电路中的主要元器件是数字集成芯片 CD4011 与非门，其内部含有 4 个 2 输入 4 与非门。集成芯片 CD4011 与非门外观图、引脚图、功能表如图 2-5-3 所示。

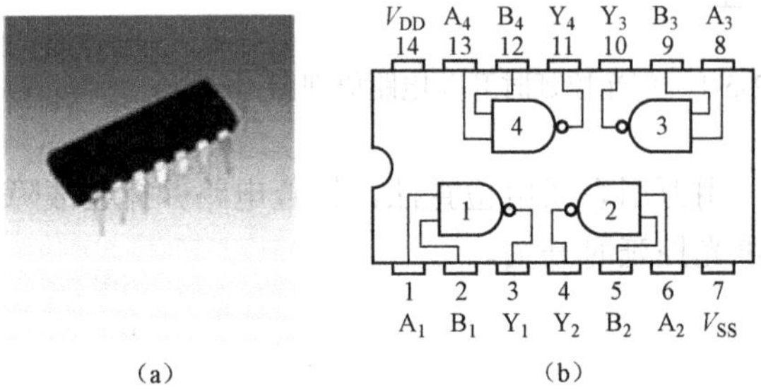

A	B	Y
0	0	1
1	0	1
0	1	1
1	1	0

（c）

图 2-5-3 集成芯片 CD4011 与非门

（a）外观图；（b）引脚图；（c）功能表

2. 声光控延时开关电路工作原理

声光控延时开关电路组成单元框图如图 2-5-4 所示。

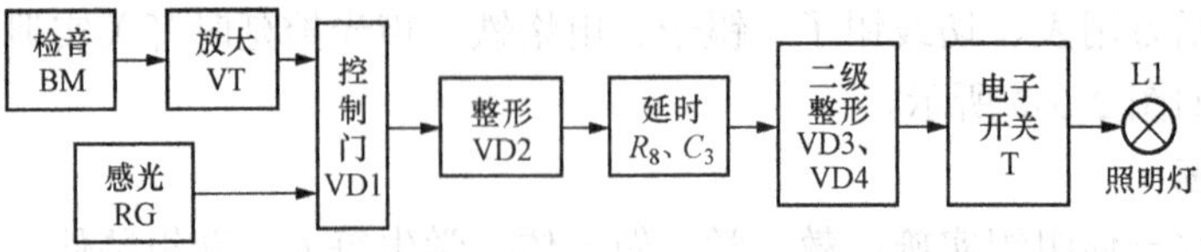

图 2-5-4 声光控延时开关组成单元方框图

用图 2-5-4 来分析图 2-5-1。声音信号（脚步声、掌声等）由驻体话筒 BM 接收并转换成电信号，经 C_1 耦合到 VT1 的基极进行电压放大，放大的信号送到与非门 CD4011 的 2 脚，R_4、R_7 是 VT1 偏置电阻，C_2 是电源滤波电容。

为了使声光控开关在白天开关断开，即灯不亮，由光敏电阻 R_G 等元件组成光控电路，R_5 和 R_G 组成串联分压电路；夜晚环境无光时，光敏电阻的阻值很大，R_G 两端的电压高，即为高电平。改变 R_8 或 C_3 的值，可改变延长时间，满足不同目的。与非门 3 和 4 构成两级整形电路，将方波信号进行整形。当 C_3 充电到一定电平时，信号经与非门 3、4 后输出为高电平，使单向可控硅导通，电子开关闭合；C_3 充满电后只向 R_8 放电，当放电到一定电平时，经与非门 3、4 输出为低电平，使单向可控硅截止，电子开关断开，完成一次完整的电子开关由开到关的过程。

二极管 VD1～VD4 将交流 220V 进行桥式整流，变成脉动直流电，又经 R_1 降压、C_2 滤波后即为电路的直流电源，为驻体话筒 BM、三极管 VT1、集成芯片 IC1 等供电。

（二）实训步骤

（1）对照图 2-5-1，检查元器件参数与数量，检查二极管、三极管的好坏，检查色环电阻及阻值是否正确。

（2）按照图 2-5-1 在电路板上进行实物组装与焊接。

（3）组装、焊接完成后，用万用表检查线路，并排除故障。

（4）线路检查无误后，对声光控延时开关电路进行调试。

（三）安装说明

（1）二极管、三极管安装时注意极性不要装反，线路板上都有标识，制作时请严格按照标识来插件。

（2）三极管安装时必须控制其高度，安装时尽量插到底，否则后盖无法正常安装。

（3）可控硅（晶闸管）的外形与三极管相同，插装时要看准标识。

（4）驻体话筒的安装。

在图 2-5-5 中，驻体话筒的正极标有“+”，负极标有“−”号，若记不清，还有个区分的方法，看哪个引出点与外壳相连就是负极。对于驻体话筒的安装，若是直接焊在线路板上，可以用两根电阻剪下来的引脚作为引出线，具体的引出线焊法如图 2-5-6 所示。

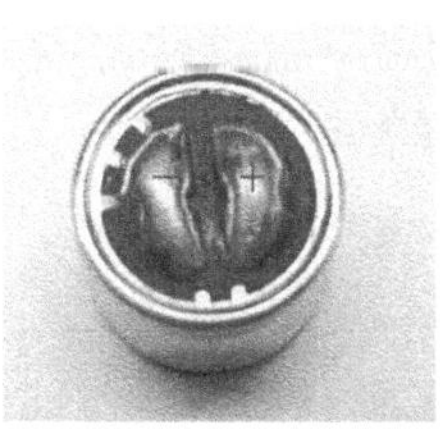

图 2-5-5　驻极体话筒引脚

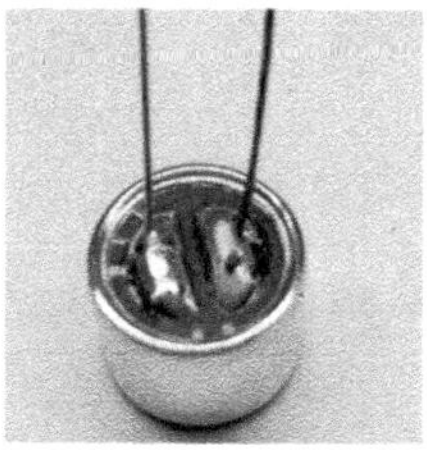

图 2-5-6　驻极体话筒引线焊法

（5）光敏电阻的安装。光敏电阻没有极性，在白天调试时，可先不焊光敏电阻，等全部正常后，再焊上光敏电阻。

（四）功能调试

（1）将除光敏电阻处焊接好的电路板，接上电源后拍手，这时灯泡点亮，大约经过 45s

左右的延时后灯泡熄灭，说明声控部分和延时部分正常。

（2）将光敏电阻插装到初调好的电路板相应位置上，用自攻螺钉将其固定在前外壳上，然后调整光敏电阻的前后左右位置和引脚长度，使其正好对准前外壳的圆孔中，受光面与外壳表面平齐，再将光敏电阻的引脚用电烙铁焊接在电路板上。

（3）按电路原理图接好线路，在有光照的情况下拍手，灯泡不点亮。然后用一块黑布将声光控开关盖上，拍手，灯泡点亮，经延时 45s 左右灯泡熄灭，说明整个电路工作正常。调试接线示意图如图 2-5-7 所示。

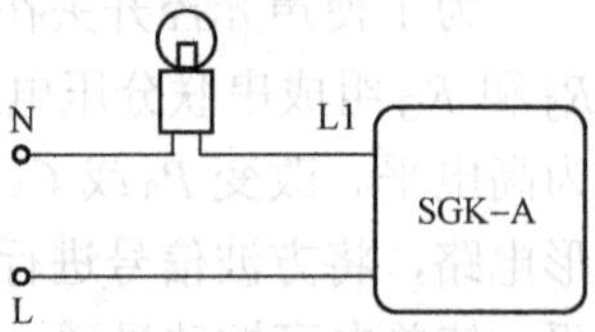

图 2-5-7 调试接线示意图

（4）装好后盖，组装、调试完成。

（五）元器件清单

元器件清单见表 2-5-1。

表 2-5-1 元 器 件 清 单

序号	名称	型号规格	位号	数量	序号	名称	型号规格	位号	数量
1	集成电路	CD4011	IC	1块	10	电阻器	2.2MΩ、5.1MΩ	R_4、R_8	各1支
2	单向可控硅	100-6	T	1支	11	瓷片电容	104	C_1	1支
3	三极管	9013	VT	1支	12	电解电容	10μF/10V	C_2、C_3	2支
4	整流二极管	1N4007	VD1～VD5	5支	13	前盖、后盖	—	—	1套
5	驻极体	54±2dB	BM	1支	14	印制板、图纸	—	—	1套
6	光敏电阻	625A	R_G	1支	15	自攻螺钉	$\phi3\times6$	—	5粒
7	电阻器	10kΩ、120kΩ	R_6、R_1	各1支	16	元机螺钉	$\phi4\times25$	—	2粒
8	电阻器	47kΩ	R_2、R_3	2支	17	粗导线	—	—	5根
9	电阻器	470kΩ、1MΩ	R_7、R_5	各1支					

综合实训五　任　务　单

《电子产品安装与调试（第二版）》

<table>
<tr><td colspan="8">综合实训五　声光控延时开关的组装与调试</td></tr>
<tr><td>姓名</td><td></td><td>班级</td><td></td><td>学号</td><td></td><td>学期</td><td></td></tr>
<tr><td colspan="8">教学目标：
（1）具有声光控延时开关的测试能力。
（2）具有分析声光控延时开关工作原理的能力。
（3）能够根据声光控延时开关的电路图，具有正确安装、焊接实物电路能力。
（4）能够正确完成声光控延时开关的功能测试、调试任务，并能排除故障。
（5）养成工作认真细致，求稳求精，科学、严谨的工作作风。</td></tr>
<tr><td colspan="8">项目描述：
（1）根据声光控延时开关电路散装件及线路板，正确识别元器件，对照材料清单核查元器件。
（2）按照图 2-5-1 所示的声光控延时开关电路原理图、组装用的元器件及电路板，正确选择元器件，测试二极管、三极管、电解电容、驻极体话筒好坏，正确在电路板上插好元器件，按照图 2-5-1 安装、焊接实物电路，完成声光控延时开关组装任务。
（3）用万用表测元器件好坏、参数、极性，能准确、熟练读出色环电阻的阻值。
（4）学习电子产品组装程序、安装工艺及调试方法，进一步训练手工电烙铁的使用技巧，掌握电子产品焊接技术。
（5）线路安装、焊接完成后，用万用表断电检查法，检查电路并排查故障。
（6）电路正确无误后，调试声光控延时开关。
（7）作出实训分析报告。
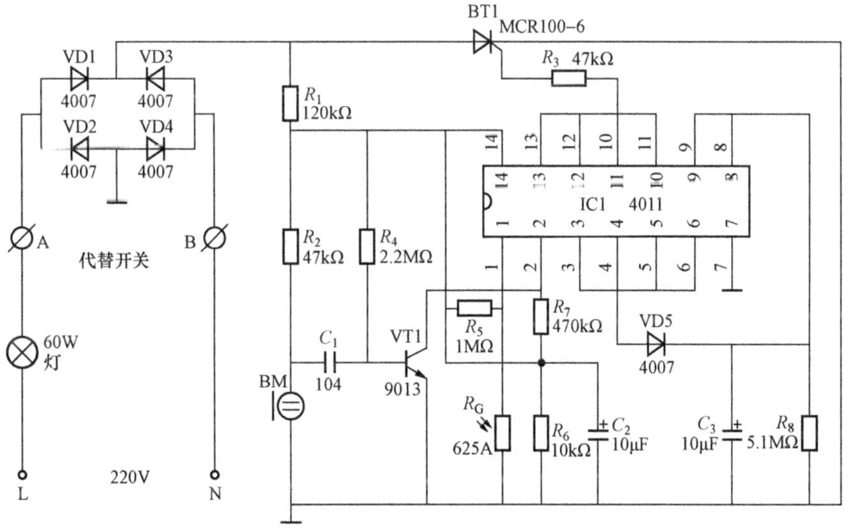

图 2-5-1　声光控延时开关电路原理图</td></tr>
</table>

综合实训五 报告单

《电子产品安装与调试（第二版）》

姓名	班级	学号	安装工具 测试仪表	名称	功能

一、声光控延时开关电路工作原理

二、组装、调试步骤

续表

三、调试结果 四、总结报告				
测试过程记录				
	记录员签名		日期	

综合实训五 评 价 单

《电子产品安装与调试（第二版）》

<table>
<tr><td>班级</td><td></td><td>姓名</td><td></td><td>学号</td><td></td><td>日期</td><td></td></tr>
</table>

<table>
<tr><td colspan="3">综合实训五 声光控延时开关的组装与调试</td><td>小组自评</td><td>教师评价</td></tr>
<tr><td colspan="2">评分标准</td><td>配分</td><td>得分</td><td>得分</td></tr>
<tr><td rowspan="5">一、知识的掌握
40 分</td><td>（1）能分析声光控延时开关电路原理</td><td>10</td><td></td><td></td></tr>
<tr><td>（2）熟识电路元器件</td><td>10</td><td></td><td></td></tr>
<tr><td>（3）插件正确、测试方法正确</td><td>10</td><td></td><td></td></tr>
<tr><td>（4）声光控延时开关电路知识的掌握</td><td>10</td><td></td><td></td></tr>
<tr><td>（5）原理不清楚，有一处扣 5 分</td><td></td><td></td><td></td></tr>
<tr><td rowspan="5">二、调试
30 分</td><td>（1）在规定时间内完成接线</td><td>10</td><td></td><td></td></tr>
<tr><td>（2）能正确调试</td><td>10</td><td></td><td></td></tr>
<tr><td>（3）调试结果正确</td><td>10</td><td></td><td></td></tr>
<tr><td>（4）调试过程中仪器、仪表挡位置错、过量限，每次扣 5 分</td><td></td><td></td><td></td></tr>
<tr><td>（5）带电接线、拆线每次扣 5 分</td><td></td><td></td><td></td></tr>
<tr><td rowspan="2">三、协作组织
10 分</td><td>（1）在任务实施过程中，按时出勤，完成任务</td><td>10</td><td></td><td></td></tr>
<tr><td>（2）在任务实施过程中，不动手，扣 5 分</td><td></td><td></td><td></td></tr>
<tr><td>四、汇报与分析报告
10 分</td><td>任务完成后，能够正确分析与总结，报告完整</td><td>10</td><td></td><td></td></tr>
<tr><td rowspan="3">五、安全文明意识
10 分</td><td>（1）不遵守操作规程扣 4 分</td><td rowspan="3">10</td><td></td><td></td></tr>
<tr><td>（2）不清理现场扣 4 分</td><td></td><td></td></tr>
<tr><td>（3）不讲文明礼貌扣 2 分</td><td></td><td></td></tr>
<tr><td colspan="5">年 月 日</td></tr>
</table>

综合实训六　晶体管收音机的组装与调试

一、项目描述

（1）根据给定的收音机散装件及线路板，正确识别各种元器件，对照材料清单核查所有元器件。

（2）根据图 2-6-1，学习调幅收音机的组成与原理，学会电子产品组装、焊接工艺。

（3）用万用表测试元器件好坏、参数值、极性，能准确、熟练读出给定色环电阻的阻值。

（4）学习电子产品组装程序、安装工艺及调试方法，进一步训练手工电烙铁的使用技巧，掌握电子产品焊接技术，根据图 2-6-1、图 2-6-2，独立完成调幅收音机的组装、焊接与调试项目。

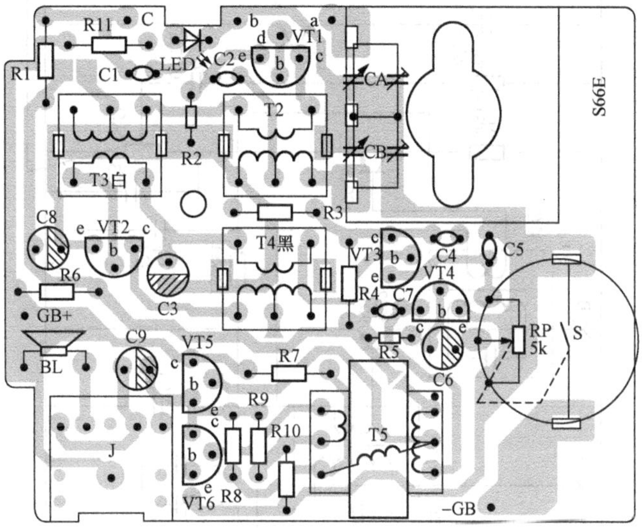

图 2-6-1　印刷线路板及元器件安装图

二、教学目标

（1）具备电子元器件的识别与测试能力。

（2）具有电子元器件的手工焊接与组装能力。

（3）具有电子产品的安装与调试能力。

（4）能够熟练、正确地使用万用表与焊接工具。

三、实训设备

实训设备包括万用表、六管超外差式调幅收音机散件及印刷线路板、收音机外壳、安装用螺钉、自攻丝、电池、焊锡丝、助焊剂、25W 电烙铁、烙铁架、元件盒、镊子、切线钳子、螺丝刀，如图 2-6-3 所示。

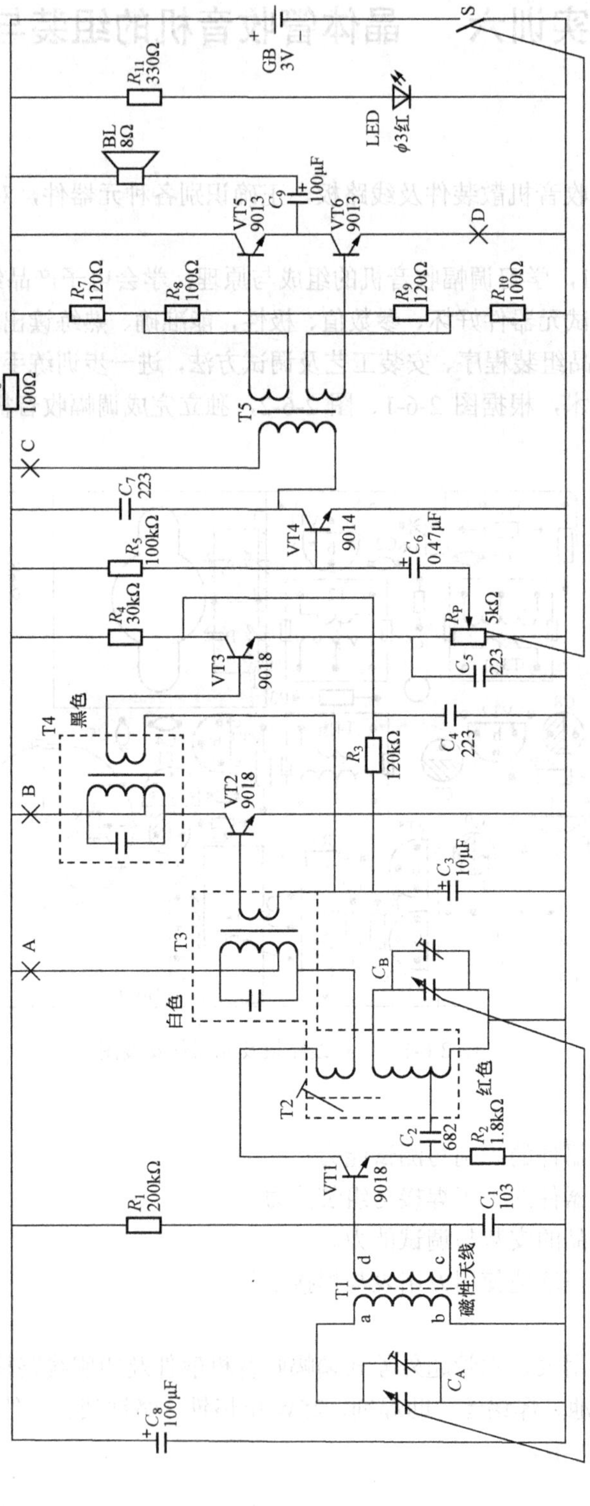
S
GB
3V
R_{11}
330Ω
BL
8Ω
LED
φ3红
C_9
100μF
VT5
9013
VT6
9013
D
R_7
120Ω
R_8
100Ω
R_9
120Ω
R_{10}
100Ω
R_6
100Ω
T5
C
C_7
223
VT4
9014
C_6
0.47μF
R_5
100kΩ
R_4
30kΩ
R_P
5kΩ
VT3
9018
C_5
223
T4
黑色
C_4
223
R_3
120kΩ
B
VT2
9018
C_3
10μF
T3
A
C_B
白色
T2
红色
C_2
682
R_2
1.8kΩ
VT1
9018
R_1
200kΩ
C_1
103
T1
a
b
c
d
磁性天线
C_A
C_8
100μF

图 2-6-2 收音机原理图

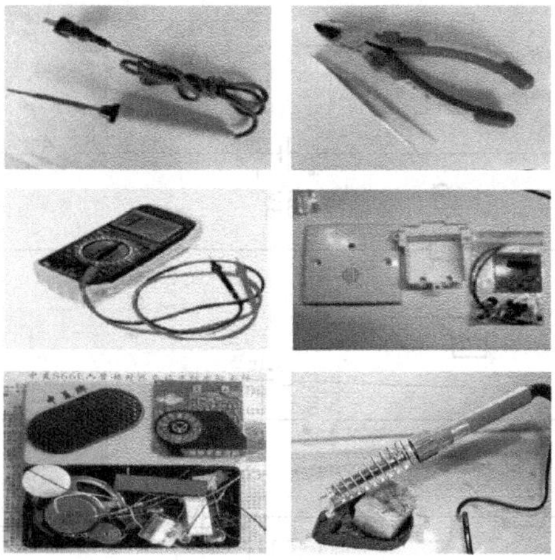

图 2-6-3　晶体管收音机组装设备

四、教学实施

采用教学做一体实施，学生两人为一小组，每小组一块万用表，学生每人一套工具、一套散件。

五、学习与实操内容

1. 收音机组成及工作原理

一般超外差式晶体管收音机的组成电路方框图如图 2-6-4 所示。

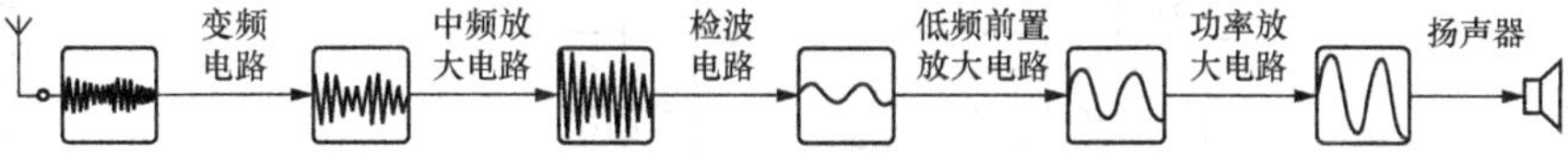

图 2-6-4　一般超外差式晶体管收音机组成电路方框图

在图 2-6-4 中，接收天线将广播电台发出的高频调幅信号接收下来，通过变频电路把外来的高频调幅信号变成一个相对频率较低的固定频率——465kHz，称为中频信号。然后由中频放大电路对变频后的中频信号进行放大，再经过检波电路检出音频信号。为了获得足够大的输出音量，再需经过低频前置放大和功率放大电路放大以推动扬声器。

S66E 六管超外差式收音机电路框图如图 2-6-5 所示。

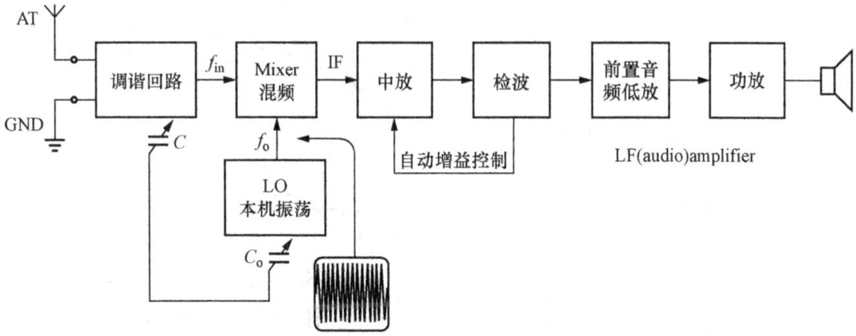

图 2-6-5　S66E 六管超外差式收音机电路框图

S66E 六管超外差式收音机电路原理图如图 2-6-6 所示。

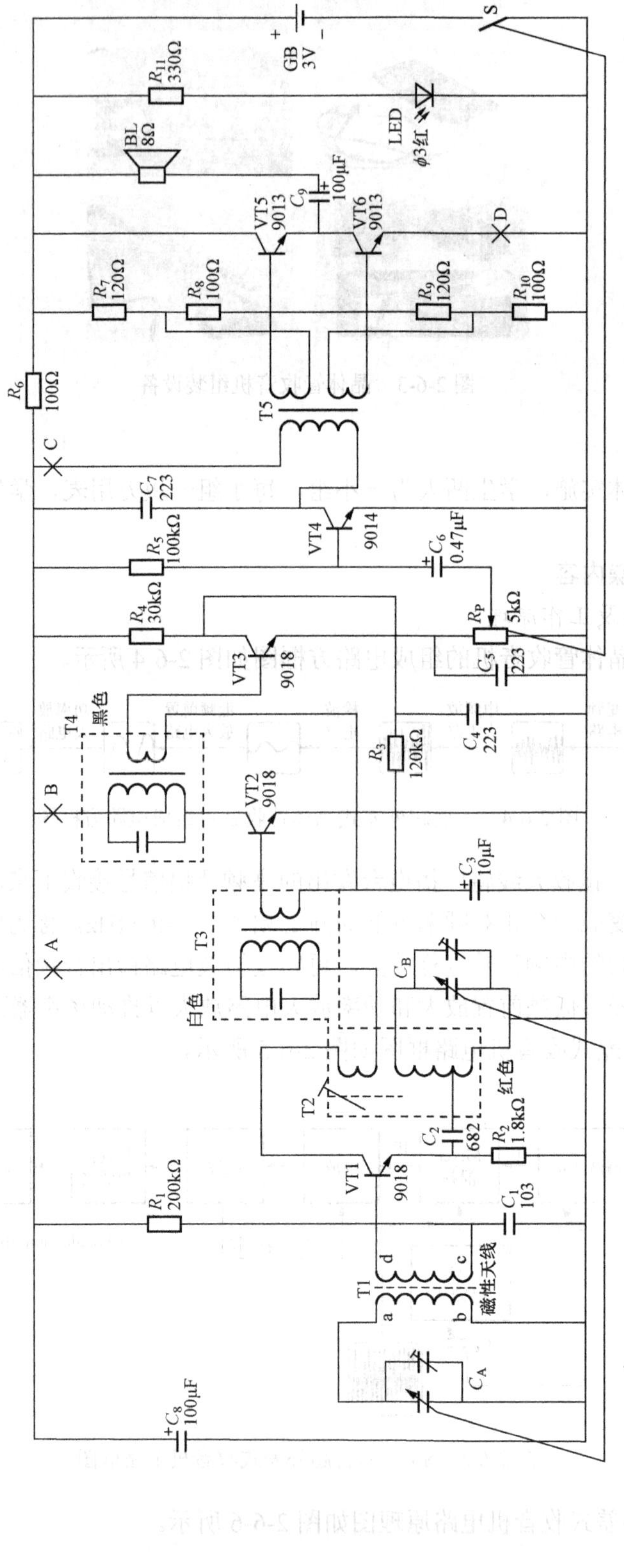

图 2-6-6 S66E 六管超外差式收音机电路原理图

输入回路：也称输入调谐回路，这里由天线线圈 T1 和双联可变电容器 C_A 组成，它的作用是从天线接收到的各种高频信号中，选择出需要的广播信号并送给变频器。

变频电路：也称混频电路，实际是兼高放、混频、变频于一体。它主要由晶体管 VT1、变压器 T2 及双联可变电路电容器 C_B 组成。作用是将输入回路选出的高频调幅信号和本机振荡器产生的高频等幅振荡信号在混频器中进行混频，最后取出一个固定的差频信号——465kHz，称为“中频”，这一过程称为“变频”。变频只是将信号的载波频率降低了，而信号的调制特性并没有改变，仍为调幅波。由于混频器中晶体管的非线性作用，两个频率的信号在混频过程中产生的信号，除原信号频率外，还有倍频分量、两个频率的和频分量及差频分量，其中差频分量就是需要的中频信号，这个信号可以用谐振回路选择出来，而将其他不需要的信号滤除掉。

本机振荡信号频率始终比所接收的高频广播信号频率高出 465kHz，这就是所谓“超外差”的由来。

中频放大电路：也称中频放大器。这里主要由中放管 VT2 和中频变压器 T3、T4 等元器件组成。其作用是将变频电路送来的中频信号进行放大。级间采用变压器耦合。中频放大器是超外差式收音机很重要的组成部分，整机对信号幅度的放大，主要由中放电路来完成，这部分电路直接影响收音机的主要性能指标。中频放大器应有较高的增益、足够的通频带，这样才能保证整机有良好的灵敏度、选择性和频率响应。

检波电路及自动增益控制电路：一般用二极管及电阻电容组成的滤波电路来实现。检波的作用就是从中频信号中取出音频信号。由于二极管的单向导电性，中频调幅信号通过检波二极管后将得到包含有多种频率成分的脉动直流电压，然后经过滤波电路滤除不需要的成分，取出音频信号及直流分量。音频信号通过音频控制电位器送给低放电路，而直流分量则反馈至中放级实现自动增益控制。自动增益控制电路也称 AGC 电路，其作用是自动调整中放电路的增益，当接收到的信号较强时，AGC 使中放增益降低；当接收到的信号较弱时，AGC 使中放增益增高，从而使检波前的放大器增益随输入信号的强弱变化而自动调节，以保持输出的相对稳定。

本电路中的前置低放管 VT3 兼有检波作用，与电容器 C_5 共同组成检波电路，R_3、C_4、C_3 为 AGC 电路。

低频放大电路与功率放大电路：低频放大分为前置低放和末级低放两级，主要由晶体管 VT3、VT4 及耦合电容 C_6 等元件组成。低频放大电路也应有一定的增益和带宽，同时要求其非线性失真噪声都要小。功率放大电路简称功放级，电路中主要由晶体管 VT5、VT6 及输入变压器 T5、输出耦合电容 C_9 组成。作用是对音频信号进行功率放大，用以推动扬声器还原声音，要求输出功率大，频率响应好，效率高且失真度小。

本机中的其他电阻主要用于晶体管偏置，构成直流通路；电容分别用于谐振回路的振荡元件、级间耦合、交流旁路和电源退耦等。

2. 整机所用元器件

整机所用元器件明细见表 2-6-1。

元件说明：

（1）晶体三极管。本收音机中共用 6 只三极管，用 VT1～VT6 表示，其中 VT1、VT2、VT3 型号为 9018，分别用于高放、中放和检波，VT4 为 9014，用于低放；VT5、VT6 为 9013，用于功放。

表 2-6-1 整机所用元器件明细

序号	名称	型号规格	符号	数量	序号	名称	型号规格	符号	数量
1	三极管	9018	VT1、VT2、VT3	3只	18	瓷片电容	682，103	C_2、C_1	各1只
2	三极管	9014	VT4	1只	19	电瓷片电容	223	C_4、C_5、C_7	3只
3	三极管	9013H	VT5、VT6	2只	20	双联可变电容	—	C_A-C_B	2只
4	发光管	—	LED	1只	21	收音机前盖	—	—	1个
5	磁棒线圈	—	T1	1套	22	收音机后盖	—	—	1个
6	中周	红，白，黑	T2、T3、T4	3个	23	刻度板，音窗	—	—	各1个
7	输入变压器	—	T5	1个	24	双联拨盘	—	—	1个
8	扬声器	—	BL	1个	25	电位器拨盘	—	—	1个
9	电阻器	100Ω	R_6、R_8、R_{10}	3只	26	磁棒支架	—	—	1个
10	电阻器	120Ω	R_7、R_9	2只	27	印刷电路板	—	—	1块
11	电阻器	330Ω，1.8kΩ	R_{11}、R_2	各1只	28	电池正负极片	3件	—	1套
12	电阻器	30kΩ，100kΩ	R_4、R_5	各1只	29	连接导线	—	—	4根
13	电阻器	120kΩ，200kΩ	R_3、R_1	各1只	30	耳机插座	—	—	1个
14	电位器	5kΩ	R_P	1只	31	双联及拨盘螺钉	—	—	3粒
15	电解电容	0.47μF	C_6	1只	32	电位器拨盘螺钉	—	—	1粒
16	电解电容	10μF	C_3	1只	33	自攻螺钉	—	—	1粒
17	电解电容	100μF	C_8、C_9	2只					

（2）电阻。共有 11 只，分别用 R_1～R_{11} 表示，其中 100Ω有 3 只，120Ω有 2 只，330Ω、1.8kΩ、30kΩ、100kΩ、120kΩ、200kΩ各一只。

（3）电容器。共有 10 只，分别用 C_1～C_9 及 C_A–C_B 表示，其中电解电容 4 只（100μF 2 只、0.47μF、10μF 各一只）；瓷片电容 5 只（“683”“103” 各一只，“223” 3 只）；双连可变电容器 1 只（C_A–C_B）。

（4）电位器。共有 1 只，用 R_P 表示，5kΩ，为音量电位器。

（5）发光二极管。共有 1 只，用“LED”表示，用于电源指示。

（6）磁性天线。共有 1 只，用 T1 表示，其初级线圈与“双联”C_A 并联，组成选频输入回路，次级线圈接“高放”基极，使用时将线圈骨架套于磁棒上构成磁性天线。

（7）中频变压器，也称中周。共有 3 只，用 T2～T4 表示，其中 T2 为红色，用于本机振荡；T3 为白色，用于一中放；T4 为黑色用于二中放；三只中周均内置谐振电容，出厂前都调试在规定的频率上，中周的金属外壳起屏蔽作用，安装时必须可靠接地。

（8）输入变压器。共 1 只，用 T5 表示，用于低放级与功放级的耦合，其塑料骨架上有凸点标记，安装时要防止接反。

（9）扬声器。1 只，用 BL 表示，用于电声转换，其阻抗是 8Ω，功率 0.5W。

部分元器件实物与符号对照图如图 2-6-7 所示。

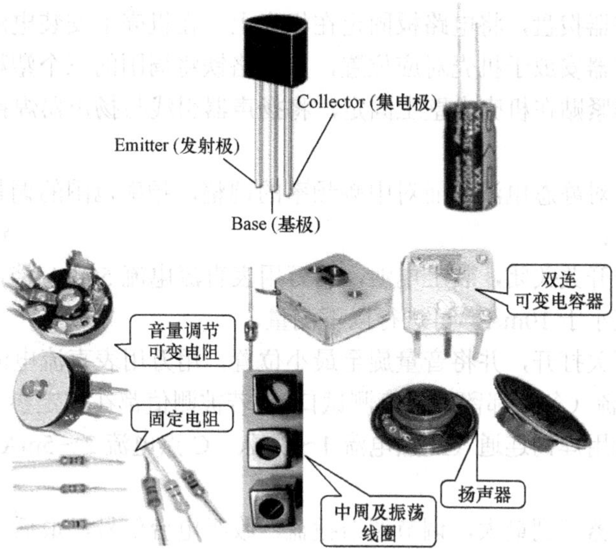

图 2-6-7　部分元器件实物与符号对照图

3. 收音机的组装与调试

（1）清点、识别各种元器件。对照元器件清单，逐一清点元器件，了解其结构、识别外形。

（2）测试各元器件。可用指针式万用表和数字式万用表测量各元件的参数，如电阻阻值、电容器容量、三极管各电极的识别及放大能力的测试、二极管的正负极识别，及好坏判断、变压器线圈的通断情况等。

（3）元器件的安装。先装低、矮、耐热的元器件（如电阻），再装大一点的元器件（如中频变压器、输入变压器），最后装怕热元器件（如三极管）。电路印刷板及元器件安装图如图 2-6-1。元器件的焊接请参照附录。

1）电阻的安装：选择电阻后，根据印制板上的标识和开孔距离，弯曲电阻引脚，采取卧式紧贴电路板安装，也可采用立式安装，高度要一致，并剪掉多余引脚，随后将电阻引脚插入孔内并焊接在印制电路板上。

2）瓷片电容和三极管的引脚长度要剪得合适，不要太短，也不要太长。焊接后元器件高度不要超过中周的高度，电解电容紧贴电路板立式安装焊接，装高了会影响后盖的安装。

3）磁性天线的四条引线头先用电烙铁配合松香焊丝镀上锡，四个线头焊在对应的印制电路板焊点上。

4）由于调谐用的双联电容器拨盘安装后离电路板与拨盘离电路板的焊接面很近，拨盘下的焊点及剪切的引脚容易与拨盘产生摩擦，所以此处的焊点不宜过大，元器件引脚要紧贴焊点剪掉，以免拨盘安装或调谐时有障碍（影响拨盘调谐的器件有 T2、T4、双联电位器等）。

5）耳机插座安装时，焊接速度应尽可能快，否则会烫坏插座的塑料部分而导致接触不良。

6）安装发光二极管时，先将二极管引脚插入电路板的对应安装孔（在焊接面插入），再将电路板装在机壳上，将发光二极管对准机壳的发光孔，以此来确定发光管的引脚长度，然后再进行焊接。

（4）其他部件的安装。电源引线和两条扬声器引线先焊在印制板的对应焊点上，安装电位器拨盘和双联电容器拨盘，将电路板固定在机壳上，在机壳上安装电池弹簧与极片，并与电源线焊接；将扬声器安放于机壳对应位置，用电烙铁将周围的三个塑料小桩靠近扬声器边缘烫下去，使扬声器紧贴在机壳内壁上固定，将扬声器引线与扬声器焊接。

4. 调试

这里的调试只针对静态电流，而对中频频率的调整，频率范围的调整及跟踪调节，不作重点。测静态电流时：

（1）先将电位器开关关闭，装上电池，用万用表直流电流 50mA 挡，测量电位器开关两端电流，若此处电流小于 10mA，可进行以下测量。

（2）将电位器开关打开，并将音量旋至最小位置，用万用表直流电流挡依次测量 D 点、C 点、B 点、A 点电流（各点都留有电流测试口），若被测值都在规定参考值左右，即可用电烙铁将这四个测试口用焊锡连通（D 点电流 1～3mA，C 点电流 2～5mA，B 点电流 0.5mA，A 点电流 0.3mA）。

（3）将音量电位器开到最大，调节调谐拨盘，收听电台信号，最后盖上后机盖，紧固。

5. 安装注意事项

（1）使用电烙铁之前，应仔细检查其完好情况。其方法是用万用表电阻挡测量烙铁电源插头两个电极间的电阻值，正常时 25W 内热式电烙铁电阻值约为 2kΩ，若检测阻值为无穷大，说明烙铁内部断线或烙铁芯已被烧断；若检测阻值为零，说明烙铁内部有短路故障，此时应松开烙铁手柄进行检查处理。

（2）电烙铁平时应放置于烙铁架上，工作时要防止烙铁将人烫伤。焊接元器件时，电烙铁停留的时间不宜太长，否则印制板铜箔处易发生脱落现象。

（3）要整理好各自的工具及元器件，防止丢失或损坏，防止将元器件引脚折断。

（4）各中频变压器不能装错位置，输入变压器 T5 不能装反，要注意其标记，天线线圈的四个线头要对号入座。

（5）电解电容、二极管、三极管等元器件安装时，极性一定要正确，切勿装反。

（6）测量静态电流时，若检测值与参考值差距较大，应仔细检查对应电路的元器件是否装错，参数是否正确，极性是否接反，以及是否出现虚、假、错焊等，是否发生焊接点粘连短路等。若测量哪一级电流不正确，就说明哪一级有问题，即检查哪一级。

（7）音频输入变压器安装时要仔细查看骨架上的一个白点，装时与线路板上所标的白点方向一致。

（8）本制作套件中，由于设计较为紧凑，部分电阻采用立式安装，具体见线路板上标注。

（9）音量电位器安装时一定要插到底同时放平，否则装好后的拨盘有可能无法灵活转动；两只中周和振荡线圈由于引脚全部一样，因此安装时一定要根据线路板和原理图上的标注对号入座，一旦装错，将影响正常功能。

（10）电源指示灯应从焊接面伸出，焊接时引脚需留有足够长度，焊好后从线路板上的缺口处折向焊接面，根据实际安装外壳中的高度进行确定，以拧上固定螺钉后 LED 正好可伸出外壳中的孔为好。

（11）本套件中耳机插座在线路板上进行了预留，实际组装时由于问题较多，这里可以不安装，扬声器一端接正电源，另一端与 C_9 正端相接即可，线路板上留有焊接孔。

（12）磁性天线安装时注意极性，匝数较多的为一次侧，少的为二次侧，方向从左到右依次为 a、b、c、d，焊接时与线路板上对应的焊点相连，插入磁棒时，应将初级侧靠近磁棒的外端，安装时若将天线的漆包线剪断过的，焊接时必须先刮漆并上锡，然后才能接天线，否则容易造成虚焊。

（13）实际综合实训项目的制作中，有不少学生没有将线路板上的电流测试口进行连接，这一点需特别注意。

综合实训六　任　务　单

《电子产品安装与调试（第二版）》

<table>
<tr><td colspan="8">综合实训六　晶体管收音机的组装与调试</td></tr>
<tr><td>姓名</td><td></td><td>班级</td><td></td><td>日期</td><td></td><td>成绩</td><td></td></tr>
<tr><td colspan="8">教学目标：
（1）具备电子元器件的识别与测试能力。
（2）具有电子元器件的手工焊接与组装能力。
（3）具有电子产品的安装与调试能力。
（4）能够熟练、正确地使用万用表与焊接工具。</td></tr>
<tr><td colspan="8">项目描述：
（1）根据收音机散装件及线路板，正确识别元器件，对照材料清单核查元器件。
（2）根据图 2-6-1，学习调幅收音机的组成与原理，学会电子产品组装、焊接工艺。
（3）用万用表测元器件好坏、参数、极性，能准确、熟练读出色环电阻的阻值。
（4）学习电子产品组装程序、安装工艺及调试方法，进一步训练手工电烙铁的使用技巧，掌握电子产品焊接技术，根据图 2-6-1、图 2-6-2，独立完成调幅收音机的组装、焊接与调试项目。
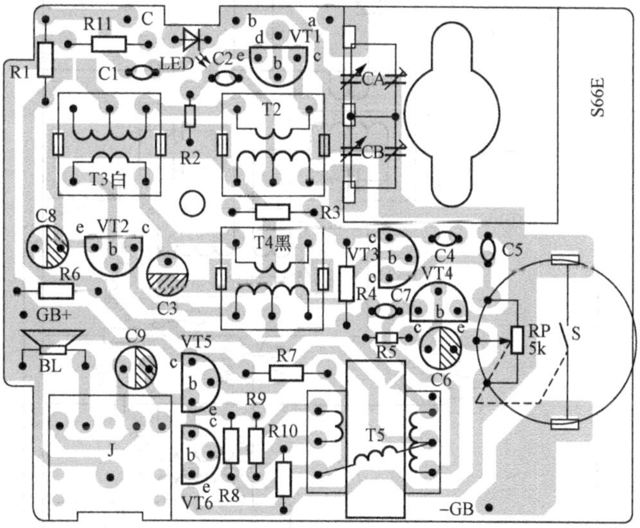
图 2-6-1　印刷线路板及元器件安装图</td></tr>
</table>

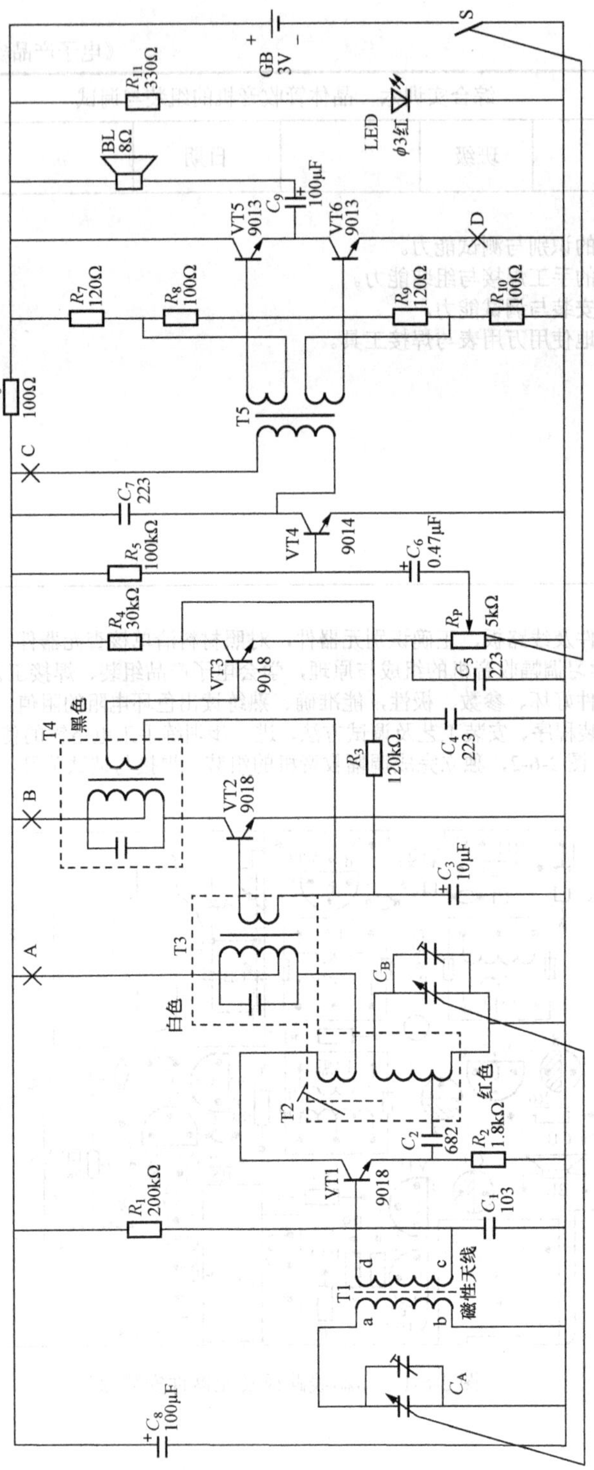

S
GB 3V
R_{11} 330Ω
LED ϕ3红
BL 8Ω
C_9 100μF
VT5 9013
VT6 9013
D
R_7 120Ω
R_8 100Ω
R_9 120Ω
R_{10} 100Ω
R_6 100Ω
T5
C
C_7 223
VT4 9014
R_5 100kΩ
C_6 0.47μF
R_4 30kΩ
R_P 5kΩ
VT3 9018
C_5 223
T4 黑色
C_4 223
R_3 120kΩ
B
VT2 9018
C_3 10μF
A
T3
白色
C_B
T2
红色
C_2 682
R_2 1.8kΩ
VT1 9018
R_1 200kΩ
C_1 103
T1
a b c d
磁性天线
C_A
C_8 100μF

图 2-6-2 收音机原理图

晶体管收音机的组装整机所用元器件明细见表 2-6-1。

表 2-6-1 元器件明细表

序号	名称	型号规格	符号	数量	序号	名称	型号规格	符号	数量
1	三极管	9018	VT1、VT2、VT3	3只	18	瓷片电容	682，103	C_2、C_1	各1只
2	三极管	9014	VT4	1只	19	电瓷片电容	223	C_4、C_5、C_7	3只
3	三极管	9013H	VT5、VT6	2只	20	双联可变电容	—	C_A-C_B	2只
4	发光管	—	LED	1只	21	收音机前盖	—	—	1个
5	磁棒线圈	—	T1	1套	22	收音机后盖	—	—	1个
6	中周	红，白，黑	T2、T3、T4	3个	23	刻度板，音窗	—	—	各1个
7	输入变压器	—	T5	1个	24	双联拨盘	—	—	1个
8	扬声器	—	BL	1个	25	电位器拨盘	—	—	1个
9	电阻器	100Ω	R_6、R_8、R_{10}	3只	26	磁棒支架	—	—	1个
10	电阻器	120Ω	R_7、R_9	2只	27	印刷电路板	—	—	1块
11	电阻器	330Ω，1.8kΩ	R_{11}、R_2	各1只	28	电池正负极片	3件	—	1套
12	电阻器	30kΩ，100kΩ	R_4、R_5	各一只	29	连接导线	—	—	4根
13	电阻器	120kΩ，200kΩ	R_3、R_1	各一只	30	耳机插座	—	—	1个
14	电位器	5kΩ	R_P	1只	31	双联及拨盘螺钉	—	—	3粒
15	电解电容	0.47μF	C_6	1只	32	电位器拨盘螺钉	—	—	1粒
16	电解电容	10μF	C_3	1只	33	自攻螺钉	—	—	1粒
17	电解电容	100μF	C_8、C_9	2只					

综合实训六 报 告 单

《电子产品安装与调试（第二版）》

姓名		班级		日期		成绩	

一、简述收音机组成部分及作用

二、组装步骤

续表

<table>
<tr><td colspan="5">三、调试方法与结果

四、总结报告</td></tr>
<tr><td rowspan="2">实施过程记录</td><td colspan="4"></td></tr>
<tr><td>记录员签名</td><td></td><td>日期</td><td></td></tr>
</table>

综合实训六 评 分 表

《电子产品安装与调试（第二版）》

序号	考核内容	考核要点	配分	减分	得分
1	元器件筛选与测试 15分	（1）元器件清点与摆放有序	4		
		（2）元器件筛选正确，无错、漏、多选	4		
		（3）测试仪表规范、熟练、正确	3		
		（4）不合格元器件判断	4		
		错判一个减2分			
2	焊接工艺 30分	（1）焊点大小合理	4		
		（2）焊点光滑、圆润、干净、无毛刺	6		
		（3）引脚尺寸及成形	3		
		（4）导线长度、剥头符合工艺要求	5		
		（5）工具使用规范	5		
		（6）整机美观	2		
		（7）有漏、虚、连焊	5		
		每出现一处减2分			
3	产品装配 30分	（1）元器件安装位置符合工艺要求	8		
		（2）元器件摆放整齐、美观	4		
		（3）整机无烫伤、划伤、污物	6		
		（4）插件、紧固件牢靠	4		
		（5）整机装配效果	4		
		（6）符合工艺要求	4		
		每出现一处不符合要求的减4分			
4	整机调试 25分	（1）各级静态工作点电流在正常范围内	8		
		（2）能接收四个电台以上	5		
		（3）能接收三个电台	5		
		（4）能接收两个电台	5		
		（5）能接收一个电台	5		
		（6）不能接收电台	5		
		少收一个电台减8分			
			总分		
			评分人		

附　　录

附录A 面 包 板 的 使 用

面包板是一种焊接电路板，也叫万能电路实验板。它是采用工程塑料和弹性金属加工制作而成。由于其连接方便、可反复使用、寿命长，非常适合一些小型电子电路的搭接和实验，故在实验实训室中得到广泛应用。

面包板分为单面包板（见附图 A-1）和组合式面包板（见附图 A-2），组合面包板是将几块单面包板并排安装在一块塑料基板上，这样可以增加插孔点数，安装较多的电子元件。组合式面包板在实训室中应用较普遍。

附图 A-1　单面包板

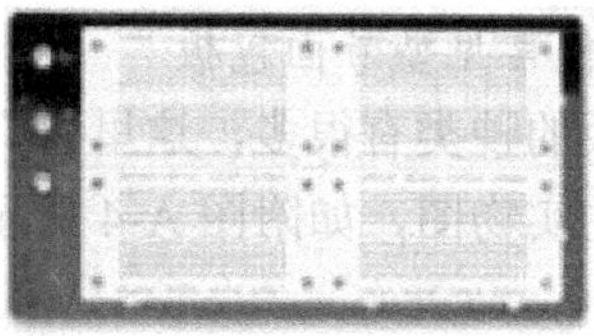

附图 A-2　组合式面包板

1. 面包板简介

下面以 SYB-118 单面包板为例，说明其构造。附图 A-3 是 SYB-118 单面包板结构图。从图中可以看到，面包板中有一横向凹槽，凹槽将面包板分为上下两部分。上面部分由一行，50 个插孔及 59 列 270 个插孔组成。其中“行”用“X”表示，共分为 10 组，每组有 5 个插孔，左边三组共 15 个插孔在电气上相连通，中间四组共 20 个插孔在电气上下相连通；右边三组共 15 个插孔也在电气上相连通。59 个列，每列为 1 组，每组 5 个插孔，每组（列）在电气上相连通。这 5 个插孔从上到下分别用 A、B、C、D、E 来表示，“列”与“例”之间相互绝缘。

下面部分与上面部分呈对称结构，其中“列”中的 5 个插孔，从上到下用 F、G、H、I、J 表示。“行”用“Y”表示。

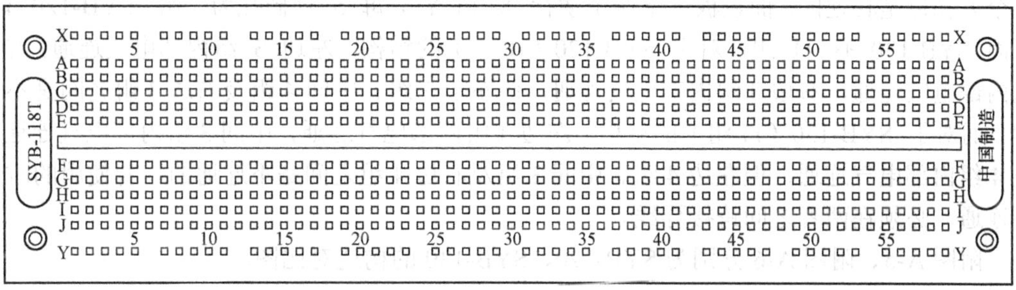

附图 A-3　SYB-118 单面包板结构图

2. 面包板的使用

（1）先将电子元器件引脚垂直插入选好的插孔内，使其与插孔内弹性簧片紧密接触。

（2）根据电路原理图的连接要求，选择合适长度的绝缘导线并在线头处去皮，线头长度约为 8mm，然后在线头去皮处折弯呈 90°，将线头插入插孔内，由此连接成所需的电路。

3. 使用注意事项

插入面包板的导线直径应在 0.4～0.6mm 之内。线径太小，接触不良，线径太大，容易将插孔和金属簧片损坏。

（1）一个插孔不允许插入两个及多个线头。

（2）由于有分布电容的影响，面包板不适宜安装高频电路。

（3）拆除线路时，应将元件引脚和导线垂直向上拔出，不要左右拉拽，防止线头断在插孔内。

（4）面包板不用时，应存放在阴凉、干燥、通风处，切勿让阳光暴晒，也别放置在暖气附近，以防受热变形。

（5）元器件布局要合理、整齐、美观，导线连接后要“横平、竖直”。

4. 其他常见型号面包板

面包板的种类有很多，这里再介绍两种国内较常见的型号，即 SYB-120、SYB-130，先看看它们的实物图，如附图 A-4 所示。

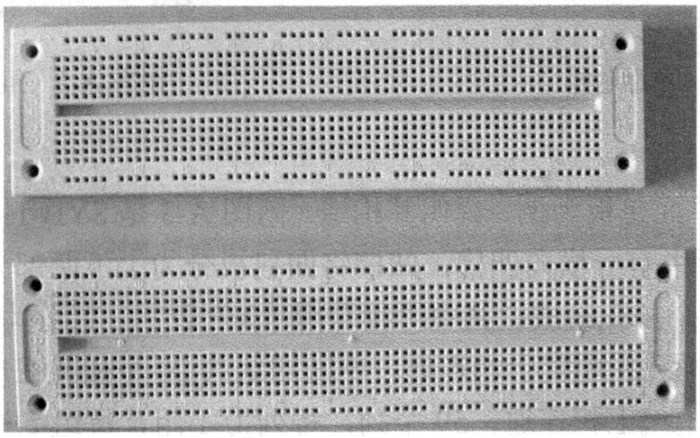

附图 A-4　SYB-120、SYB-130 单面包板实物图

面包板上标有 A、B、C、D、E 字母旁边的每竖列上有五个方孔，被其内部的一条金属簧片所接通，但竖列与竖列方孔之间是相互绝缘的。同理，标有 F、G、H、I、J 每竖列的五个方孔也是相通的。面包板上下两个横行 X 和 Y ，每 5 列插孔为一组，SYB-120 有 10 组而 SYB-130 有 11 组。对于 SYB-120（10 组）的结构，左边 3 组内部电气连通，中间 4 组内部电气连通，右边 3 组内部电气连通，但左边 3 组、中间 4 组及右边 3 组之间是不连通的。而对于 SYB-130（11 组）的结构，左边 4 组内部电气连通，中间 3 组内部电气连通，右边 4 组内部电气连通，但左边 4 组、中间 3 组及右边 4 组之间是不连通的。若使用的时候需要连通，必须在两者之间跨接导线。

附图 A-5、附图 A-6 分别为 SYB-120、SYB-130 的构造对比图。

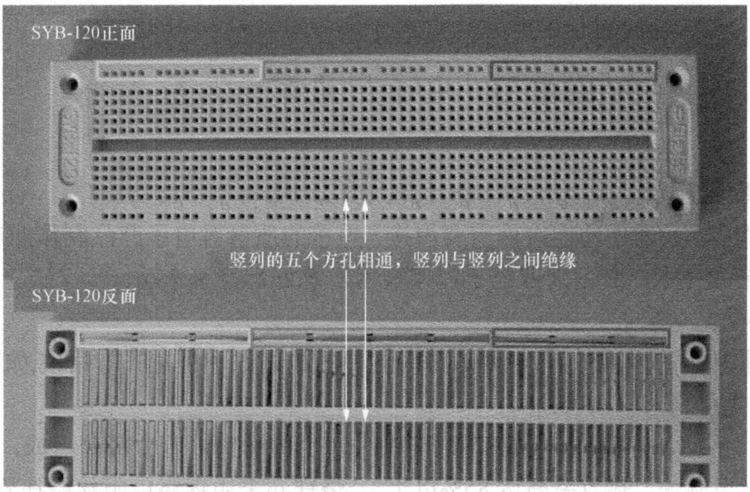

附图 A-5 SYB-120 构造对比图

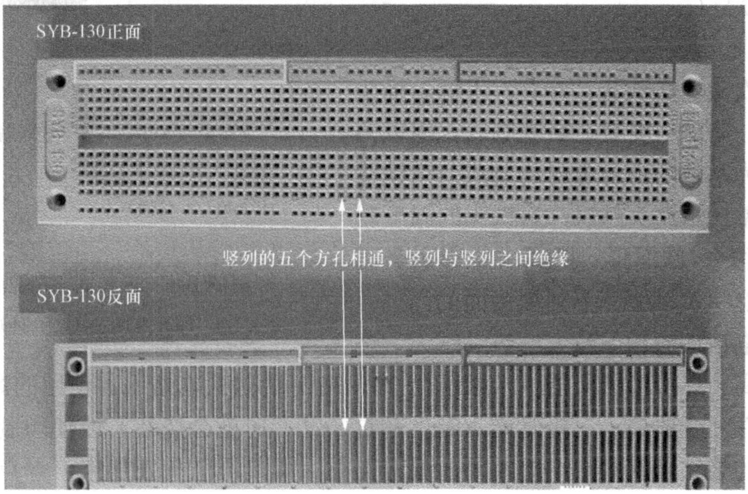

附图 A-6 SYB-130 构造对比图

SYB-120 面包板的尺寸：175mm×46mm×8.5mm。面包板使用非常方便，使用寿命在10万次以上，产品采用工程塑料和优质高弹性金属片加工而成，使用方便，寿命长，大大方便了一些中小电路的实验和制作。常用的电子元件可直接插入，大大减少导线数量，并且整洁美观。内部的高弹性不锈钢金属片，保证使用数万次绝不会发生接触不好的情况。

面包板是实训室中用于搭试电路的重要工具，熟练掌握面包板的使用方法是提高实验效率，减少实验故障出现机会的基础之一。在具体使用的时候，通常是两窄一宽同时使用，两个窄条的第一行一般和地线连接，第二行和电源相连。由于集成块电源一般在上面，接地在下面，如此布局有助于将集成块的电源引脚和上面第二行窄条相连，接地引脚和下面窄条的第一行相连，减少连线长度和跨接线的数量。中间宽条用于连接电路，由于凹槽上下是不连通的，所以集成块一般跨插在凹槽上。

电烙铁的使用

附录B 电子产品焊接工艺

一、常用焊接工具

在电子制作中，元器件的连接处需要焊接，焊接的质量对电子产品制作的质量影响极大。学习电子产品装配技术，必须掌握电子焊接技术，练好焊接基本功。

（一）电烙铁

电烙铁是最常用的焊接工具。电烙铁分为内热式电烙铁和外热式电烙铁,如附图 B-1 所示。

1. 内热式电烙铁

由连接杆、手柄、弹簧夹、烙铁芯、烙铁头（也称铜头）五个部分组成。烙铁芯安装在烙铁头的里面（发热快，热效率高达 85%以上）。烙铁芯采用镍铬电阻丝绕在瓷管上制成，一般 20W 电烙铁其电阻为 2.4kΩ左右，35W 电烙铁其电阻为 1.4kΩ左右。

2. 外热式电烙铁

一般由烙铁头、烙铁芯、外壳、手柄、插头等部分所组成。烙铁头安装在烙铁芯内，用以热传导性好的铜为基体的铜合金材料制成。烙铁头的长短可以调整（烙铁头越短，烙铁头的温度就越高），且有凿式、圆面形、圆、尖锥形和半圆沟形等不同的形状，以适应不同焊接面的需要。

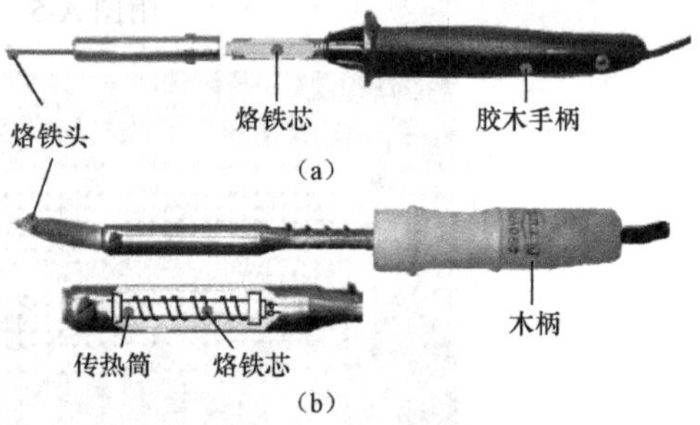

附图 B-1 内热式与外热式电烙铁

（a）内热式；（b）外热式

一般来说电烙铁的功率越大，热量越大，烙铁头的温度越高。焊接电子元器件一般选用 20～35W 内热式电烙铁。使用的烙铁功率过大，容易烫坏元器件（一般二、三极管结点温度超过 200℃时就会烧坏）或使印制板铜泊从基板上脱落；使用的烙铁功率太小，焊锡不能充分熔化，焊剂不能挥发出来，焊点不光滑、不牢固，易产生虚焊。焊接时间过长，也会烧坏器件，一般每个焊点在 1.5～4s 内完成。

3. 其他烙铁

（1）恒温电烙铁。恒温电烙铁的烙铁头内，装有磁铁式的温度控制器，来控制通电时间，实现恒温的目的。在焊接温度不宜过高、焊接时间不宜过长的元器件时，应选用恒温电烙铁。

（2）吸锡电烙铁。吸锡电烙铁是活塞式吸锡器与电烙铁于一体的拆焊工具，它具有使用方便、灵活、适用范围广等特点。不足之处是每次只能对一个焊点进行拆焊。

（二）焊接方法

电子焊接技术是指电子电路制作中常用的金属导体与焊锡之间的熔合。焊锡是用熔点约为 183℃的铅锡合金。市售焊锡常制成条状或丝状，有的焊锡还含有松香，使用起来更为方便。

1. 握持电烙铁的方法

通常握持电烙铁的方法有握笔法和握拳法两种，其示意图如附图 B-2 所示。

（1）握笔法。适用于轻巧型的烙铁如 35W 以下的内热式。它的烙铁头是直的，头端锉成一个斜面或圆锥状，适宜焊接面积较小的焊盘。

（2）握拳法。适用于功率较大的烙铁，电子的焊接一般不使用大功率的电烙铁。

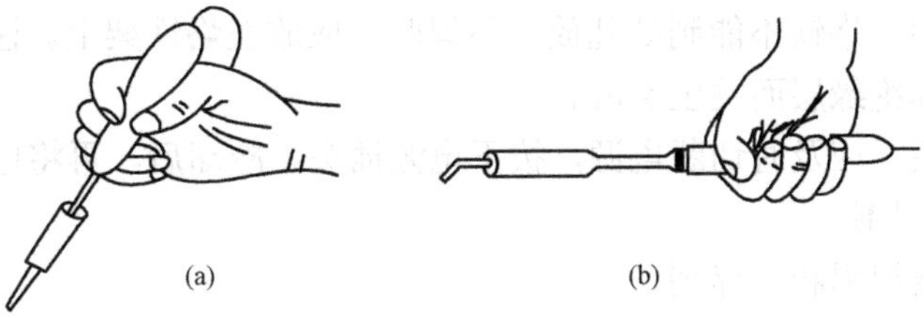

附图 B-2　握笔法和握拳法持电烙铁示意图

（a）握笔式；（b）握拳式

锡焊丝拿法如附图 B-3 所示。焊锡丝一般有两种拿法，由于焊丝成分中，铅占一定比例，众所周知铅是对人体有害的重金属，因此操作时应戴手套或操作后洗手，避免食入。

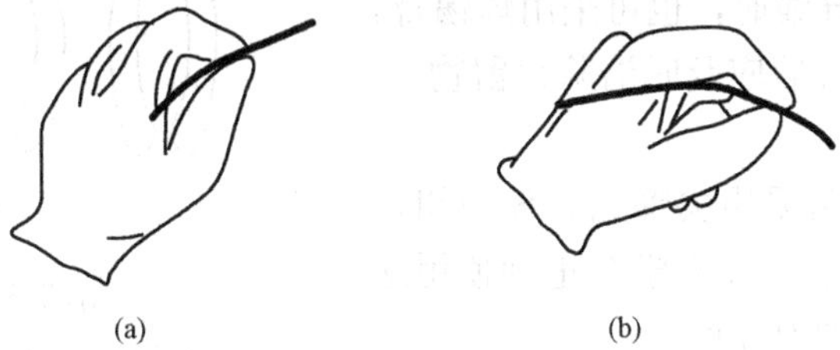

附图 B-3　锡焊丝拿法示意图

（a）连续锡焊时焊锡丝的拿法；（b）断续锡焊时焊锡丝的拿法

使用电烙铁要配置烙铁架，一般放置在工作台的右前方，电烙铁用后一定要稳妥放在烙铁架上，并注意导线等物不要碰触烙铁头。

在印刷电路板上焊接引线的方法。

一般印刷电路板分单面板和双面板两种。在它上面的通孔，一般是非金属化的，但为了使元器件焊接在电路板上更牢固可靠，有些印刷电路板的通孔采取金属化。另起一段将引线焊接在普通单面板上的方法。

（1）直通剪头。引线直接穿过通孔，焊接时使适量的熔化焊锡在焊盘上方均匀地包围沾锡的引线，形成一个圆锥体模样，待其冷却凝固后，把多余部分的引线剪去。

（2）直接埋头。穿过通孔的引线只露出适当长度，熔化的焊锡把引线头埋在焊点里面。这种焊点近似半球形，虽然美观，但要特别注意防止虚焊。

2. 电烙铁的使用注意事项

新烙铁使用前，应用细砂纸将烙铁头打光亮，通电烧热，蘸上松香后，用烙铁头刃面接触焊锡丝，使烙铁头上，均匀地镀上一层锡。这样做，可以便于焊接和防止烙铁头表面氧化。旧的烙铁头如严重氧化而发黑，可用钢锉锉去表层氧化物，使其露出金属光泽后，重新镀锡，才能使用。

电烙铁要用 220V 交流电源，使用时要特别注意安全。应认真做到以下几点：

（1）电烙铁插头最好使用三极插头，要使外壳妥善接地。

（2）使用前，应认真检查电源插头、电源线有无损坏，并检查烙铁头是否松动。

（3）电烙铁使用中，不能用力敲击。要防止跌落。烙铁头上焊锡过多时，可用布擦掉。不可乱甩，以防烫伤他人。

（4）焊接过程中，烙铁不能到处乱放。不焊时，应放在烙铁架上。注意电源线不可搭在烙铁头上，以防烫坏绝缘层而发生事故。

（5）使用结束后，应及时切断电源，拔下电源插头。冷却后，再将电烙铁收回工具箱。

（三）焊锡和助焊剂

焊接时，还需要焊锡和助焊剂。

（1）焊锡。焊接电子元件，一般采用有松香芯的焊锡丝。这种焊锡丝，熔点较低，而且内含松香助焊剂，使用极为方便。

（2）助焊剂。常用的助焊剂是松香或松香水（将松香溶于酒精中）。使用助焊剂，可以帮助清除金属表面的氧化物，利于焊接，又可保护烙铁头。焊接较大元器件或导线时，也可采用焊锡膏。但它有一定腐蚀性，焊接后应及时清除残留物。

（四）辅助工具

为了方便焊接操作常采用尖嘴钳、偏口钳、镊子和小刀等作为辅助工具。应学会正确使用这些工具。辅助工具如附图 B-4 所示。

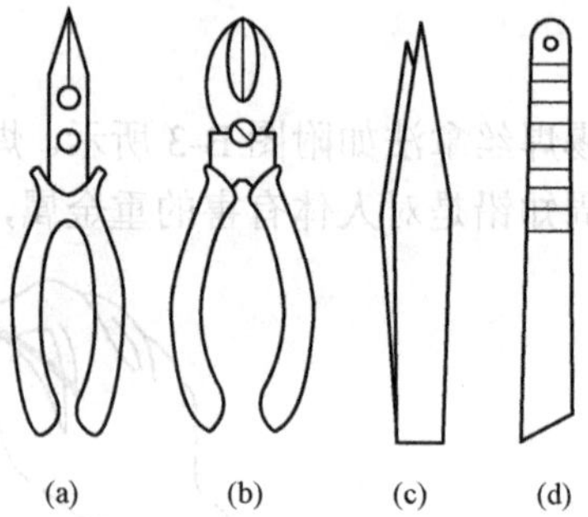

附图 B-4 辅助工具

（a）尖嘴钳；（b）偏口钳；（c）镊子；（d）小刀

二、焊接工艺及焊接练习

（一）焊前处理

焊接前，应对元器件引脚或电路板的焊接部位进行焊前处理。

1. 清除焊接部位的氧化层

可用断锯条制成小刀，刮去金属引线表面的氧化层，使引脚露出金属光泽。印刷电路板可用细砂纸将铜箔打光后，涂上一层松香酒精溶液。

2. 元件镀锡

在刮净的引线上镀锡。可将引线蘸一下松香酒精溶液后，将带锡的热烙铁头压在引线上，并转动引线。即可使引线均匀地镀上一层很薄的锡层。导线焊接前，应将绝缘外皮剥去，再经过上面两项处理，才能正式焊接。若是多股金属丝的导线，打光后应先拧在一起，然后再镀锡。

（二）焊接方法

做好焊前处理之后，就可正式进行焊接。

焊接一般采用直径 1.2～1.5mm 的焊锡丝。焊接时左手拿焊锡丝，右手拿电烙铁。在烙铁接触焊点的同时送上焊锡，焊锡的量要适量。

焊接过程一般遵循附图 B-5 的五步法。

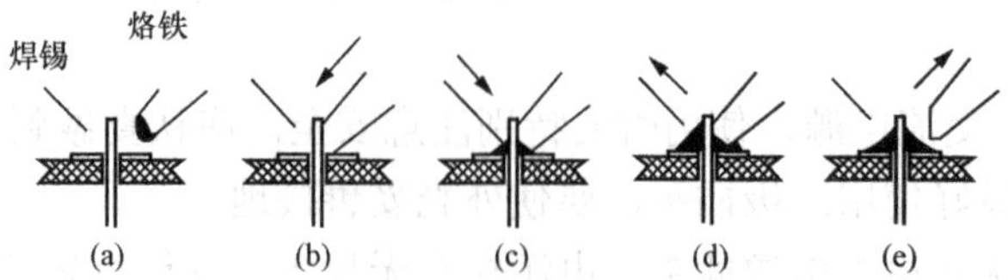

附图 B-5 焊接五步

（a）准备；（b）加热；（c）加焊锡；（d）去焊锡；（e）去烙铁

（1）准备施焊。准备好焊锡丝和烙铁。此时特别强调的是烙铁头部要保持干净，即可以沾上焊锡（俗称吃锡）。

（2）加热焊件。将烙铁接触焊接点，注意首先要保持烙铁加热焊件各部分，例如，印制板上引线和焊盘都使之受热；其次要注意让烙铁头的扁平部分（较大部分）接触热容量较大的焊件，烙铁头的侧面或边缘部分接触热容量较小的焊件，以保持焊件均匀受热。

（3）熔化焊料。当焊件加热到能熔化焊料的温度后将焊丝置于焊点，焊料开始熔化并润湿焊点。

（4）移开焊锡。当熔化一定量的焊锡后将焊锡丝移开。

（5）移开烙铁。当焊锡完全润湿焊点后移开烙铁，注意移开烙铁的方向应该是大致 45°的方向。

上述过程，对一般焊点而言大约 2～3s。对于热容量较小的焊点，例如印制电路板上的小焊盘，有时用三操作法，即将上述步骤（2）、（3）合为一步，步骤（4）、（5）合为一步。

五步法操作要点：

（1）焊件表面处理。手工烙铁焊接中遇到的焊件往往都需要进行表面清理工作，去除焊接面上的锈迹、油污、灰尘等影响焊接质量的杂质。手工操作中常用机械刮磨和酒精来擦洗等简单易行的方法。

（2）预焊：将要锡焊的元件引线的焊接部位预先用焊锡湿润，即镀锡。

（3）不要用过量的焊剂。合适的焊接剂应该是松香水仅能浸湿的将要形成的焊点，不要让松香水透过印刷板流到元件面或插孔里。使用松香焊锡时不需要再涂焊剂。

（4）保持烙铁头清洁。烙铁头表面氧化的一层黑色杂质形成隔热层，使烙铁头失去加热作用。要随时在烙铁架上蹭去杂质，或者用一块湿布或使海绵随时擦烙铁头。

（5）焊锡量要合适。

（6）焊件要固定。

学生在综合实训过程中，焊接操作过程，一般要求在 2～3s 的时间内完成加热、加焊料、移开焊料、移开烙铁等步骤。如附图 B-6 是正确焊接方法及焊点图。对于焊点的质量要求应为电气接触良好、机械强度可靠、外形美观。焊接时要意避免附图 B-7 所示的四种焊接缺陷。

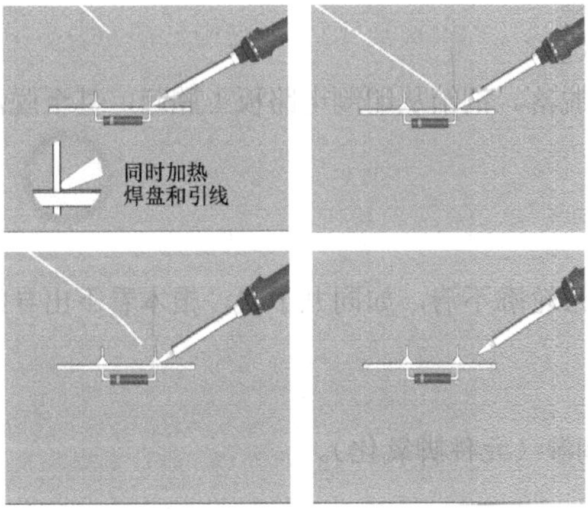

附图 B-6　正确的焊接方法及焊点图

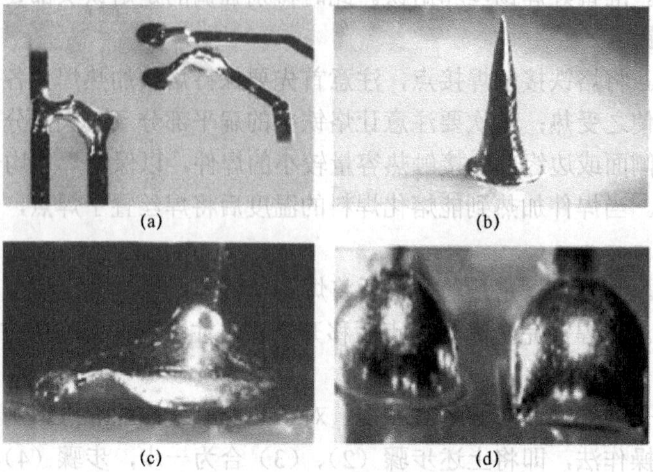

附图 B-7　四种焊接缺陷

（a）桥接；（b）焊料拉尖；（c）铜箔翘起、焊盘脱落；（d）堆焊

（1）桥接。不连接的铜皮或元件脚被锡边接起来。

产生原因：

1）锡量过多。

2）锡点加热时间太长导致松香太少。

3）烙铁温度不够。

4）锡氧化物多。

5）烙铁移离方向错。

（2）焊料拉尖。表面粗糙氧化物多，锡尖拖向一边。

产生原因：

1）烙铁温度不够。

2）烙铁移离速度慢。

3）锡点加热时间太长。

4）锡量过多，松香太少。

（3）铜箔翘起、焊盘脱落。铜箔从印制电路板上翘起，甚至脱落。

产生原因：

1）烙铁温度过高。

2）焊接时间太长。

（4）堆焊。焊点的外形轮廓不清，如同丸子状，根本看不出导线形状。

产生原因：

1）焊料过多。

2）元器件引线不能润湿（元件脚氧化）。

3）烙铁温度不够。

（三）焊接质量

焊接时，要保证每个焊点焊接牢固、接触良好。好的焊点和不合格焊点，如附图 B-8

所示。

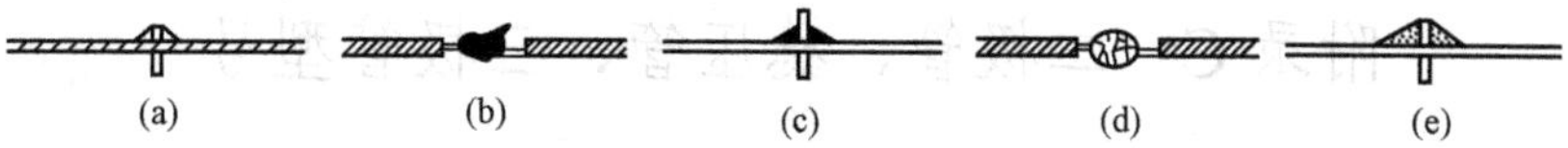

附图 B-8　焊接质量示意图

（a）合格焊点；（b）焊点有毛刺；（c）锡量过少；

（d）蜂窝状虚焊；（e）锡量过多

好的焊点应是锡点光亮、圆滑、无毛刺、锡量适中。锡和被焊物融合牢固，不应有虚焊和假焊。虚焊是焊点处只有少量锡焊住，造成接触不良，时通时断。假焊是指表面上好像焊住了，但实际上并没有焊上，有时用手一拔，引线就可以从焊点中拔出。这两种情况将给电子制作的调试和检修带来极大的困难。只有经过大量的、认真的焊接实践，才能避免这两种情况。

电子焊接工艺元件展示

附录C 二极管、稳压管、三极管型号

附表 C-1 **2AP 系列检波二极管**

参数 型号	最大整流电流	最高反向工作电压（峰值）	反向击穿电压（方向电流为400μA）	正向电流（正向电压为1V）	反向电流（反向电压分别为10V，100V）	最高工作频率	极间电容
	mA	V	V	mA	μA	MHz	pF
2AP1	16	20	≥40	≥2.5	≤250	150	≤1
2AP7	12	100	≥150	≥5.0	≤250	150	≤1

附表 C-2 **2CZ 系列整流二极管**

参数 型号	最大整流电流	最高反向工作电压（峰值）	最高反向工作电压下的反向电流（125℃）	正向压降（平均值）（25℃）	最高工作频率
	A	V	μA	V	kHz
2CZ52	0.1	25，50，100，200，300，400，500，600，700，800，900，1000，1200 1400，1600，1800，2000，2200，2400，2600，2800，3000	1000	≤0.8	3
2CZ54	0.5		1000	≤0.8	3
2CZ57	5		1000	≤0.8	3
1N4001	1	50	5	1.0	
1N4007	1	1000	5	1.0	
1N5401	3	100	5	0.95	

附表 C-3 **硅 稳 压 二 极 管**

型号	参数	最大耗散功率 P_{zk}/W	最大工作电流 I_{zk}/mA	稳定电压 U_z/V	反向漏电流 I_R/μA	正向压降 U_f/V
（1N4370）	2CW50	0.25	83	1～2.8	≤10（VR=0.5V）	≤1
1N746（1N4371）	2CW51	0.25	71	2.5～3.5	≤5（VR=0.5V）	≤1
1N747-9	2CW52	0.25	55	3.2～4.5	≤2（VR=0.5V）	≤1
1N750-1	2CW53	0.25	41	4～5.8	≤1	≤1
1N752-3	2CW54	0.25	38	5.5～6.5	≤0.5	≤1
1N754	2CW55	0.25	33	6.2～7.5	≤0.5	≤1
1N755-6	2CW56	0.25	27	7～8.8	≤0.5	≤1
1N757	2CW57	0.25	26	8.5～9.5	≤0.5	≤1
1N758	2CW58	0.25	23	9.2～10.5	≤0.5	≤1
1N962	2CW59	0.25	20	10～11.8	≤0.5	≤1
（2DW7A）	2DW230	0.2	30	5.8～6.0	≤1	≤1
（2DW7B）	2DW231	0.2	30	5.8～6.0	≤1	≤1
（2DW7C）	2DW232	0.2	30	6.0～6.5	≤1	≤1
2DW8A		0.2	30	5～6	≤1	≤1

附表 C-4 三 极 管

晶体管型号	反压 U_{be0}/V	电流 I_{cm}/A	功率 P_{cm}/W	放大系数	特征频率/MHz	管子类型
IRF230	200	9	79	—	—	NMOS 场效应
IRF130	100	14	79	—	—	NMOS 场效应
BUZ20	100	12	75	—	—	NMOS 场效应
BUZ11A	50	25	75	—	—	NMOS 场效应
BS170	60	0.3	0.63	—	—	NMOS 场效应
2SC4582	600	15	75	—	—	NPN
2SC4517	550	3	30	—	—	NPN
2SC4429	1100	8	60	—	—	NPN
2SC4297	500	12	75	—	—	NPN
2SC4288	1400	12	200	—	—	NPN
2SC4242	450	7	40	—	—	NPN
2SC4231	800	2	30	—	—	NPN
2SC4119	1500	15	250	—	—	NPN
2SC4111	1500	10	250	—	—	NPN
2SC4106	500	7	50	—	20	NPN
IRFU020	50	15	42	—	—	NMOS 场效应
IRFPG42	1000	4	150	—	—	NMOS 场效应
IRFPF40	900	4.7	150	—	—	NMOS 场效应
IRFP9240	200	12	150	—	—	PMOS 场效应
IRFP9140	100	19	150	—	—	PMOS 场效应
IRFP460	500	20	250	—	—	NMOS 场效应
IRFP450	500	14	180	—	—	NMOS 场效应
IRFP440	500	8	150	—	—	NMOS 场效应
IRFP353	350	14	180	—	—	NMOS 场效应
IRFP350	400	16	180	—	—	NMOS 场效应
IRFP340	400	10	150	—	—	NMOS 场效应
IRFP250	200	33	180	—	—	NMOS 场效应
IRFP240	200	19	150	—	—	NMOS 场效应
IRFP150	100	40	180	—	—	NMOS 场效应
IRFP140	100	30	150	—	—	NMOS 场效应
IRFP054	60	65	180	—	—	NMOS 场效应
IRFI744	400	4	32	—	—	NMOS 场效应
IRFI730	400	4	32	—	—	NMOS 场效应
IRFD9120	100	1	1	—	—	NMOS 场效应
IRFD123	80	1.1	1	—	—	NMOS 场效应

续表

晶体管型号	反压 U_{be0}/V	电流 I_{cm}/A	功率 P_{cm}/W	放大系数	特征频率/MHz	管子类型
IRFD120	100	1.3	1	—	—	NMOS 场效应
IRFD113	60	0.8	1	—	—	NMOS 场效应
IRFBE30	800	2.8	75	—	—	NMOS 场效应
IRFBC40	600	6.2	125	—	—	NMOS 场效应
IRFBC30	600	3.6	74	—	—	NMOS 场效应
IRFBC20	600	2.5	50	—	—	NMOS 场效应
IRFS9630	200	6.5	75	—	—	PMOS 场效应
IRF9630	200	6.5	75	—	—	PMOS 场效应
IRF9610	200	1	20	—	—	PMOS 场效应
IRF9541	60	19	125	—	—	PMOS 场效应
IRF9531	60	12	75	—	—	PMOS 场效应
IRF9530	100	12	75	—	—	PMOS 场效应
IRF840	500	8	125	—	—	NMOS 场效应
IRF830	500	4.5	75	—	—	NMOS 场效应
IRF740	400	10	125	—	—	NMOS 场效应
IRF730	400	5.5	75	—	—	NMOS 场效应
IRF720	400	3.3	50	—	—	NMOS 场效应
IRF640	200	18	125	—	—	NMOS 场效应
IRF630	200	9	75	—	—	NMOS 场效应
IRF610	200	3.3	43	—	—	NMOS 场效应
IRF541	80	28	150	—	—	NMOS 场效应
IRF540	100	28	150	—	—	NMOS 场效应
IRF530	100	14	79	—	—	NMOS 场效应
IRF440	500	8	125	—	—	NMOS 场效应
2SC4059	600	15	130	—	—	NPN
2SC4038	50	0.1	0.3	—	180	NPN
2SC4024	100	10	35	—	—	NPN
2SC3998	1500	25	250	—	—	NPN
2SC3997	1500	15	250	—	—	NPN
2SC3987	50	3	20	1000	—	NPN（达林顿）
2SC3953	120	0.2	1.3	—	400	NPN
2SC3907	180	12	130	—	30	NPN
2SC3893	1400	8	50	—	8	NPN
2SC3886	1400	8	50	—	8	NPN
2SC3873	500	12	75	—	30	NPN

续表

晶体管型号	反压 U_{be0}/V	电流 I_{cm}/A	功率 P_{cm}/W	放大系数	特征频率/MHz	管子类型
2SC3866	900	3	40	—	—	NPN
2SC3858	200	17	200	—	20	NPN
2SC3807	30	2	1.2	—	260	NPN
2SC3783	900	5	100	—	—	NPN
2SC3720	1200	10	200	—	—	NPN
2SC3680	900	7	120	—	—	NPN
2SC3679	900	5	100	—	—	NPN
2SC3595	30	0.5	1.2	90	—	NPN
2SC3527	500	15	100	13	—	NPN
2SC3505	900	6	80	12	—	NPN
2SC3460	1100	6	100	12	—	NPN
2SC3457	1100	3	50	12	—	NPN
2SC3358	20	0.15	—	—	7000	NPN
2SC3355	20	0.15	—	—	6500	NPN
2SC3320	500	15	80	—	—	NPN
2SC3310	500	5	40	20	—	NPN
2SC3300	100	15	100	—	—	NPN
2SC1855	20	0.02	0.25	—	550	NPN
2SC1507	300	0.2	15	—	—	NPN
2SC1494	36	6	40	—	175	NPN
2SC1222	60	0.1	0.25	—	100	NPN
2SC1162	35	1.5	10	—	—	NPN
2SC1008	80	0.7	0.8	—	50	NPN
2SC900	30	0.03	0.25	—	100	NPN
2SC828	45	0.05	0.25	—	—	NPN
2SC815	60	0.2	0.25	—	—	NPN
2SC380	35	0.03	0.25	—	—	NPN
2SC106	60	1.5	15	—	—	NPN
2SB1494	120	25	120	—	—	PNP（达林顿）
2SB1429	180	15	150	—	—	PNP
2SB1400	120	6	25	1000～20000	—	PNP（达林顿）
2SB1375	60	3	2	—	—	PNP
2SB1335	80	4	30	—	—	PNP
2SB1317	180	15	150	—	—	PNP
2SB1316	100	2	10	15000	—	PNP（达林顿）

续表

晶体管型号	反压 U_{be0}/V	电流 I_{cm}/A	功率 P_{cm}/W	放大系数	特征频率/MHz	管子类型
2SB1243	40	3	1	—	70	PNP
2SB1240	40	2	1	—	100	PNP
2SB1238	80	0.7	1	—	100	PNP
2SB1185	60	3	25	—	75	PNP
2SB1079	100	20	100	5000	—	PNP（达林顿）
2SB1020	100	7	40	6000	—	PNP（达林顿）
2SB834	60	3	30	—	—	PNP
2SB817	160	12	100	—	—	PNP
2SB772	40	3	10	—	—	PNP
2SB744	70	3	10	—	—	PNP
2SB734	60	1	1	—	—	PNP
2SB688	120	8	80	—	—	PNP
2SB675	60	7	40	—	—	PNP（达林顿）
2SB669	70	4	40	—	—	PNP（达林顿）
2SB649	180	1.5	1	—	—	PNP
2SB647	120	1	0.9	—	140	PNP
2SB449	50	3.5	22	—	—	PNP
2SA1943	230	15	150	—	—	PNP
2SA1785	400	1	1	—	140	PNP
2SA1668	200	2	25	—	20	PNP
2SA1516	180	12	130	—	25	PNP
2SA1494	200	17	200	—	20	PNP
2SA1444	100	1.5	2	—	80	PNP
2SA1358	120	1	10	—	120	PNP
2SA1302	200	15	150	—	—	PNP
2SA1301	200	10	100	—	—	PNP
2SA1295	230	17	200	—	—	PNP
2SA1265	140	10	30	—	—	PNP
2SA1216	180	17	200	—	—	PNP
2SA1162	50	0.15	0.15	—	—	PNP
2SA1123	150	0.05	0.75	—	—	PNP
2SA1020	50	2	0.9	—	—	PNP
2SA1009	350	2	15	—	—	PNP
2N6678	650	15	175	—	—	NPN
2N5685	60	50	300	—	—	NPN

续表

晶体管型号	反压 U_{be0}/V	电流 I_{cm}/A	功率 P_{cm}/W	放大系数	特征频率/MHz	管子类型
2N6277	180	50	300	—	—	NPN
2N5551	160	0.6	0.6	—	100	NPN
2N5401	160	0.6	0.6	—	100	PNP
2N3773	160	16	150	—	—	NPN
2N3440	450	1	1	—	—	NPN
2N3055	100	15	115	—	—	NPN
2N2907	60	0.6	0.4	200	—	NPN
2N2369	40	0.5	0.3	—	800	NPN
2N2222	60	0.8	0.5	45	—	NPN
9018	30	0.05	0.4	—	1G	NPN
9015	50	0.1	0.4	—	150	PNP
9014	50	0.1	0.4	—	150	NPN
9013	50	0.5	0.6	—	—	NPN
9012	50	0.5	0.6	—	—	PNP
9011	50	0.03	0.4	—	150	NPN
TIP147	100	10	125	—	—	PNP
TIP142	100	10	125	—	—	NPN
TIP127	100	8	65	—	—	PNP
TIP122	100	8	65	—	—	NPN
TIP102	100	8	2	—	—	NPN
TIP42C	100	6	65	—	—	PNP
TIP41C	100	6	65	—	—	NPN
TIP36C	100	25	125	—	—	PNP
TIP35C	100	25	125	—	—	NPN
TIP32C	100	3	40	—	—	PNP
TIP31C	100	3	40	—	—	NPN
MJE13007	1500	2.5	60	—	—	NPN
MJE13005	400	4	60	—	—	NPN
MJE13003	400	1.5	14	—	—	NPN
MJE2955T	60	10	75	—	—	NPN
MJE350	300	0.5	20	—	—	NPN
MJE340	300	0.5	20	—	—	NPN
MJ15025	400	16	250	—	—	PNP
MJ15024	400	16	250	—	—	NPN
MJ13333	400	20	175	—	—	NPN

续表

晶体管型号	反压 U_{be0}/V	电流 I_{cm}/A	功率 P_{cm}/W	放大系数	特征频率/MHz	管子类型
MJ11033	120	50	300	—	—	NPN
MJ11032	120	50	300	—	—	NPN
MJ10025	850	20	250	—	—	NPN
MJ10016	500	50	200	—	—	NPN
MJ10015	400	50	200	—	—	NPN
MJ10012	400	10	175	—	—	NPN（达林顿）
MJ4502	90	30	200	—	—	PNP
MJ3055	60	15	115	—	—	NPN
MJ2955	60	15	115	—	—	PNP
MN650	1500	6	80	—	—	NPN
BUX98A	400	30	210	—	—	NPN
BUX84	800	2	40	—	—	NPN
BUW13A	1000	15	150	—	—	NPN
BUV48A	450	15	150	—	—	NPN
BUV28A	225	10	65	—	—	NPN
BUV26	90	14	65	—	—	NPN
BUT12A	450	10	125	—	—	NPN
BUT11A	1000	5	100	—	—	NPN
BUS14A	1000	30	250	—	—	NPN
BD681	100	4	40	—	—	NPN
BD244	45	6	65	—	—	PNP
BD243	45	6	65	—	—	NPN
BD238	100	2	25	—	—	PNP
BD237	100	2	25	—	—	NPN
BD138	60	1.5	12.5	—	—	PNP
BD137	60	1.5	12.5	—	—	NPN
BD136	45	1.5	12.5	—	—	PNP
BD135	45	1.5	12.5	—	—	NPN
BC547	50	0.2	0.5	—	300	NPN
BC546	80	0.2	0.5	—	—	NPN
BC338	50	0.8	0.6	—	—	NPN
BC337	50	0.8	0.6	—	—	NPN
BC327	50	0.8	0.6	—	—	PNP
BC307	50	0.2	0.3	—	—	PNP
2SDK55	400	4	60	—	—	NPN

续表

晶体管型号	反压 U_{be0}/V	电流 I_{cm}/A	功率 P_{cm}/W	放大系数	特征频率/MHz	管子类型
2SD2445	1500	12.5	120	—	—	NPN
2SD2388	90	3	1.2	—	—	NPN（达林顿）
2SD2335	1500	7	100	—	—	NPN
2SD2334	1500	5	80	—	—	NPN
2SD2156	120	25	125	2000～20 000	—	NPN（达林顿）
2SD2155	180	15	150	—	—	NPN
2SD2036	60	1	1.2	—	—	NPN
2SD2012	60	3	2	—	—	NPN
2SD2008	80	1	1.5	—	—	NPN
2SD1997	40	3	1.5	—	100	NPN
2SD1994	60	1	1	—	—	NPN
2SD1993	50	0.1	0.4	—	—	NPN
2SD1980	100	2	10	1000～10 000	—	NPN（达林顿）
2SD1978	120	1.5	1	30 000	—	NPN（达林顿）
2SD1975	180	15	150	—	—	NPN
2SD1930	100	2	1.2	1000	—	NPN（达林顿）
2SD1847	50	1	1	—	—	NPN（低噪）
2SD1762	60	3	25	—	90	NPN
2SD1718	180	15	3.2	—	20	NPN
2SD1640	120	2	1.2	4000～40 000	—	NPN（达林顿）
2SD1590	150	8	25	15 000	—	NPN（达林顿）
2SD1559	100	20	20	5000	—	NPN（达林顿）
2SD1415	80	7A	40	6000	—	NPN（达林顿）
2SD1416	80	7	40	6000	—	NPN（达林顿）
2SD1302	25	0.5	0.5	—	200	NPN
2SD1273	80	3	40	—	50	NPN
2SD1163A	350	7	40	—	60	NPN
2SD1047	160	12	100	—	—	NPN
2SD1037	150	30	180	—	—	NPN
2SD1025	200	8	50	—	—	NPN（达林顿）
2SD789	100	1	0.9	—	—	NPN
2SD774	100	1	1	—	—	NPN
2SD669	180	1.5	1	—	140	NPN
2SD667	120	1	0.9	—	140	NPN（达林顿）
2SD560	150	5	30	—	—	NPN（达林顿）

续表

晶体管型号	反压 U_{be0}/V	电流 I_{cm}/A	功率 P_{cm}/W	放大系数	特征频率/MHz	管子类型
2SD547	600	50	400	—	—	NPN
2SD438	500	1	0.75	—	100	NPN
2SD415	120	0.8	5	—	—	NPN
2SD385	100	7	30	—	—	NPN（达林顿）
2SD325	50	3	25	—	—	NPN
2SD40C	40	0.5	40	—	—	NPN（达林顿）
2SC5252	1500	15	100	—	—	NPN
2SC5251	1500	12	50	—	—	NPN
2SC5250	1000	7	100	—	—	NPN
2SC5244	1500	15	200	—	—	NPN
2SC5243	1500	15	200	—	—	NPN
2SC5207	1500	10	50	—	—	NPN
2SC5200	230	15	150	—	—	NPN
2SC5132	1500	16	50	—	—	NPN
2SC5088	1500	10	50	—	—	NPN
2SC5086	1500	10	50	—	—	NPN
2SC5068	1500	10	50	—	—	NPN
2SC5020	1000	7	100	—	—	NPN
2SC4953	500	2	25	—	—	NPN
2SC4941	1500	6	65	—	—	NPN
2SC4927	1500	8	50	—	—	NPN
2SC4924	800	10	70	—	—	NPN
2SC4913	2000	0.2	35	—	—	NPN
2SC4769	1500	7	60	—	—	NPN（带阻尼）
2SC4747	1500	10	50	—	—	NPN
2SC4745	1500	6	50	—	—	NPN
2SC4742	1500	6	50	—	—	NPN（带阻尼）
2SC4706	900	14	130	—	6	NPN
2SD1887	1500	10	70	—	—	NPN
2SD1886	1500	8	70	—	—	NPN
2SD1885	1500	6	60	—	—	NPN
2SD1884	1500	5	60	—	—	NPN
2SD1883	1500	4	50	—	—	NPN
2SD1882	1500	3	50	—	—	NPN
2SD1881	1500	10	70	—	—	NPN

续表

晶体管型号	反压 U_{be0}/V	电流 I_{cm}/A	功率 P_{cm}/W	放大系数	特征频率/MHz	管子类型
2SD1880	1500	8	70	—	—	NPN
2SD1879	1500	6	60	—	—	NPN
2SD1878	1500	5	60	—	—	NPN
2SD1876	1500	3	50	—	—	NPN
2SD1739	1500	6	100	—	—	NPN
2SD1738	1500	5	100	—	—	NPN
2SD1737	1500	3.5	60	—	—	NPN
2SD1732	1500	7	120	—	—	NPN
2SD1731	1500	6	100	—	—	NPN
2SD1730	1500	5	100	—	—	NPN
2SD1729	1500	3.5	60	—	—	NPN
2SD1711	1500	7	100	—	—	NPN
2SD1710	1500	6	100	—	—	NPN
2SD1656	1500	6	60	—	—	NPN
2SD1655	1500	5	60	—	—	NPN
2SD1654	1500	3.5	50	—	—	NPN
2SD1653	1500	2.5	50	—	—	NPN
2SD1652	1500	6	60	—	—	NPN
2SD1651	1500	5	60	—	—	NPN
2SD1650	1500	3.5	50	—	—	NPN
2SD1635	1500	5	100	—	—	NPN
2SD1632	1500	4	70	—	—	NPN
2SD1577	1500	5	80	—	—	NPN
2SD1554	1500	3.5	40	—	—	NPN
2SD1548	1500	10	50	—	—	NPN
2SD1547	1500	7	50	—	—	NPN
2SD1546	1500	6	50	—	—	NPN
2SD1545	1500	5	50	—	—	NPN
2SD1456	1500	6	50	—	—	NPN
2SD1455	1500	5	50	—	—	NPN
2SD1454	1700	4	50	—	—	NPN
2SD1434	1700	5	80	—	—	NPN
2SD1431	1500	5	80	—	—	NPN
2SD1426	1500	3.5	80	—	—	NPN
2SD1402	1500	5	120	—	—	NPN

续表

晶体管型号	反压 U_{be0}/V	电流 I_{cm}/A	功率 P_{cm}/W	放大系数	特征频率/MHz	管子类型
2SD1399	1500	6	60	—	—	NPN
2SD1344	1500	6	50	—	—	NPN
2SD1343	1500	6	50	—	—	NPN
2SD1342	1500	5	50	—	—	NPN
2SD1941	1500	6	50	—	—	NPN
2SD1911	1500	5	50	—	—	NPN
2SD1341	1500	5	50	—	—	NPN
2SD1219	1500	3	65	—	—	NPN
2SD1290	1500	3	50	—	—	NPN
2SD1175	1500	5	100	—	—	NPN
2SD1174	1500	5	85	—	—	NPN
2SD1173	1500	5	70	—	—	NPN
2SD1172	1500	5	65	—	—	NPN
2SD1143	1500	5	65	—	—	NPN
2SD1142	1500	3.5	50	—	—	NPN
2SD1016	1500	7	50	—	—	NPN
2SD995	2500	3	50	—	—	NPN
2SD994	1500	8	50	—	—	NPN
2SD957A	1500	6	50	—	—	NPN
2SD954	1500	5	95	—	—	NPN
2SD952	1500	3	70	—	—	NPN
2SD904	1500	7	60	—	—	NPN
2SD903	1500	7	50	—	—	NPN
2SD871	1500	6	50	—	—	NPN
2SD870	1500	5	50	—	—	NPN
2SD869	1500	3.5	50	—	—	NPN
2SD838	2500	3	50	—	—	NPN
2SD822	1500	7	50	—	—	NPN
2SD821	1500	6	50	—	—	NPN
2SD348	1500	7	50	—	—	NPN
2SC4303A	1500	6	80	—	—	NPN
2SC4292	1500	6	100	—	—	NPN
2SC4291	1500	5	100	—	—	NPN
2SC4199A	1500	10	100	—	—	NPN
2SC3883	1500	5	50	—	—	NPN

续表

晶体管型号	反压 U_{be0}/V	电流 I_{cm}/A	功率 P_{cm}/W	放大系数	特征频率/MHz	管子类型
2SC3729	1500	5	50	—	—	NPN
2SC3688	1500	10	150	—	—	NPN
2SC3687	1500	8	150	—	—	NPN
2SC3686	1500	7	120	—	—	NPN
2SC3685	1500	6	120	—	—	NPN
2SC3486	1500	6	120	—	—	NPN
2SC3485	1500	5	120	—	—	NPN
2SC3484	1500	3.5	80	—	—	NPN
2SC3482	1500	6	120	—	—	NPN
2SC3481	1500	5	120	—	—	NPN
2SC3480	1500	3.5	80	—	—	NPN
2SC2125	2200	5	50	—	—	NPN
2SC2027	1500	5	50	—	—	NPN
BUY71	2200	2	40	—	—	NPN
BU508A	1500	7.5	75	—	—	NPN
BU500	1500	6	75	—	—	NPN
BU308	1500	5	12.5	—	—	NPN
BU209A	1700	5	12.5	—	—	NPN
BU208D	1500	5	12.5	—	—	NPN
BU208A	1500	5	12.5	—	—	NPN
BU108	1500	5	12.5	—	—	NPN
2SD1585	60	3	15	—	—	NPN
2SD773	20	2	1	—	—	NPN
2SC2785	60	0.1	0.3	—	—	NPN
2SC403	50	0.1	0.1	—	—	NPN
2SD1246	30	2	0.75	—	—	NPN
2SC2570A	25	0.07	0.6	—	—	NPN
2SC1047	30	0.015	0.15	—	—	NPN
2SC3114	60	0.15	0.2	—	—	NPN
2SD400	25	1	0.75	—	—	NPN
2SC1923	40	0.02	0.1	—	—	NPN
2SC2621	300	0.2	10	—	—	NPN
2SC2568	300	0.2	10	—	—	NPN
2SC2216	50	0.05	0.3	—	—	NPN
2SC1674	30	0.02	0.1	—	—	NPN

续表

晶体管型号	反压 U_{be0}/V	电流 I_{cm}/A	功率 P_{cm}/W	放大系数	特征频率/MHz	管子类型
2SC536F	40	0.1	0.25	—	—	NPN
2SA608F	30	0.1	0.25	—	—	PNP
2SD1271A	130	7	40	—	—	NPN
2SD1133	70	4	40	—	—	NPN
2SC1890A	120	0.05	0.3	—	—	NPN
2SC1360	50	0.05	0.5	—	—	NPN
2SA1304	150	1.5	25	—	—	PNP
2SD1274A	150	5	40	—	—	NPN
2SC2371	300	0.1	10	—	—	NPN
2SA966Y	30	1.5	0.9	—	—	PNP
2SD1378	80	0.7	10	—	—	NPN
2SD553Y	70	7	40	—	—	NPN
RN1204	50	0.1	0.3	—	—	NPN
2SD1405Y	50	3	30	—	—	NPN
2SC2878	50	0.3	0.4	—	—	NPN
2SC1959	30	0.4	0.5	—	—	NPN
2SC1569	300	0.15	1.5	—	—	NPN
2SC2383Y	160	1	0.9	—	—	NPN
2SA1299	50	0.5	0.3	—	—	PNP
2SA1012Y	60	5	25	—	—	PNP
2SC752G	40	0.2	0.2	—	—	NPN
2SA1013R	160	1	0.9	—	—	PNP
2SA933S	50	0.1	0.9	—	—	PNP
BF324	30	0.26	0.25	—	—	PNP
BD941F	120	3	19	—	—	NPN
BC636	45	1	0.8	—	—	PNP
2SD1480	80	4	25	—	—	NPN
2SC3271	300	0.1	5	—	—	NPN
2SC2688	300	0.2	10	—	—	NPN
2SC1875	50	0.15	0.4	—	—	NPN
2SA1175H	50	0.1	0.3	—	—	PNP
2SD1138C	150	2	30	—	—	NPN
2SB882	60	—	1.7	—	—	PNP
2SC2377	20	0.015	0.2	—	—	NPN
2SB564A	45	0.05	0.25	—	—	PNP

续表

晶体管型号	反压 U_{be0}/V	电流 I_{cm}/A	功率 P_{cm}/W	放大系数	特征频率/MHz	管子类型
2SD1877	800	4	50	—	—	NPN
BU508A	1500	8	125	—	—	NPN
BUT11	1500	5	80	—	—	NPN
2SD3505	900	6	50	—	—	NPN
2SD906	1400	8	50	—	—	NPN
2SD905	1400	8	50	—	—	NPN
2SC1942	1500	3	100	—	—	NPN
2SD1397	1500	3.5	50	—	—	NPN
2SD1396	1500	2.5	50	—	—	NPN
2SC3153	900	6	100	—	—	NPN
2SD1403	1500	6	50	—	—	NPN
2SD1410	1500	3.5	80	—	—	NPN
2SD2057	1500	5	100	—	—	NPN
2SD2027	1500	5	50	—	—	NPN
2SD953	1500	7	95	—	—	NPN
2SD951	1500	3	65	—	—	NPN
2SD950	1500	3.5	80	—	—	NPN
2SD852	1500	5	70	—	—	NPN
2SD850	1500	3	25	—	—	NPN
2SD900B	1500	5	50	—	—	NPN
2SD899A	1500	4	50	—	—	NPN
2SD898B	1500	3	50	—	—	NPN
2SD871	1500	6	50	—	—	NPN
2SD870	1500	5	50	—	—	NPN
2SD869	1500	3.5	50	—	—	NPN
2SD1433	1500	7	80	—	—	NPN
2SD1432	1500	6	80	—	—	NPN
2SD1431	1500	5	80	—	—	NPN
2SD820	1500	5	50	—	—	NPN
2SD819	1500	3.5	50	—	—	NPN
2SD1497	1500	6	50	—	—	NPN
2SD1398	1500	5	50	—	—	NPN
2SD1427	1500	5	80	—	—	NPN
2SD1428	1500	6	80	—	—	NPN
2SD1426	1500	3.5	80	—	—	NPN

续表

晶体管型号	反压 U_{be0}/V	电流 I_{cm}/A	功率 P_{cm}/W	放大系数	特征频率/MHz	管子类型
2SC2068	70	0.2	0.62	—	—	NPN
2SC1627Y	80	0.3	0.6	—	—	NPN
2SC495Y	70	0.8	5	—	—	NPN
2SC388A	20	0.02	0.2	—	—	NPN
2SB686	100	6	60	—	—	PNP
2SA940	150	1.5	1.5	—	—	PNP
2SC2120Y	30	0.8	0.6	—	—	NPN
2SD1555	1500	5	50	—	—	NPN
2SD8806	60	3	30	—	—	NPN
2SC2456	300	0.1	10	—	—	NPN
2SA1300	20	2	0.7	—	—	PNP
2SC304CD	60	0.5	0.8	—	—	NPN
2SC2238	160	1.5	25	—	—	NPN
2SC3328	80	2	0.9	—	—	NPN
2SC2190	450	5	100	—	—	NPN
2SA968Y	160	1.5	25	—	—	PNP
2SC3402	50	0.1	0.3	—	—	NPN
2SC2168	200	2	30	—	—	NPN
2SC3198G	60	0.15	0.4	—	—	NPN
2SC2655Y	60	2	0.9	—	—	NPN
2SC1827	80	4	30	—	—	NPN
2SA1266Y	50	0.15	0.4	—	—	PNP
2SD880	60	3	30	—	—	NPN
2SC1906	30	0.05	0.3	—	—	NPN
2SC2611	300	0.1	1.25	—	—	NPN
2SC1514	300	0.1	1.25	—	—	NPN
DTC124ES	50	0.1	0.25	—	—	PNP
2SD1078	50	2	20	—	—	NPN
2SA1390	35	0.5	0.3	—	—	PNP
2SD788	20	2	0.9	—	—	NPN
2SD882	40	3	10	—	—	NPN
2SD787	20	2	0.9	—	—	NPN
2SD401AK	200	2	25	—	—	NPN
2SC2610	300	0.1	0.8	—	—	NPN
2SC2271N	300	0.1	0.75	—	—	NPN

续表

晶体管型号	反压 U_{be0}/V	电流 I_{cm}/A	功率 P_{cm}/W	放大系数	特征频率/MHz	管子类型
2SC1740	50	0.3	0.3	—	—	NPN
2SC1214C	50	0.5	0.6	—	—	NPN
2SC458D	30	0.1	0.2	—	—	NPN
2SA673	50	0.5	0.4	—	—	PNP
2SD1556	1500	6	50	—	—	NPN
2SD1499	100	5	40	—	—	NPN
2SD1264A	200	2	30	—	—	NPN
2SD1010	50	0.05	0.3	—	—	NPN
2SD966	60	5	1	—	—	NPN
2SD601AR	60	0.1	0.2	—	—	NPN
2SC3265Y	30	0.8	0.2	—	—	NPN
2SC3063	300	0.1	1.2	—	—	NPN
2SC2594	40	5	10	—	—	NPN
2SC1317-R	30	0.5	0.4	—	—	NPN
2SB1013A	30	0.5	0.3	—	—	PNP
2SD1226	60	3	35	—	—	NPN
2SC2636Y	30	0.05	0.4	—	—	NPN
2SB940	200	2	30	—	—	PNP
2SA720-Q	50	0.5	0.4	—	—	PNP
2SD1391	1500	5	80	—	—	NPN
2SC2188	45	0.05	0.6	—	—	NPN
2SK301-R	—	0.14	0.25	—	—	N 沟场效应管
2SD1266	60	3	35	—	—	NPN
2SD1175	1500	5	100	—	—	NPN
2SD973	30	1	1	—	—	NPN
2SC2923	300	0.2	15	—	—	NPN
2SC2653H	250	0.2	15	—	—	NPN
2SC2377C	30	0.15	0.2	—	—	NPN
2SC1685Q	30	0.1	0.25	—	—	NPN
2SC1573A	250	0.07	0.6	—	—	NPN
2SB642-R	60	0.2	0.4	—	—	PNP
2SA1309A	25	0.1	0.3	—	—	PNP
2SA1018	150	0.07	0.75	—	—	PNP
2SA564A	25	0.1	0.25	—	—	PNP
2SK301-Q	—	0.14	0.25	—	—	N 沟场效应管

续表

晶体管型号	反压 U_{be0}/V	电流 I_{cm}/A	功率 P_{cm}/W	放大系数	特征频率/MHz	管子类型
2SD1541	1500	3	50	—	—	NPN
2SC1685	30	0.1	0.25	—	—	NPN
2SC1573A	250	0.07	0.6	—	—	NPN
2SA1309A	25	0.1	0.3	—	—	PNP
UN4213	50	0.1	0.25	—	—	NPN
UN4211	50	0.1	0.25	—	—	NPN
UN4212	50	0.1	0.25	—	—	NPN
UN4111	50	0.1	0.25	—	—	PNP
2SD1541	1500	3	50	—	—	NPN
2SD965	40	5	0.75	—	—	NPN
2SC2839	30	0.1	0.1	—	—	NPN
2SC2258	250	0.1	1	—	—	NPN
2SC1846	45	1	1.2	—	—	NPN
2SC1573A	250	0.07	0.6	—	—	NPN
2SA1309A	25	0.1	0.3	—	—	PNP
2SD1544	1500	3.5	40	—	—	NPN
2SD802	900	6	50	—	—	NPN
2SC2717	35	0.8	7.5	—	—	NPN
2SC2482	150	0.1	0.9	—	—	NPN
2SC2073	150	1.5	25	—	—	NPN
2SC1815Y	60	0.15	0.4	—	—	NPN
2SB774T	30	0.01	0.25	—	—	PNP
2SA1015R	50	0.15	0.4	—	—	PNP
2SA904	90	0.05	0.2	—	—	PNP
2SA562T	30	0.4	0.3	—	—	PNP

附表 C-5 金属封装大功率

型号	类型	V	A	W
2N5684	PNP	80	50	300
MJ10013	PNP	550	10	175
MJ11015	PNP	120	30	200
MJ11033	PNP	120	50	300
MJ14003	PNP	80	70	300
MJ15004	PNP	140	20	250
MJ15023	PNP	200	16	250
MJ15025	PNP	250	16	250

续表

型号	类型	V	A	W
MJ4502	PNP	90	30	200
2N5686	NPN	80	50	300
BDY56	NPN	180	15	115
BU208A	NPN	1500	5	12.5
BU326	NPN	800	6	60
BU932R	NPN	450	15	500ns
BUS13A	NPN	1000	15	175
BUS14A	NPN	1000	30	250
BUS48A	NPN	1000	15	175
BUX22	NPN	300	40	250
BUX48A/C	NPN	850/1000	15	125
BUX98A/C	NPN	450/1000	30	250
BUY71	NPN	2200	2	40
C1325	NPN	1500	6	8
C1413A	NPN	1500	5	50
C1875	NPN	1500	3.5	50
C1942	NPN	1500	3	50
C2027	NPN	1500	5	50
C2159	NPN	400	50	200
C2246	NPN	450	15	100
C2443	NPN	600	50	400
C2707	NPN	180	15	150
C2770	NPN	600	100	770
C2820	NPN	500	20	125
C2830	NPN	500	20	200
C2928	NPN	1500	5	80
C2930	NPN	500	30	200
C3026	NPN	1700	5	50
C3058	NPN	600	30	200
C3168	NPN	500	20	200
C3213	NPN	800	75	400
C3215S	NPN	1200	10	125
C3216S	NPN	1200	20	200
C3517	NPN	1200	50	300
C3769	NPN	1500	8	50
D1175	NPN	1500	5	100
D1279	NPN	1400	10	50

续表

型号	类型	V	A	W
D641	NPN	600	15	150
D650	NPN	400	6	80
D797	NPN	100	30	200
D820	NPN	1500	5	50
D821	NPN	1500	6	50
D822	NPN	1500	7	50
D850	NPN	1500	3	65
D869	NPN	1500	3.5	50
D870	NPN	1500	5	50
D871	NPN	1500	6	50
D898B	NPN	1500	3	50
D900B	NPN	1500	5	50
D905	NPN	1400	8	50
D950	NPN	1500	3	42
D951	NPN	1500	3	65
MJ10009	NPN	700	20	175
MJ10012	NPN	400	10	175
MJ10014	NPN	600	10	175
MJ10015	NPN	600	50	250
MJ10016	NPN	500	50	250
MJ10024	NPN	750	20	200
MJ10025	NPN	850	20	250
MJ11016	NPN	120	30	200
MJ11032	NPN	120	50	300
MJ12005	NPN	1500	8	100
MJ13333	NPN	400	20	175
MJ13335	NPN	500	20	175
MJ14002	NPN	80	70	300
MJ15002	NPN	140	15	200
MJ15003	NPN	140	20	250
MJ15022	NPN	200	16	250
MJ15024	NPN	250	16	250
2N5685	NPN	60	50	300
2N6678	NPN	650	20	175

附表 C-6　　金属封装小功率

型号	类型	V	A	W
3DD15A	NPN	100	5	50
3DD15B	NPN	150	5	50
3DD15C	NPN	200	5	50
3DD15D	NPN	250	5	50
A1205	PNP	70	12	100
A1216	PNP	180	17	200
3DD1555	NPN	1500	5	50
BU1508D/DX	NPN	700	8	35
BU2508AF/DF	NPN	700	8	45
BU2508AX/DX	NPN	700	8	125
BU2520AF/DF	NPN	800	10	45
BU2520AX/DX	NPN	800	10	125
BU2525AF/DF	NPN	800	12	45
BU2527AF/AX	NPN	1500	15	120
BU508	NPN	1500	7.5	75
BU508A/D/DF	NPN	1500	7.5	75
BUT50	NPN	500	8	100
BUT51	NPN	500	15	125
BUT90	NPN	125	50	250
BUW11A/AF	NPN	1000	5	100
BUW13A/AF	NPN	1000	15	150
C2625	NPN	450	10	80
C2792	NPN	850	2	80
C2834	NPN	800	7	100
C2939	NPN	500	10	100
C3030	NPN	900	7	80
C3153	NPN	900	6	100
C3210	NPN	500	10	100
C3261	NPN	800	6	80
C3262	NPN	800	10	100
C3306	NPN	500	10	100
C3307	NPN	900	10	150
C3320	NPN	500	15	80
C3461	NPN	1100	8	120

续表

型号	类型	V	A	W
C3482	NPN	1500	6	120
C3498	NPN	500	30	150
C3499	NPN	500	30	150
C3505	NPN	900	6	80
C3552	NPN	1100	12	150
C3675	NPN	1500	0.1	10
C3679	NPN	900	5	100
C3687	NPN	1500	8	150
C3688	NPN	1500	10	150
C3883	NPN	1500	5	50
C3886A	NPN	1400	8	50
C3887	NPN	1400	6	80
C3893	NPN	1400	8	50
C3897	NPN	1500	10	70
C3907	NPN	180	12	130
C3988	NPN	800	25	150
C3989	NPN	800	25	200
C3256	NPN	80	15	70
C3990	NPN	800	35	250
C3991	NPN	800	50	300
C3995	NPN	1500	12	180
C3996	NPN	1500	15	180
C3997	NPN	1500	20	250
C3998	NPN	1500	25	250
C4028	NPN	1400	10	100
D1026	NPN	100	15	100
D1027	NPN	200	15	100
D1036	NPN	150	15	150
D1037	NPN	150	30	180
D1038	NPN	150	40	180
D1049	NPN	120	25	80
D1148	NPN	140	10	100
D1294	NPN	45	5	80
D1296	NPN	150	15	100

续表

型号	类型	V	A	W
D1298	NPN	500	10	100
D1314	NPN	600	15	150
D1397	NPN	1500	3.5	50
D1398	NPN	1500	5	50
D1402	NPN	1500	5	120
D1403	NPN	1500	6	120
D1426	NPN	1500	3.5	80
D1427	NPN	1500	5	80
D1428	NPN	1500	6	80
D1431	NPN	1500	5	80
D1432	NPN	1500	6	80
D1433	NPN	1500	7	80
D1439	NPN	1500	3	50
D1453	NPN	1500	3	50
D1455	NPN	1500	5	50
D1525	NPN	100	30	150
D1541	NPN	1500	3	50
D1545	NPN	1500	5	50
D1547	NPN	1500	7	50
D1554	NPN	1500	3.5	40
D1555	NPN	1500	5	50
D1556	NPN	1500	6	50
D1651	NPN	1500	5	60
D1672	NPN	150	25	70
D1710	NPN	1500	5	100
D1739	NPN	1500	6	100
D1850	NPN	1500	7	120
D1877	NPN	1500	4	50
D1878	NPN	1500	5	60
D1879	NPN	1500	6	60
D1880	NPN	1500	8	70
D1881	NPN	1500	10	70
D1884	NPN	1500	5	60
D1886	NPN	1500	8	70

续表

型号	类型	V	A	W
D1887	NPN	1500	10	70
D1941	NPN	1500	6	50
D1959	NPN	1400	10	50
D2047	NPN	1500	5	80
D2253	NPN	1500	7	60
D2256	NPN	120	25	125
D2298	NPN	1500	6	50
D2301	NPN	1500	6	50
C4111	NPN	1500	10	150
C4119	NPN	1500	15	250
C4123	NPN	1500	7	60
C4125	NPN	1500	10	70
C4199	NPN	1400	10	100
C4236	NPN	800	6	100
C4237	NPN	800	10	150
C4288A	NPN	1400	12	200
C4297	NPN	500	12	75
C4299	NPN	900	3	70
C4300	NPN	900	5	75
C4424M	NPN	500	16	60
C4429	NPN	1100	8	60
C4460	NPN	800	15	55
C4581	NPN	600	10	65
C4582	NPN	600	15	75
C4589	NPN	1500	10	50
C4692	NPN	1500	12	50
C4742	NPN	1500	6	50
C4744	NPN	1500	6	50
C4745	NPN	1500	6	50
C4746	NPN	1500	8	50
C4747	NPN	1500	10	50
C4769	NPN	1500	7	60
C4770	NPN	1500	7	60

续表

型号	类型	V	A	W
C4890	NPN	800	12	75
C4891	NPN	800	15	75
C4927	NPN	1500	12	60
C4928	NPN	1500	15	150
C5003	NPN	60	3	10

附录D 逻辑代数的基本公式和常用公式

逻辑代数是通过它特有的基本公式（或称基本定律）来实现各种逻辑函数化简的，它的常用基本公式见附表 D-1。

附表 D-1 逻辑代数常用的基本公式

公式名称	公式	
运算公式	A • 0=0	A+1=1
运算公式	A • 1=A	A+0=A
运算公式	A • A=A	A+A=A
运算公式	$A\cdot\overline{A}=0$	$A+\overline{A}=1$
交换律	A • B=B • A	A+B=B+A
结合律	A •（B • C）=（A • B）• C	A+（B+C）=（A+B）+C
分配律	A（B+C）=AB+AC	A+BC=（A+B）（A+C）
吸收律 1	（A+B）（A+$\overline{B}$）=A	$AB+A\overline{B}=A$
吸收律 2	A（A+B）=A	$A+AB=A$
吸收律 3	A（$\overline{A}$+B）=AB	$A+\overline{A}B=A+B$
多余项定律	$(A+B)(\overline{A}+C)(B+C)=(A+B)(\overline{A}+C)$	$AB+\overline{A}C+BC=AB+\overline{A}C$
摩根定律	$\overline{AB}=\overline{A}+\overline{B}$	$\overline{A+B}=\overline{A}\cdot\overline{B}$
非运算	$\overline{\overline{A}}=A$	

附录 E　TTL 集成电路功能、型号对照表

附表 E-1　　系列集成电路功能、型号对照表

型号	名　称	型号	名　称
7400	2 输入端四与非门	74150	16 选 1 数据选择/多路开关
7401	集电极开路 2 输入端四与非门	74151	8 选 1 数据选择器
7402	2 输入端四或非门	74153	双 4 选 1 数据选择器
7403	集电极开路 2 输入端四与非门	74154	4 线—16 线译码器
7404	六反相器	74155	图腾柱输出译码器/分配器
7405	集电极开路六反相器	74156	开路输出译码器/分配器
7406	集电极开路六反相高压驱动器	74157	同相输出四 2 选 1 数据选择器
7407	集电极开路六正相高压驱动器	74158	反相输出四 2 选 1 数据选择器
7408	2 输入端四与门	7416	开路输出六反相缓冲/驱动器
7409	集电极开路 2 输入端四与门	74160	可预置 BCD 异步清除计数器
7410	3 输入端 3 与非门	74161	可预制四位二进制异步清除计数器
74107	带清除主从双 J-K 触发器	74162	可预置 BCD 同步清除计数器
74109	带预置清除正触发双 J-K 触发器	74163	可预制四位二进制同步清除计数器
7411	3 输入端 3 与门	74164	八位串行入/并行输出移位寄存器
74112	带预置清除负触发双 J-K 触发器	74165	八位并行入/串行输出移位寄存器
7412	开路输出 3 输入端三与非门	74166	八位并入/串出移位寄存器
74121	单稳态多谐振荡器	74169	二进制四位加/减同步计数器
74122	可再触发单稳态多谐振荡器	7417	开路输出六同相缓冲/驱动器
74123	双可再触发单稳态多谐振荡器	74170	开路输出 4×4 寄存器堆
74125	三态输出高有效四总线缓冲门	74173	三态输出四位 D 型寄存器
74126	三态输出低有效四总线缓冲门	74174	带公共时钟和复位六 D 触发器
7413	4 输入端双与非施密特触发器	74175	带公共时钟和复位四 D 触发器
74132	2 输入端四与非施密特触发器	74180	9 位奇数/偶数发生器/校验器
74133	3 输入端与非门	74181	算术逻辑单元/函数发生器
74136	四异或门	74185	二进制—BCD 代码转换器
74138	3-8 线译码器/复工器	74190	BCD 同步加/减计数器
74139	双 2-4 线译码器/复工器	74191	二进制同步可逆计数器
7414	六反相施密特触发器	74192	可预置 BCD 双时钟可逆计数器
74145	BCD—十进制译码/驱动器	74193	可预置四位二进制双时钟可逆计数器
7415	开路输出 3 输入端三与门	74194	四位双向通用移位寄存器

续表

型号	名　称	型号	名　称
74195	四位并行通道移位寄存器	7432	2 输入端四或门
74196	十进制/二—十进制可预置计数锁存器	74322	带符号扩展端八位移位寄存器
74197	二进制可预置锁存器/计数器	74323	三态输出八位双向移位/存储寄存器
7420	4 输入端双与非门	7433	开路输出 2 输入端四或非缓冲器
7421	4 输入端双与门	74347	BCD—7 段译码器/驱动器
7422	开路输出 4 输入端双与非门	74352	双 4 选 1 数据选择器/复工器
74221	双/单稳态多谐振荡器	74353	三态输出双 4 选 1 数据选择器/复工器
74240	八反相三态缓冲器/线驱动器	74365	门使能输入三态输出六同相线驱动器
74241	八同相三态缓冲器/线驱动器	74365	门使能输入三态输出六同相线驱动器
74243	四同相三态总线收发器	74366	门使能输入三态输出六反相线驱动器
74244	八同相三态缓冲器/线驱动器	74367	4/2 线使能输入三态六同相线驱动器
74245	八同相三态总线收发器	74368	4/2 线使能输入三态六反相线驱动器
74247	BCD—7 段 15V 输出译码/驱动器	7437	开路输出 2 输入端四与非缓冲器
74248	BCD—7 段译码/升压输出驱动器	74373	三态同相八 D 锁存器
74249	BCD—7 段译码/开路输出驱动器	74374	三态反相八 D 锁存器
74251	三态输出 8 选 1 数据选择器/复工器	74375	4 位双稳态锁存器
74253	三态输出双 4 选 1 数据选择器/复工器	74377	单边输出公共使能八 D 锁存器
74256	双四位可寻址锁存器	74378	单边输出公共使能六 D 锁存器
74257	三态原码四 2 选 1 数据选择器/复工器	74379	双边输出公共使能四 D 锁存器
74258	三态反码四 2 选 1 数据选择器/复工器	7438	开路输出 2 输入端四与非缓冲器
74259	八位可寻址锁存器/3-8 线译码器	74380	多功能八进制寄存器
7426	2 输入端高压接口四与非门	7439	开路输出 2 输入端四与非缓冲器
74260	5 输入端双或非门	74390	双十进制计数器
74266	2 输入端四异或非门	74393	双四位二进制计数器
7427	3 输入端三或非门	7440	4 输入端双与非缓冲器
74273	带公共时钟复位八 D 触发器	7442	BCD—十进制代码转换器
74279	四图腾柱输出 S-R 锁存器	74352	双 4 选 1 数据选择器/复工器
7428	2 输入端四或非门缓冲器	74353	三态输出双 4 选 1 数据选择器/复工器
74283	4 位二进制全加器	74365	门使能输入三态输出六同相线驱动器
74290	二/五分频十进制计数器	74366	门使能输入三态输出六反相线驱动器
74293	二/八分频四位二进制计数器	74367	4/2 线使能输入三态六同相线驱动器
74295	四位双向通用移位寄存器	74368	4/2 线使能输入三态六反相线驱动器
74298	四 2 输入多路带存储开关	7437	开路输出 2 输入端四与非缓冲器
74299	三态输出八位通用移位寄存器	74373	三态同相八 D 锁存器
7430	8 输入端与非门	74374	三态反相八 D 锁存器

续表

型号	名　称	型号	名　称
74375	4 位双稳态锁存器	74498	八进制移位寄存器
74377	单边输出公共使能八 D 锁存器	7450	2-3/2-2 输入端双与或非门
74378	单边输出公共使能六 D 锁存器	74502	八位逐次逼近寄存器
74379	双边输出公共使能四 D 锁存器	74503	八位逐次逼近寄存器
7438	开路输出 2 输入端四与非缓冲器	7451	2-3/2-2 输入端双与或非门
74380	多功能八进制寄存器	74533	三态反相八 D 锁存器
7439	开路输出 2 输入端四与非缓冲器	74534	三态反相八 D 锁存器
74390	双十进制计数器	7454	四路输入与或非门
74393	双四位二进制计数器	74540	八位三态反相输出总线缓冲器
7440	4 输入端双与非缓冲器	7455	4 输入端二路输入与或非门
7442	BCD—十进制代码转换器	74563	八位三态反相输出触发器
74447	BCD—7 段译码器/驱动器	74564	八位三态反相输出 D 触发器
7445	BCD—十进制代码转换/驱动器	74573	八位三态输出触发器
74450	16:1 多路转接复用器多工器	74574	八位三态输出 D 触发器
74451	双 8:1 多路转接复用器多工器	74645	三态输出八同相总线传送接收器
74453	四 4:1 多路转接复用器多工器	74670	三态输出 4×4 寄存器堆
7446	BCD—7 段低有效译码/驱动器	7473	带清除负触发双 J-K 触发器
74460	十位比较器	7474	带置位复位正触发双 D 触发器
74461	八进制计数器	7476	带预置清除双 J-K 触发器
74465	三态同相 2 与使能端八总线缓冲器	7483	四位二进制快速进位全加器
74466	三态反相 2 与使能八总线缓冲器	7485	四位数字比较器
74467	三态同相 2 使能端八总线缓冲器	7486	2 输入端四异或门
74468	三态反相 2 使能端八总线缓冲器	7490	可二/五分频十进制计数器
74469	八位双向计数器	7493	可二/八分频二进制计数器
7447	BCD—7 段高有效译码/驱动器	7495	四位并行输入\输出移位寄存器
7448	BCD—7 段译码器/内部上拉输出驱动	7497	6 位同步二进制乘法器
74490	双十进制计数器 74491 TTL 十位计数器		

附录F CMOS集成电路功能、型号对照表

附表 F-1 CMOS 集成电路功能、型号对照表

型号	名称	型号	名称
CD4000	双 3 输入端或非门+单非门 TI	CD4033	十进制计数/7 段译码器 NSC/TI
CD4001	四 2 输入端或非门 HIT/NSC/TI/GOL	CD4034	8 位通用总线寄存器 NSC/MOT/TI
CD4002	双 4 输入端或非门 NSC	CD4035	4 位并入/串入-并出/串出移位寄存 NSC/MOT/TI
CD4006	18 位串入/串出移位寄存器 NSC	CD4038	三串行加法器 NSC/TI
CD4007	双互补对加反相器 NSC	CD4040	12 级二进制串行计数/分频器 NSC/MOT/TI
CD4008	4 位超前进位全加器 NSC	CD4041	四同相/反相缓冲器 NSC/MOT/TI
CD4009	六反相缓冲/变换器 NSC	CD4042	四锁存 D 型触发器 NSC/MOT/TI
CD4010	六同相缓冲/变换器 NSC	CD4043	4 三态 R-S 锁存触发器（“1”触发）NSC/MOT/TI
CD4011	四 2 输入端与非门 HIT/TI	CD4044	四三态 R-S 锁存触发器（“0”触发）NSC/MOT/TI
CD4012	双 4 输入端与非门 NSC	CD4046	锁相环 NSC/MOT/TI/PHI
CD4013	双主-从 D 型触发器 FSC/NSC/TOS	CD4047	无稳态/单稳态多谐振荡器 NSC/MOT/TI
CD4014	8 位串入/并入-串出移位寄存器 NSC	CD4048	4 输入端可扩展多功能门 NSC/HIT/TI
CD4015	双 4 位串入/并出移位寄存器 TI	CD4049	六反相缓冲/变换器 NSC/HIT/TI
CD4016	四传输门 FSC/TI	CD4050	六同相缓冲/变换器 NSC/MOT/TI
CD4017	十进制计数/分配器 FSC/TI/MOT	CD4051	八选一模拟开关 NSC/MOT/TI
CD4018	可预制 1/N 计数器 NSC/MOT	CD4052	双 4 选 1 模拟开关 NSC/MOT/TI
CD4019	四与或选择器 PHI	CD4053	三组二路模拟开关 NSC/MOT/TI
CD4020	14 级串行二进制计数/分频器 FSC	CD4054	液晶显示驱动器 NSC/HIT/TI
CD4021	8 位串入/并入-串出移位寄存器 PHI/NSC	CD4055	BCD-7 段译码/液晶驱动器 NSC/HIT/TI
CD4022	八进制计数/分配器 NSC/MOT	CD4056	液晶显示驱动器 NSC/HIT/TI
CD4023	三 3 输入端与非门 NSC/MOT/TI	CD4059	“N”分频计数器 NSC/TI
CD4024	7 级二进制串行计数/分频器 NSC/MOT/TI	CD4060	14 级二进制串行计数/分频器 NSC/TI/MOT
CD4025	三 3 输入端或非门 NSC/MOT/TI	CD4063	四位数字比较器 NSC/HIT/TI
CD4026	十进制计数/7 段译码器 NSC/MOT/TI	CD4066	四传输门 NSC/TI/MOT
CD4027	双 J-K 触发器 NSC/MOT/TI	CD4067	16 选 1 模拟开关 NSC/TI
CD4028	BCD 码十进制译码器 NSC/MOT/TI	CD4068	八输入端与非门/与门 NSC/HIT/TI
CD4029	可预置可逆计数器 NSC/MOT/TI	CD4069	六反相器 NSC/HIT/TI
CD4030	四异或门 NSC/MOT/TI/GOL	CD4070	四异或门 NSC/HIT/TI
CD4031	64 位串入/串出移位存储器 NSC/MOT/TI	CD4071	四 2 输入端或门 NSC/TI
CD4032	三串行加法器 NSC/TI	CD4072	双 4 输入端或门 NSC/TI

续表

型号	名　称	型号	名　称
CD4073	三 3 输入端与门 NSC/TI	CD40181	4 位算术逻辑单元/函数发生器
CD4075	三 3 输入端或门 NSC/TI	CD40182	超前位发生器
CD4076	四 D 寄存器	CD40192	可预置 BCD 加/减计数器（双时钟）NSC\\TI
CD4077	四 2 输入端异或非门 HIT	CD40193	可预置 4 位二进制加/减计数器 NSC\\TI
CD4078	8 输入端或非门/或门	CD40194	4 位并入/串入-并出/串出移位寄存 NSC\\MOT
CD4081	四 2 输入端与门 NSC/HIT/TI	CD40195	4 位并入/串入-并出/串出移位寄存 NSC\\MOT
CD4082	双 4 输入端与门 NSC/HIT/TI	CD40208	4×4 多端口寄存器
CD4085	双 2 路 2 输入端与或非门	CD4501	4 输入端双与门及 2 输入端或非门
CD4086	四 2 输入端可扩展与或非门	CD4502	可选通三态输出六反相/缓冲器
CD4089	二进制比例乘法器	CD4503	六同相三态缓冲器
CD4093	四 2 输入端施密特触发器 NSC/MOT/ST	CD4504	六电压转换器
CD4094	8 位移位存储总线寄存器 NSC/TI/PHI	CD4506	双二组 2 输入可扩展或非门
CD4095	3 输入端 J-K 触发器	CD4508	双 4 位锁存 D 型触发器
CD4096	3 输入端 J-K 触发器	CD4510	可预置 BCD 码加/减计数器
CD4097	双路八选一模拟开关	CD4511	BCD 锁存，7 段译码，驱动器
CD4098	双单稳态触发器 NSC/MOT/TI	CD4512	八路数据选择器
CD4099	8 位可寻址锁存器 NSC/MOT/ST	CD4513	BCD 锁存，7 段译码，驱动器（消隐）
CD40100	32 位左/右移位寄存器	CD4514	4 位锁存，4 线-16 线译码器
CD40101	9 位奇偶校验器	CD4515	4 位锁存，4 线-16 线译码器
CD40102	8 位可预置同步 BCD 减法计数器	CD4516	可预置 4 位二进制加/减计数器
CD40103	8 位可预置同步二进制减法计数器	CD4517	双 64 位静态移位寄存器
CD40104	4 位双向移位寄存器	CD4518	双 BCD 同步加计数器
CD40105	先入先出 FI-FD 寄存器	CD4519	四位与或选择器
CD40106	六施密特触发器 NSC\\TI	CD4520	双 4 位二进制同步加计数器
CD40107	双 2 输入端与非缓冲/驱动器 HAR\\TI	CD4521	24 级分频器
CD40108	4 字×4 位多通道寄存器	CD4522	可预置 BCD 同步 1/N 计数器
CD40109	四低-高电平位移器	CD4526	可预置 4 位二进制同步 1/N 计数器
CD40110	十进制加/减，计数，锁存，译码驱动 ST	CD4527	BCD 比例乘法器
CD40147	10-4 线编码器 NSC\\MOT	CD4528	双单稳态触发器
CD40160	可预置 BCD 加法计数器 NSC\\MOT	CD4529	双四路/单八路模拟开关
CD40161	可预置 4 位二进制加法计数器 NSC\\MOT	CD4530	双 5 输入端优势逻辑门
CD40162	BCD 加法计数器 NSC\\MOT	CD4531	12 位奇偶校验器
CD40163	4 位二进制同步计数器 NSC\\MOT	CD4532	8 位优先编码器
CD40174	六锁存 D 型触发器 NSC\\TI\\MOT	CD4536	可编程定时器
CD40175	四 D 型触发器 NSC\\TI\\MOT	CD4538	精密双单稳

续表

型号	名 称	型号	名 称
CD4539	双四路数据选择器	CD4558	BCD 八段译码器
CD4541	可编程序振荡/计时器	CD4560	“N” BCD 加法器
CD4543	BCD 七段锁存译码，驱动器	CD4561	“9”求补器
CD4544	BCD 七段锁存译码，驱动器	CD4573	四可编程运算放大器
CD4547	BCD 七段译码/大电流驱动器	CD4574	四可编程电压比较器
CD4549	函数近似寄存器	CD4575	双可编程运放/比较器
CD4551	四 2 通道模拟开关	CD4583	双施密特触发器
CD4553	三位 BCD 计数器	CD4584	六施密特触发器
CD4555	双二进制四选一译码器/分离器	CD4585	4 位数值比较器
CD4556	双二进制四选一译码器/分离器	CD4599	8 位可寻址锁存器

附录G　常见集成电路引脚图

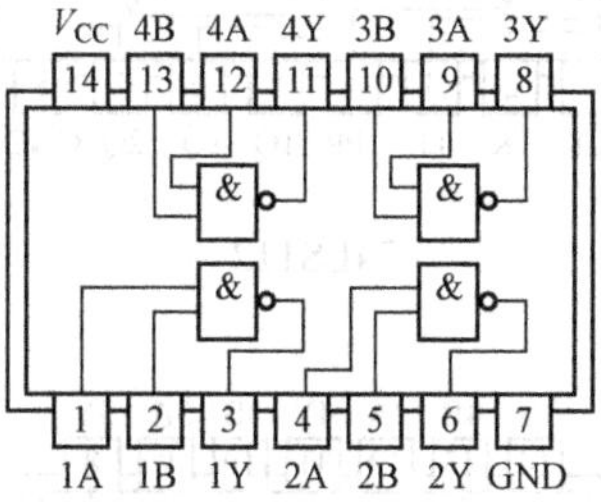

74LS00

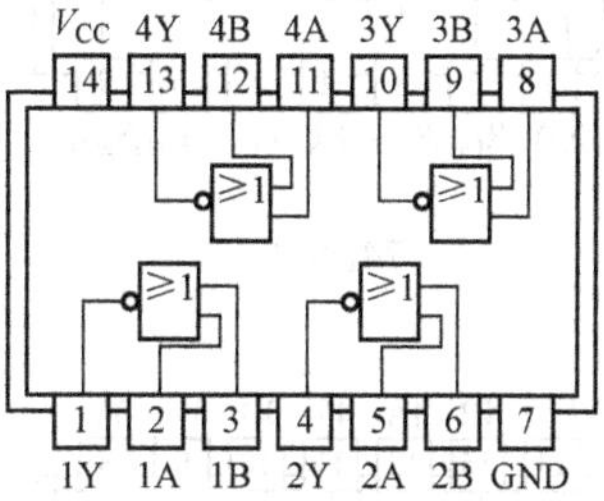

74LS02

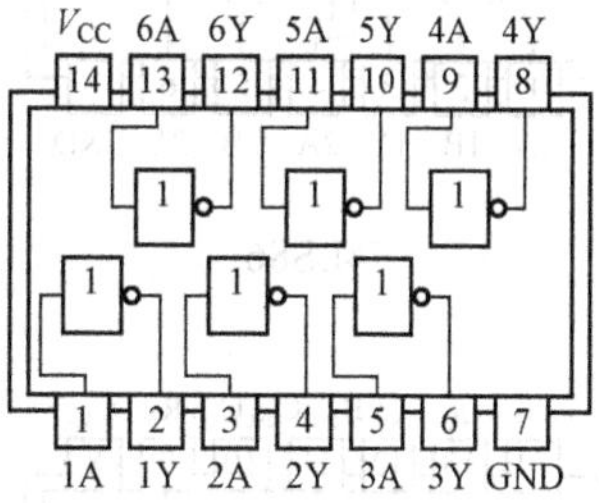

74LS04

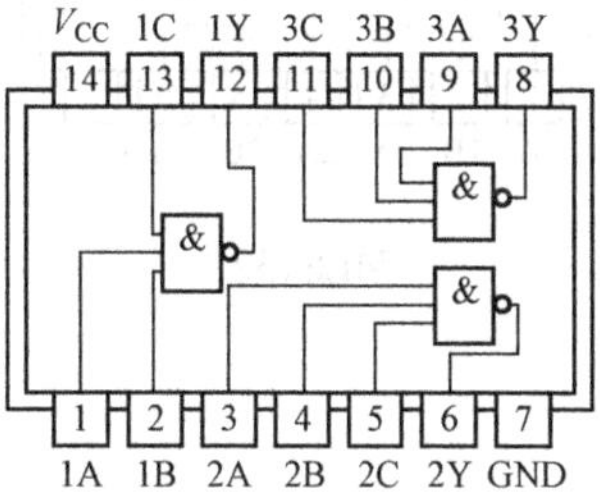

74LS10

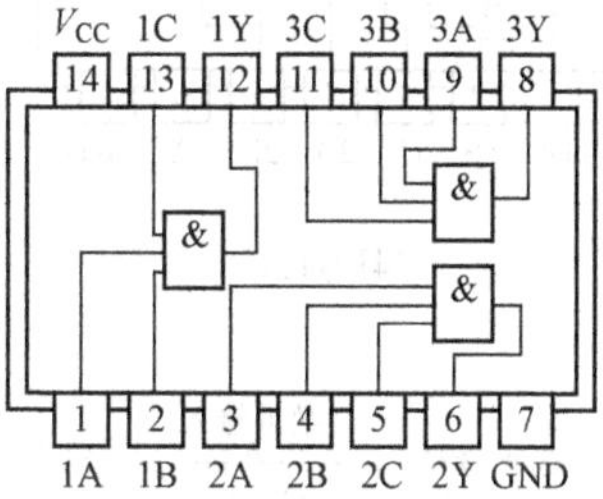

74LS11

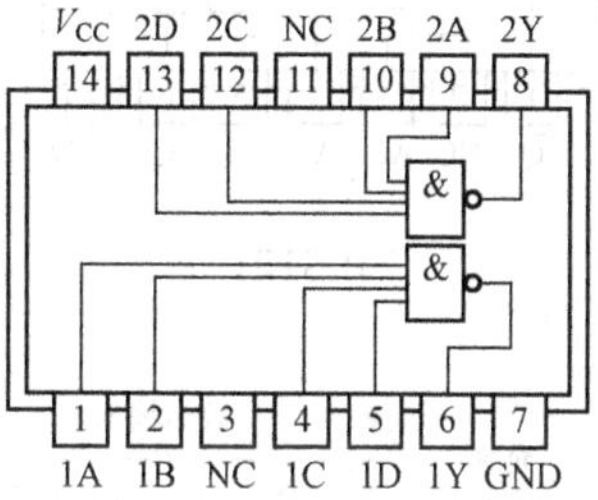

74LS20

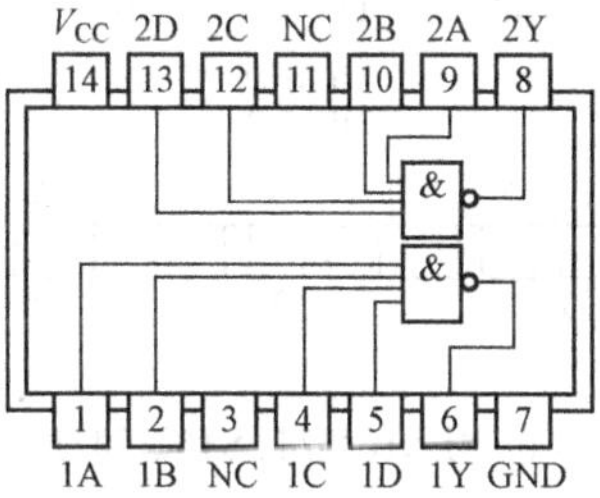

74LS54

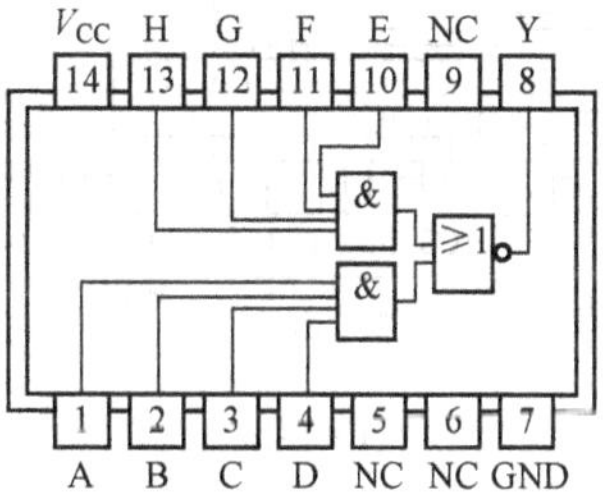

74LS55

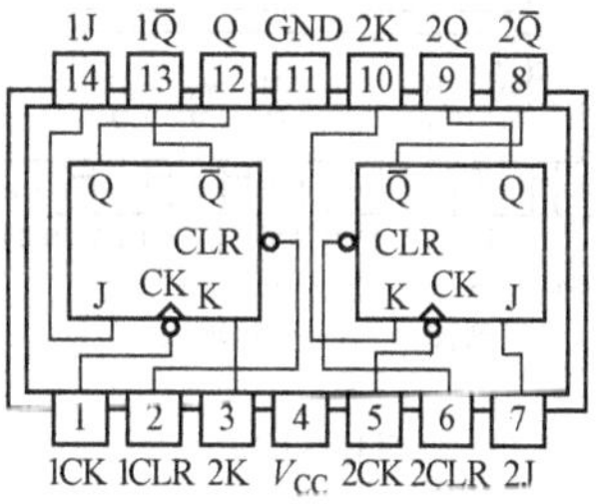

74LS73

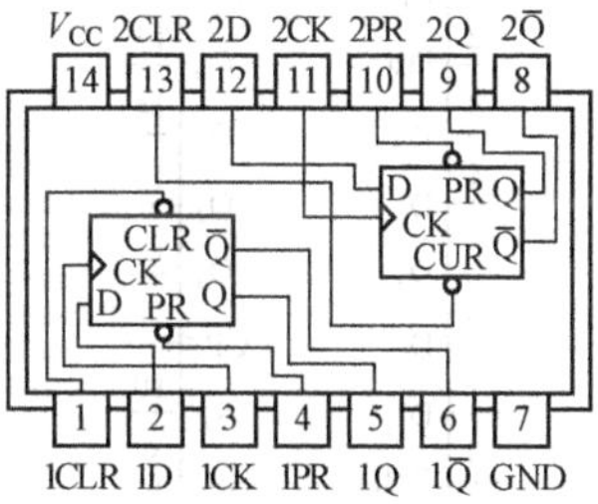

74LS74

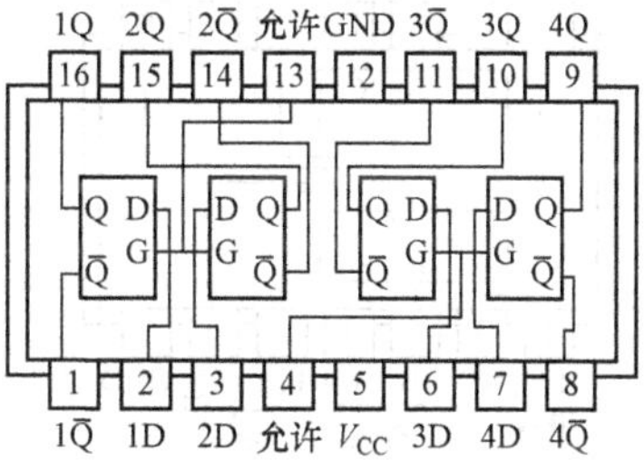

74LS75

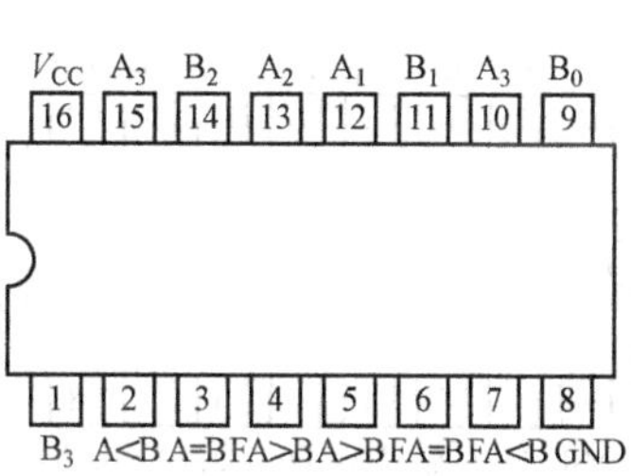

74LS85

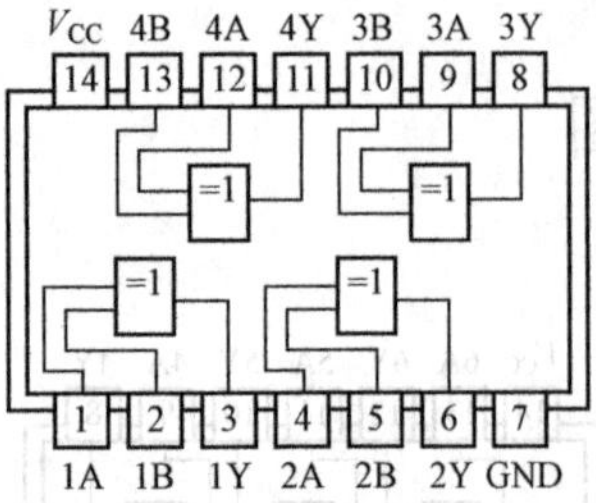

74LS86

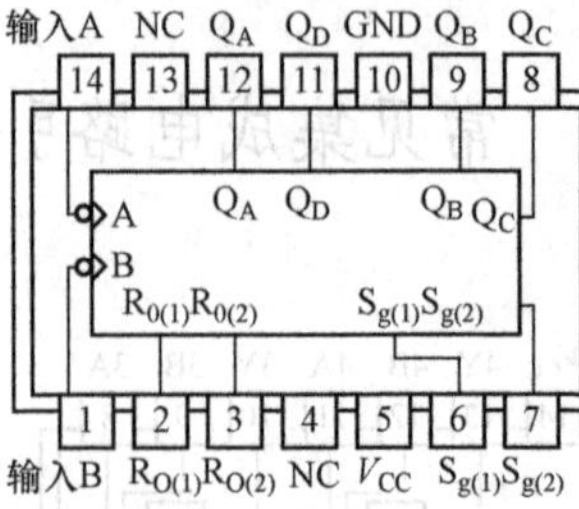

74LS90

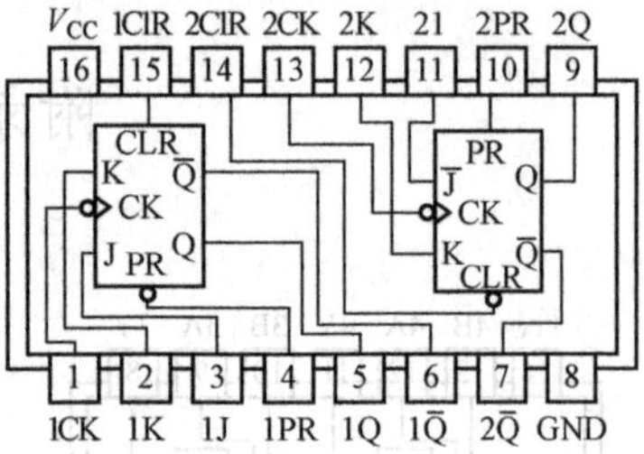

74LS112

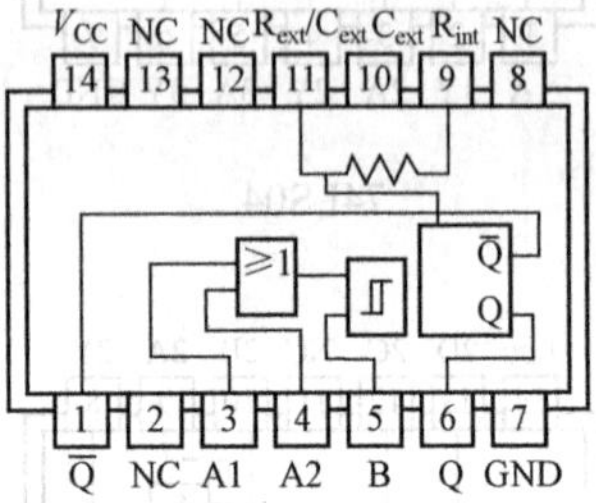

74LS121

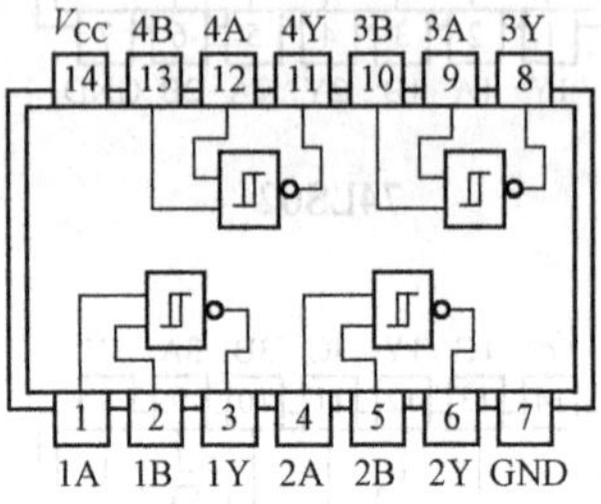

74LS126

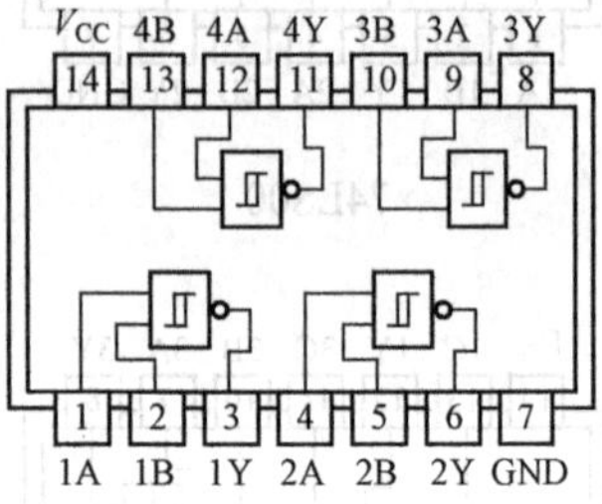

74LS132

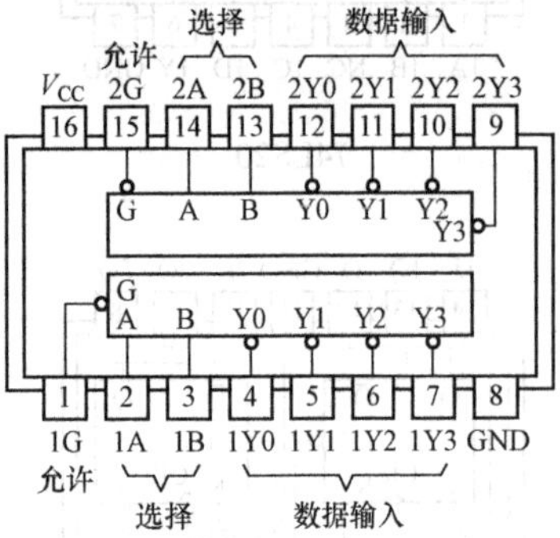

74LS139

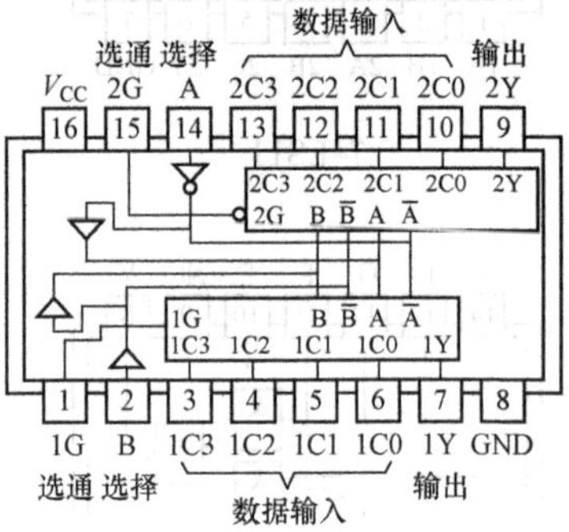

74LS153

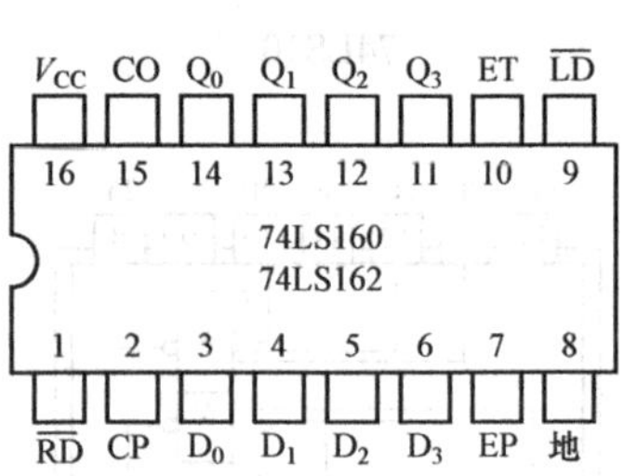

74LS160/74LS161/74LS162/741LS163

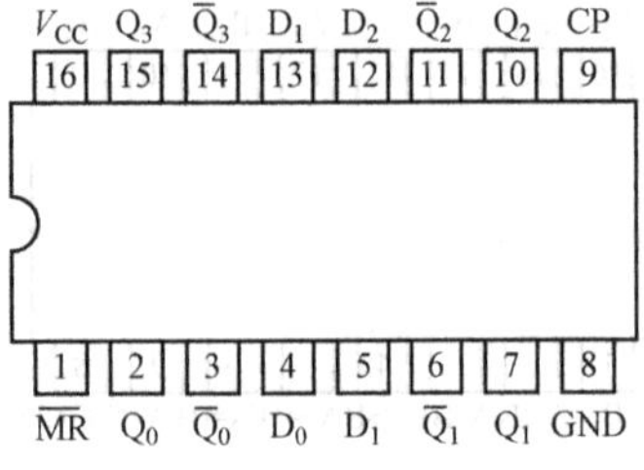

74LS175

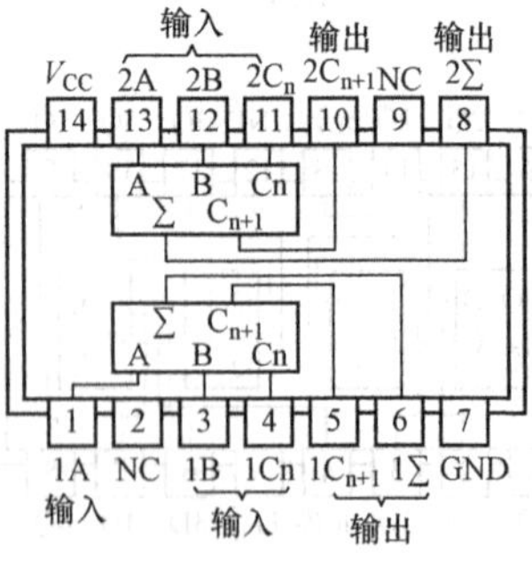

74LS183

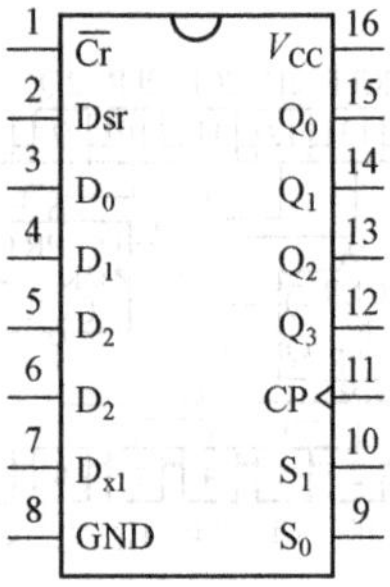

74LS194

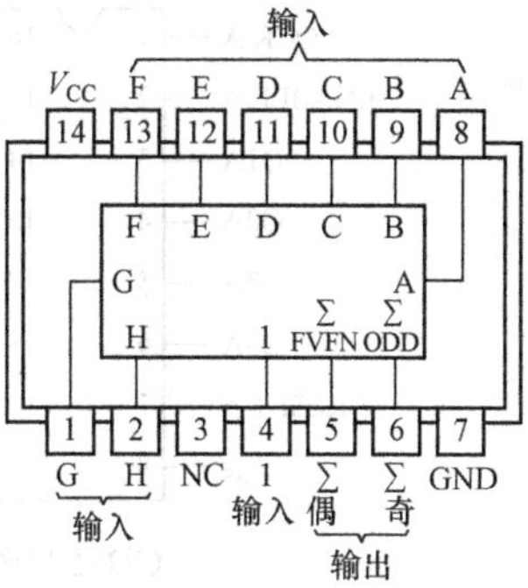

74LS280

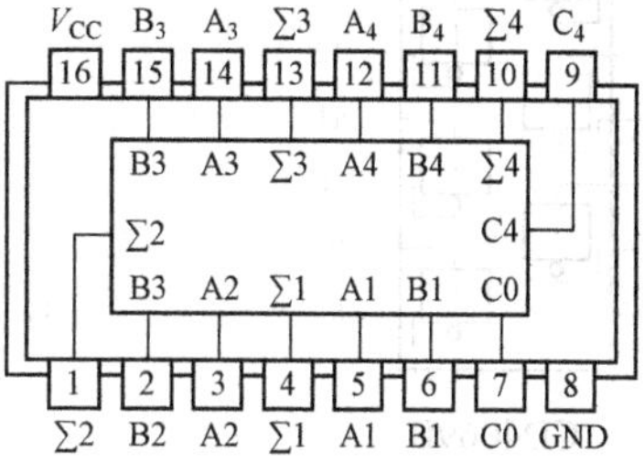

74LS283

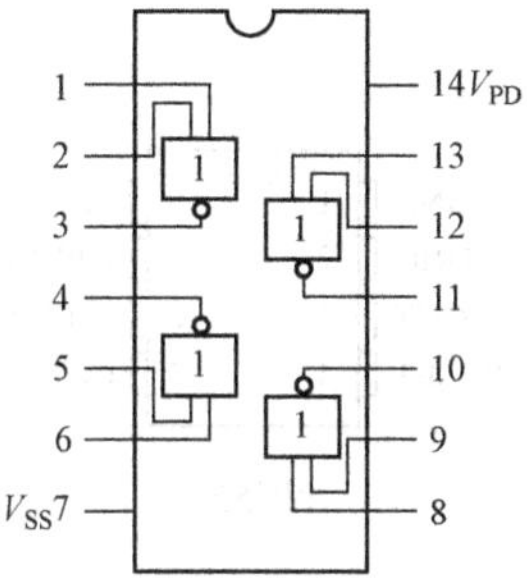

CD4001B

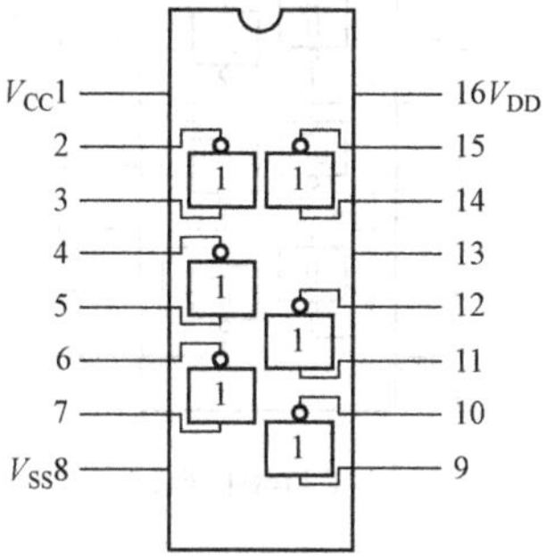

CD4009B

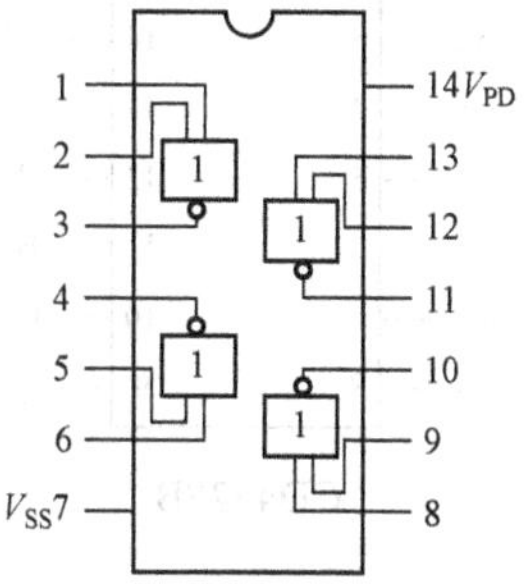

CD4011B

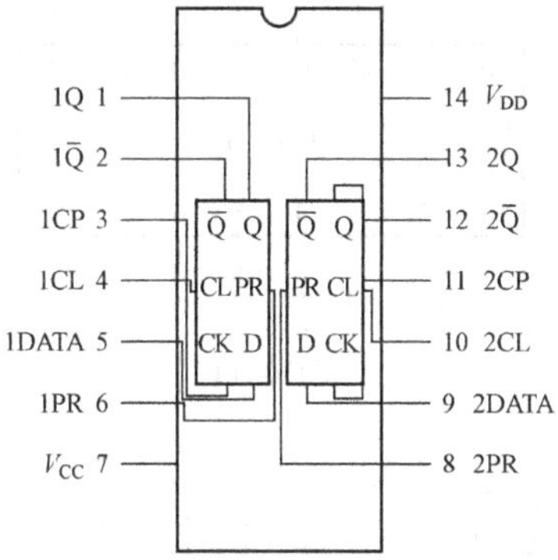

CD4013B

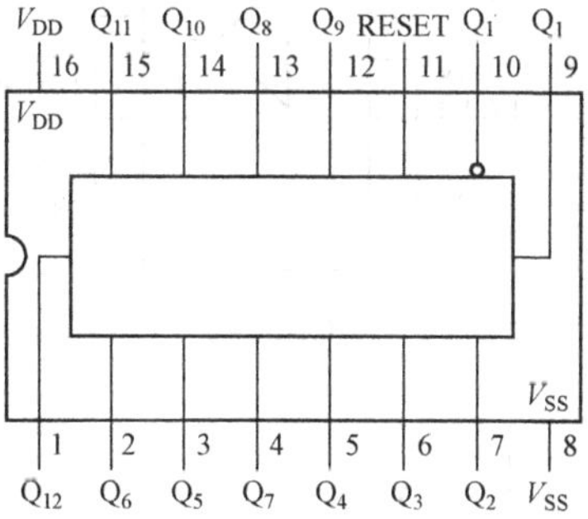

CD4040B

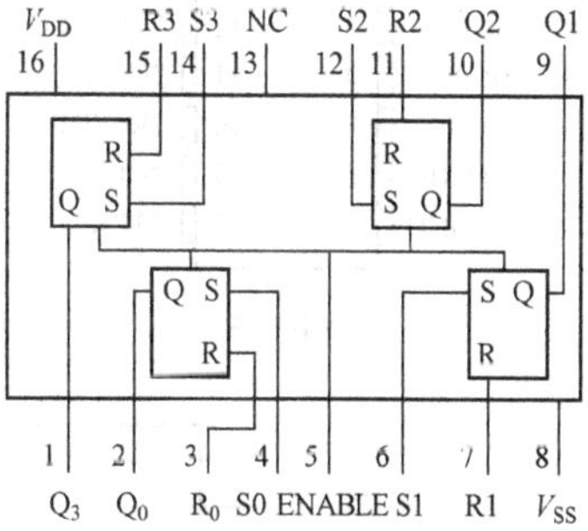

CD4043

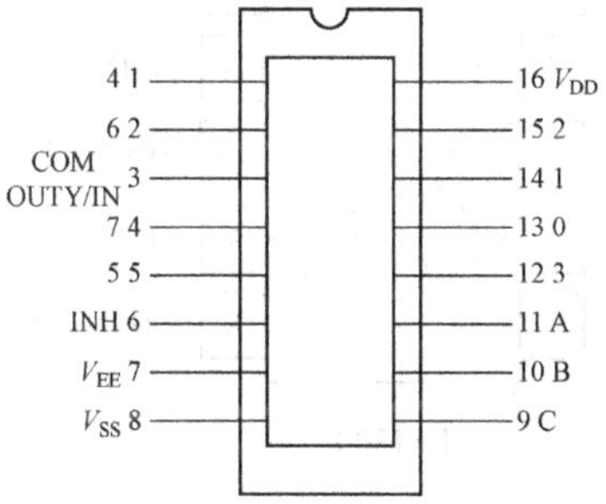

CD4051B

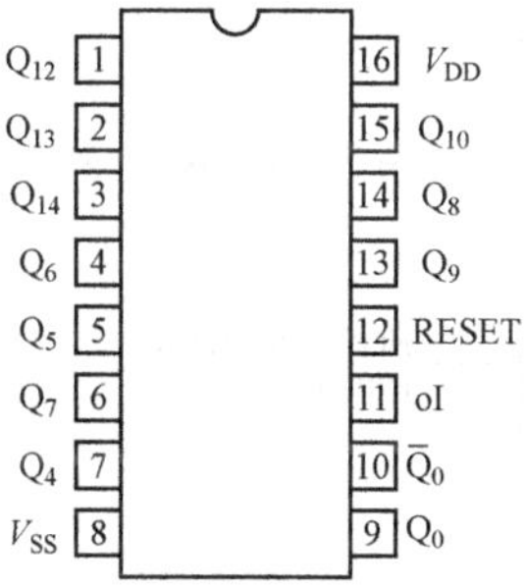

CD4060B

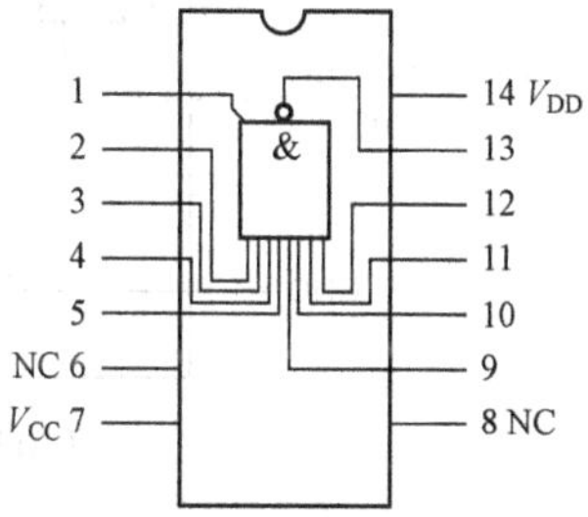

CD4068B

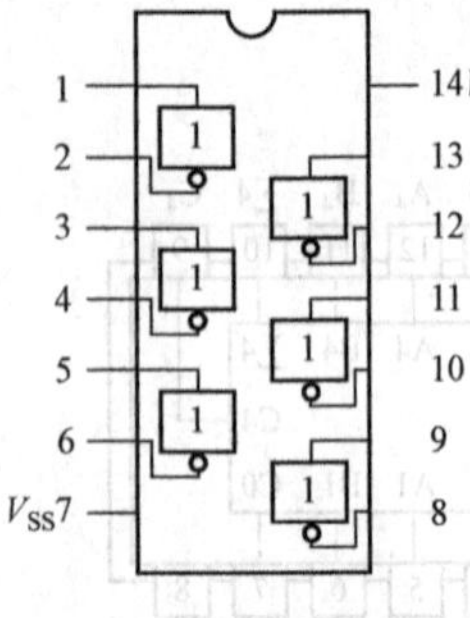

CD4069B

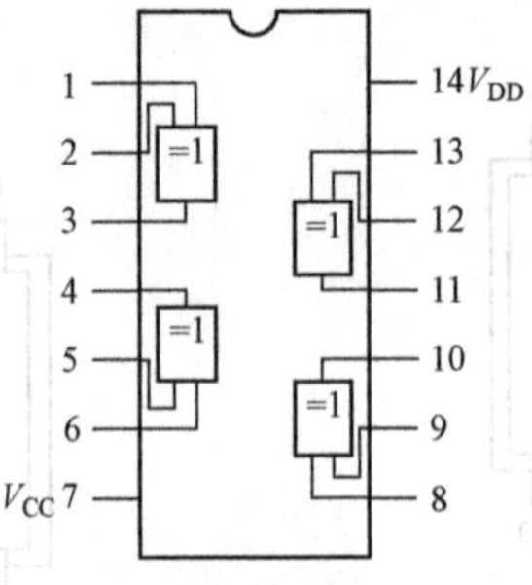

CD4070B

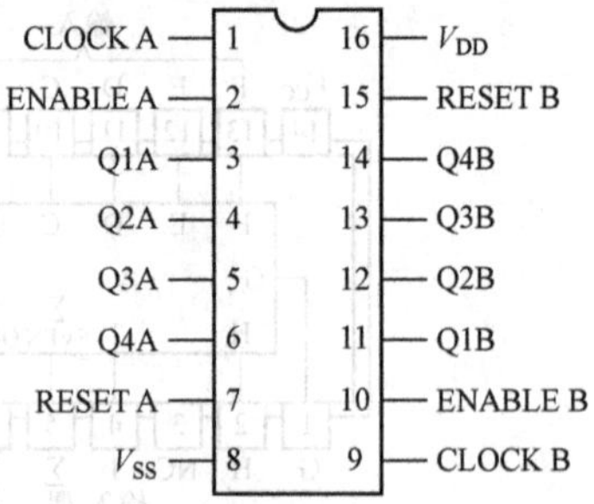

CD4520B

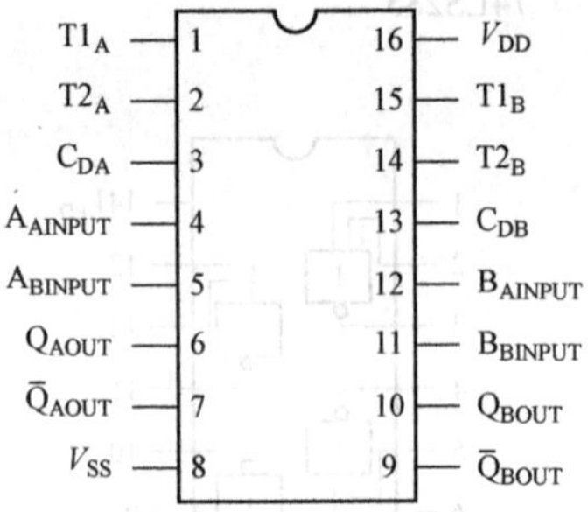

CD4528B

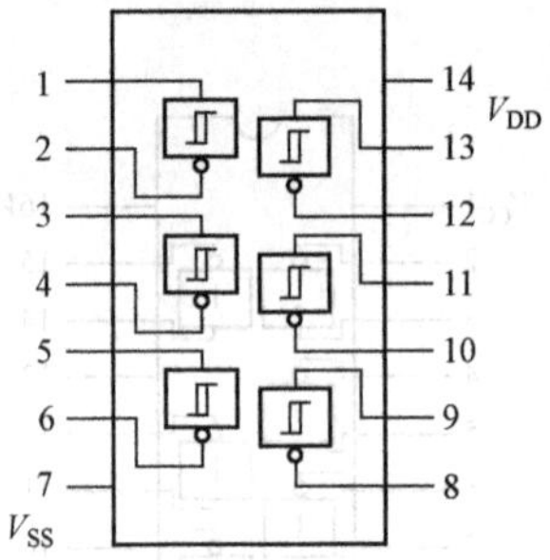

CD40106B

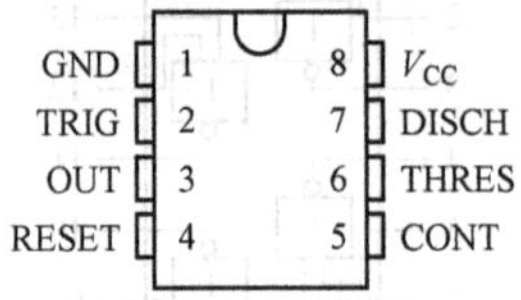

NE555

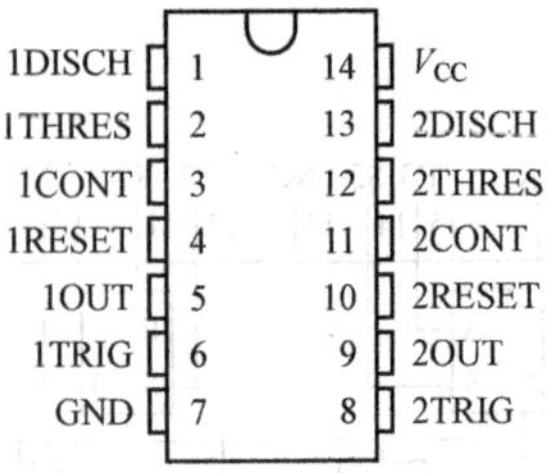

NE556

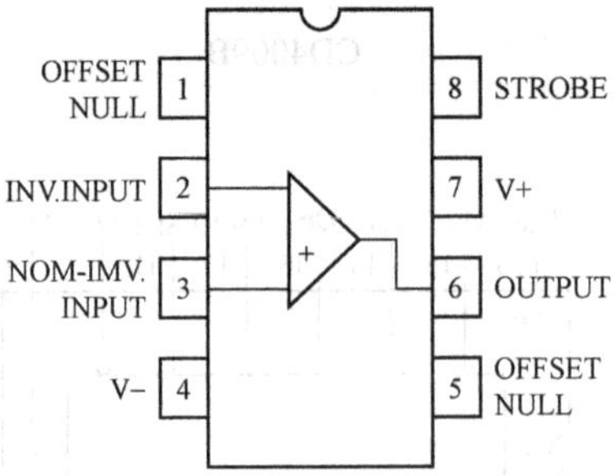

CA3140

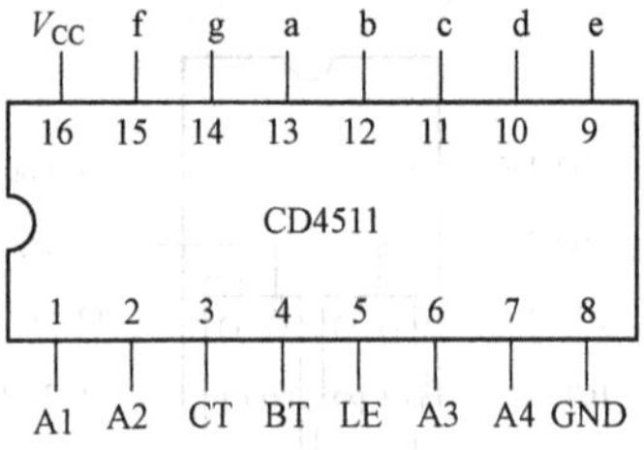

CD4511

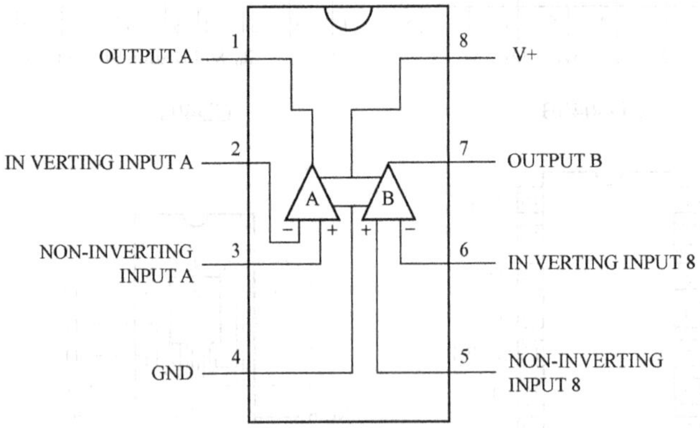

LM358

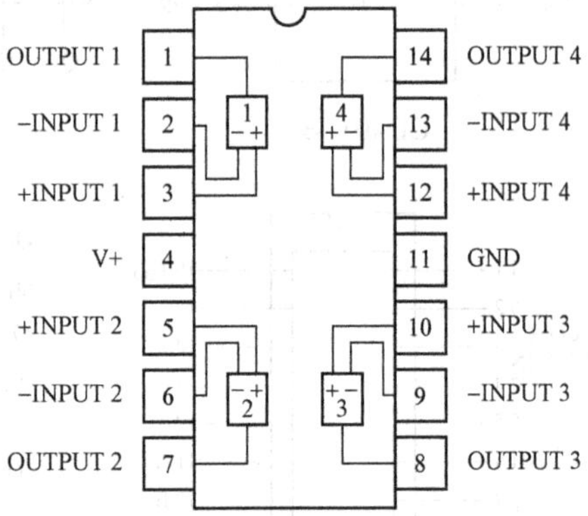

LM324

附录H 常用元器件型号含义及标称值

附表 H-1 **电阻器和电位器型号及意义**

第一部分		第二部分		第三部分		第四部分
用字母表示主称		用字母表示材料		用数字或字母表示特征		序号
符号	意义	符号	意义	符号	意义	
R RP	电阻器 电位器	T	碳膜	1	普通	包括额定功率、阻值、允许误差、精度等级
		P	金属膜	2	超高频	
		U	合成膜	3	高阻	
		C	沉积膜	4	高温	
		H	合成膜	7	精密	
		I	玻璃釉膜	8	电阻器-高压 电位器-特殊函数	
		J	金属膜			
		Y	氧化膜	9	特殊	
		S	有机实心	G	高功率	
		N	无机实心	T	可调	
		X	线绕	X	小型	
		R	热敏	L	测量用	
		G	光敏	W	微调	
		M	压敏	D	多圈	

附表 H-2 **电阻器标称阻值系列**

系 列	偏 差	电 阻 标 称 值
E24	Ⅰ级 （±5%）	1.0，1.1，1.2，1.3，1.5，1.6，1.8，2.0，2.2，2.4，2.7，3.0，3.3，3.6，3.9，4.3，4.7，5.1，5.6，6.2，6.8，7.2，7.5，8.2，9.1
E12	Ⅱ级 （±10%）	1.0，1.2，1.5，1.8，2.2，2.7，3.3，3.9，4.7，5.1，5.6，6.8，8.2
E6	Ⅲ级 （±20%）	1.0，1.5，2.2，3.3，4.7，6.8

附表 H-3 **电容器型号及意义**

第一部分		第二部分		第三部分		第四部分
用字母表示主称		用字母表示材料		用数字或字母表示特征		序号
符号	意义	符号	意义	符号	意义	包括品种、尺寸、代号、温度特性、直流工作电压、标称值、允许误差、标准代号
C	电容	C	磁介	T	铁电	
		I	玻璃釉	W	微调	
		O	玻璃膜	J	金属化	

续表

第一部分		第二部分		第三部分		第四部分
用字母表示主称		用字母表示材料		用数字或字母表示特征		序号
符号	意义	符号	意义	符号	意义	
C	电容	Y	云母	X	小型	包括品种、尺寸、代号、温度特性、直流工作电压、标称值、允许误差、标准代号
		V	云母纸	S	独石	
		Z	纸介	D	低压	
		J	金属化纸介	M	密封	
		B	聚苯乙烯	Y	高压	
		F	聚四氟乙烯	C	穿心式	
		L	涤纶			
		S	聚碳酸酯			
		Q	漆膜			
		H	纸膜复合			
		D	铝电解			
		A	钽电解			
		G	金属电解			
		N	铌电解			
		T	钛电解			
		M	压敏			
		E	其他材料			

附表 H-4　　常用固定电容的标称容量系列

电容类别	允许误差	容量范围	标称容量
纸介电容、金属纸介电容、纸膜复合介质电容、低频（有极性）有机薄膜介质电容	5% ±10% ±20%	100pF～1μF	1.0　1.5　2.2　3.3　4.7　6.8
		1～100μF	1　2　4　6　8　10　15　20　30　50　60　80　100
高频（无极性）有机薄膜介质电容、此节电容、玻璃釉电容、云母电容	5%	1pF～1μF	1.1　1.2　1.3　1.5　1.6　1.8　2.0　2.4　2.7　3.0　3.3　3.6　3.9　4.3　4.7　5.1　5.6　6.2　6.8　7.5　8.2　9.1
	10%		1.0　1.2　1.5　1.8　2.2　2.7　3.3　3.9　4.7　5.6　6.8　8.2
	20%		1.0　1.5　2.2　3.3　4.7　6.8
铝、钽、铌、钛电解电容	10% ±20% +50/−20% +100/−10%	1～1000000μF	1.0　1.5　2.2　3.3　4.7　6.8 （容量单位μF）

参 考 文 献

[1] 阎石．数字电子技术基础［M］．3 版．北京：高等教育出版社，1997．
[2] 李春雨，刘家磊．触发器电路的分析［J］．太原：山西电子技术，2010．4．
[3] 胡宴如．模拟电子技术［M］．2 版．北京：高等教育出版社，2004．
[4] 张惠敏．电子技术［M］．2 版．北京：化学工业出版社，2008．
[5] 钱聪等．模拟电子技术［M］．西安：西安电子科技大学出版社，2007．
[6] 童诗白．模拟电子技术基础［M］．2 版．北京：高等教育出版社，1988．
[7] 傅丰林．模拟电子线路基础．天津：天津科学技术出版社，1992．
[8] 康华光．电子技术基础（模拟部分）［M］．3 版．北京：高等教育出版社，1988．
[9] 应巧琴．模拟电子技术基础［M］．北京：高等教育出版社，1985．
[10] 王远．模拟电子技术［M］．2 版．北京：机械工业出版社，1994．
[11] 李哲英．电子技术及其应用基础（模拟部分）［M］．北京：高等教育出版社，2003．
[12] 张惠敏．电子技术［M］．北京：化工出版社，2008．
[13] 杨志忠．数字电子技术［M］．北京：高等教育出版社，2008．
[14] 焦素敏．数字电子技术［M］．北京：清华大学出版社，2007．
[15] 阎石．数字电子技术基础［M］．4 版．北京：高等教育出版社，1998．
[16] 高吉祥，丁文霞，黄智伟，等．数字电子技术［M］．3 版．北京：电子工业出版社，2011．
[17] 阎石．数字电子技术基础［M］．5 版．北京：高等教育出版社，2006．
[18]（美）Robert D．Thompson．数字电路简明教程，马爱文，赵霞，李德良，等．北京：电子工业出版社，2003．
[19] 康华光．电子技术基础．数字部分［M］．5 版．北京：高等教育出版社，2008．
[20]（美）Thomas L．Floyd，译者：余璆（改编），数字电子技术（第十版）（英文版），电子工业出版社，2011．
[21] 苏丽萍．电子技术基础［M］．2 版．西安：西安电子科技大学出版社，2002．
[22] 周雪．模拟电子技术［M］．2 版．西安：西安电子科技大学出版社，2005．
[23] 李雅轩．模拟电子技术［M］．2 版．西安：西安电子科技大学出版社，2006．
[24] 孙津平．模拟电子技术［M］．2 版．西安：西安电子科技大学出版社，2006．